教育部高等学校文科计算机基础教学指导分委员会立项教材
信息素养文库 · 高等学校信息技术系列课程规划教材

大学计算机基础实践教程

第 2 版

◎主　编 李　铭 ◎副主编 池学敏
◎编　委 许　俊 李　艳 张　倩

南京大学出版社

内容简介

本书是教育部高等学校文科计算机基础教学指导分委员会立项教材，全书共分四个单元及二个附录，主要介绍 Windows 7、IE 浏览器、Word 2016、Excel 2016 及 PowerPoint 2016 的操作和应用。本书最大的特点是设计了典型的实验内容，将知识点融于实验任务中，结合图解，引导学生自主学习。同时针对全国计算机等级考试(一级 MS Office)的理论知识考点，在附录中对计算机理论基础的相关知识点进行了讲解，并收录了部分练习题，将实验项目和附录相互融合，可以帮助学生迅速提高计算机应用技能。

本书内容丰富、系统、完整，每个实验项目都给出了操作指导，逻辑清晰，知识新颖实用。本书可作为高等院校"大学计算机基础"课程的上机实验教材，也可以作为普通读者普及计算机基础知识的自主学习书籍。

图书在版编目(CIP)数据

大学计算机基础实践教程 / 李铭主编. —2 版. —南京：南京大学出版社，2018.9(2022.8 重印)

(信息素养文库)

高等学校信息技术系列课程规划教材

ISBN 978-7-305-20432-6

Ⅰ. ①大… Ⅱ. ①李… Ⅲ. ①电子计算机—高等学校—教材 Ⅳ. ①TP3

中国版本图书馆 CIP 数据核字(2018)第 140395 号

出版发行 南京大学出版社
社　　址 南京市汉口路 22 号　　邮　　编 210093
出 版 人 金鑫荣

书　　名 大学计算机基础实践教程(第 2 版)
主　　编 李　铭
责任编辑 苗庆松　　编辑热线 025-83597482

照　　排 南京开卷文化传媒有限公司
印　　刷 南京玉河印刷厂
开　　本 787×1092 1/16 印张 15 字数 388 千
版　　次 2018 年 9 月第 2 版 2022 年 8 月第 3 次印刷
ISBN 978-7-305-20432-6
定　　价 45.80 元

网　　址：http://www.njupco.com
官方微博：http://weibo.com/njupco
微信服务号：njuyuexue
销售咨询热线：(025)83594756

前　言

随着计算机的普及，在国内的大部分地区，计算机教育已从中、小学开始实施。学生在计算机应用技能上不再是零基础，学生可以通过自主学习来提高计算机的实际应用能力。

本书是教育部高等学校文科计算机基础教学指导分委员会的立项教材，从培养学生的计算机应用能力出发，主要介绍 Windows 7、IE 浏览器、Word 2016、Excel 2016 及 PowerPoint 2016 的操作及使用，并针对全国计算机等级考试（一级 MS Office）的理论知识考点，在附录中收录了计算机理论基础知识点讲解及部分练习题。

本书编写的宗旨就是由浅入深、循序渐进地引导学生熟练掌握计算机的基本操作技能。每个单元设计多个任务，重点突出；每个任务都有针对性地设计实例并结合图解给出了操作指导，使学生能迅速掌握要点，顺利完成实验任务。

本书逻辑清晰、知识新颖实用、内容丰富，特别适合不同基础、不同层次学生的自主学习。本书不仅可作为高等院校“大学计算机基础”课程的上机实验教材，还可以作为普通读者普及计算机基础知识的学习书籍，也可作为计算机等级考试的辅导教材。

本书由李铭主编，并负责全书的总体策划与统稿、定稿工作，池学敏任副主编，许俊、李艳、张倩参加编写。教育部高等学校文科计算机基础教学指导分委员会教材审核专家组，对本书进行了审核，并提出了许多宝贵意见，在此向他们表示由衷的感谢。

限于作者水平有限以及时间仓促，书中难免有一些疏漏，敬请读者批评指正。

编　者

前言

目 录

【微信扫码】
相关资源

单元一 Windows 7 操作系统

Windows 7 于 2009 年 10 月正式发布，与以前的版本相比，系统的响应速度更快、安全性更高，并能帮助用户更简单、方便地处理日常任务。使用 Windows 7，用户可以更好地控制最常使用的程序，轻松地管理多个窗口；利用 Windows 7 卓越的搜索性能，可以快速找到所需的信息；用户也可以更容易地将电脑连接到网络，并在联网电脑之间共享文件；同时由于 IE 8 的改进，浏览网页也更加轻松。

实验一 桌面图标及背景设置

一、实验目的

1. 掌握 Windows 7 分辨率的设置方法。
2. 掌握个性化桌面的设置方法。

二、操作指导

1. *在桌面添加图标*

在 Windows 操作系统中，桌面图标包括系统图标和快捷方式图标两种。系统图标是系统自带的图标，包括“用户的文件”“计算机”“网络”和“回收站”等，Windows 7 安装后桌面上只保留了“回收站”的图标。

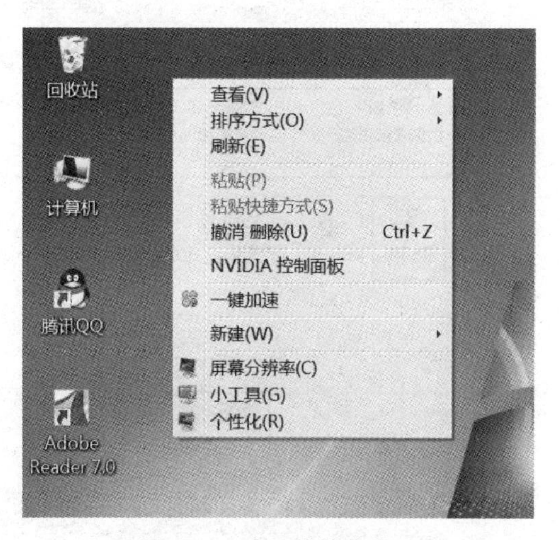

图 1-1 桌面快捷菜单

用户可以采用下列方法来增加其他的系统图标：在桌面空白处单击鼠标右键，在快捷菜单中单击“个性化”命令(图 1-1)；在打开的窗口中点击左侧的“更改桌面图标”链接(图 1-2)；在弹出的对话框的“桌面图标”区域中勾选要添加的系统图标(图 1-3(a))；单击“应用”按钮可以将勾选的图标显示在桌面上。单击“更改图标”按钮,可在弹出的【更改图标】对话框(图1-3(b))中为该系统图标选择一个新的图标。

快捷方式图标是指用户创建或在安装某些程序时由程序自动创建的图标。快捷方式图标可以链接到文件、文件夹或程序,但不是文件、文件夹或程序本身。删除快捷方式,应用程序本身并未被删除。快捷方式图标的右下角通常有一个小箭头标识(图1-1中的“腾讯 QQ”和“Adobe Reader 7.0”图标),而系统图标没有。

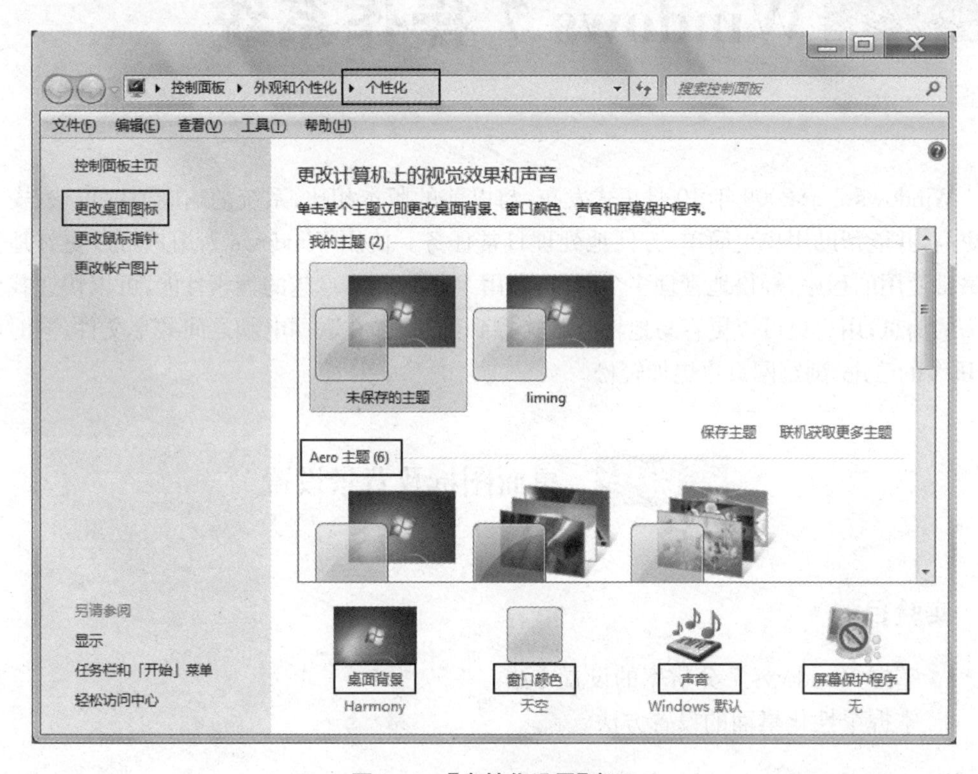

图 1-2 【个性化设置】窗口

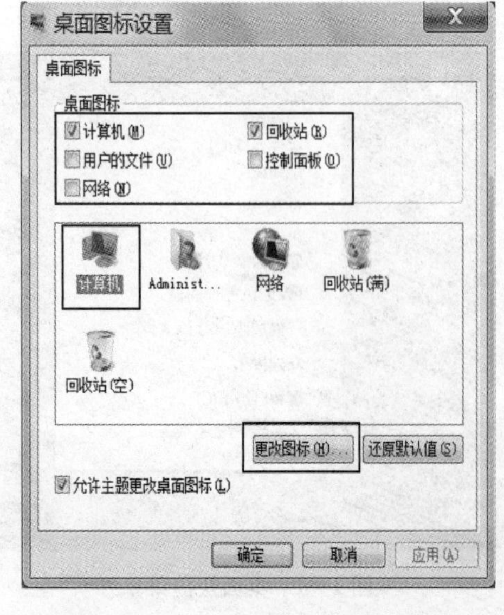

图 1-3(a) 【桌面图标设置】对话框

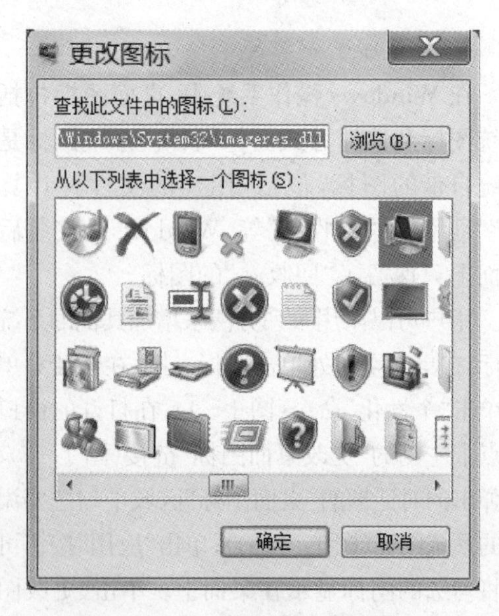

图 1-3(b) 【更改图标】对话框

2. 设置桌面主题

在 Windows 7 系统中，桌面主题有了更人性化的设计，不再使用单调的图片做壁纸，可以实现多张壁纸以幻灯片放映的形式自动更换。

在图 1－2 所示的【个性化设置】窗口中有系统预设的 Aero 主题。主题是包含了桌面背景、窗口颜色、声音和屏幕保护程序等一系列内容的设置方案。单击任意一个主题，可以将该主题应用于桌面。

在窗口的底部有四个图标，分别是“桌面背景”“窗口颜色”“声音”和“屏幕保护程序”的设置链接，单击它们可以单独设置这几项。

在图 1－2 中单击“桌面背景”链接，即可进入【桌面背景设置】窗口（图 1－4）。在窗口图片的左上角进行勾选即可将这些选中的图片设置为背景，也可以单击“浏览”按钮选择自己的图片做背景。在底部“图片位置”的下拉列表中可以设置图片在屏幕中的位置，有“填充”“适应”“拉伸”“平铺”和“居中”五种效果；若选择了多个图片做背景，这些图片将以幻灯片放映的方式自动更换，用户可以设置图片更改的时间间隔。

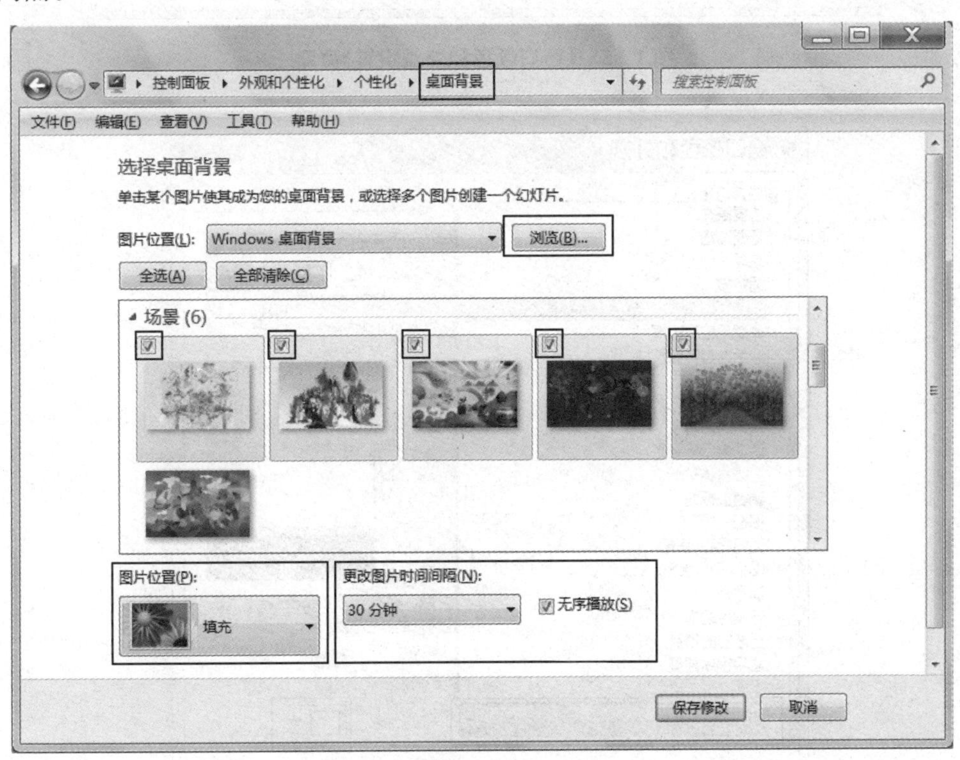

图 1－4 【桌面背景设置】窗口

在图 1－2 中单击“窗口颜色”链接，即可进入【窗口颜色和外观设置】窗口（图1－5）。在窗口中选择一种颜色，单击“保存修改”按钮可以将选中的颜色作用于窗口边框、「开始」菜单和任务栏。单击底部的“高级外观设置”链接，可以弹出【窗口颜色和外观】对话框（图 1－6），在该对话框中可以对 Windows 窗口的外观做更详细的设置。

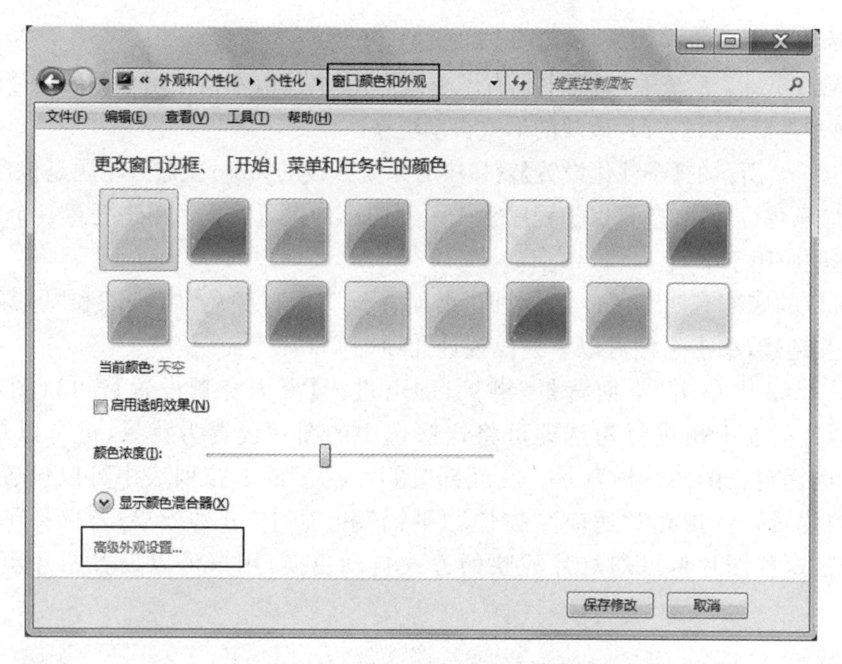

图 1-5 【窗口颜色和外观设置】窗口

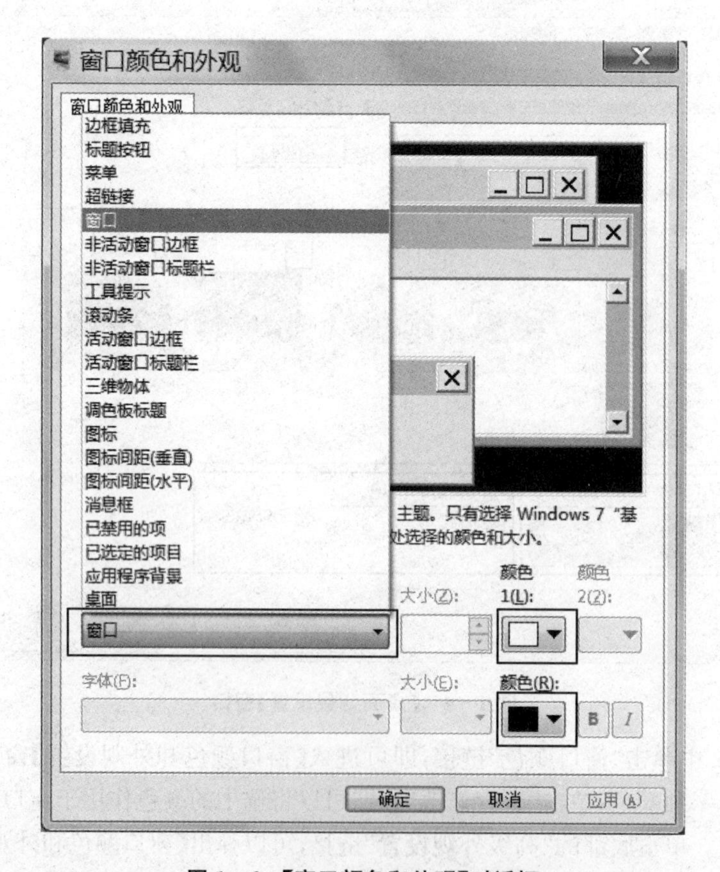

图 1-6 【窗口颜色和外观】对话框

在图 1－6 所示的【窗口颜色和外观】对话框的“项目”区域的下拉列表中有很多选项，从中选择一个要设置的对象，再用右侧的下拉列表进行设置。如在“项目”下拉列表中选择“窗口”对象，然后在右侧的第一个“颜色”下拉列表中选择“黄色”，第二个“颜色”下拉列表中选择“红色”，重新打开“我的电脑”和“记事本”程序，查看设置效果。

在图 1－2 中单击“声音”链接，即可打开【声音】对话框（图 1－7）。系统为“登录”“注销”“更改主题”等事件设计了多套声音方案。选择某一声音方案后，在“程序事件”区域选中某一事件，单击“测试”按钮，即可测试方案中该事件对应的声音，单击“浏览”按钮可为选中的事件设置其他声音。

在图 1－2 中单击“屏幕保护程序”链接，即可打开【屏幕保护程序设置】对话框（图 1－8）。选择某个屏幕保护程序后，可通过“设置”按钮为选中的屏保程序做更详细的设置。

图 1－7　【声音】对话框

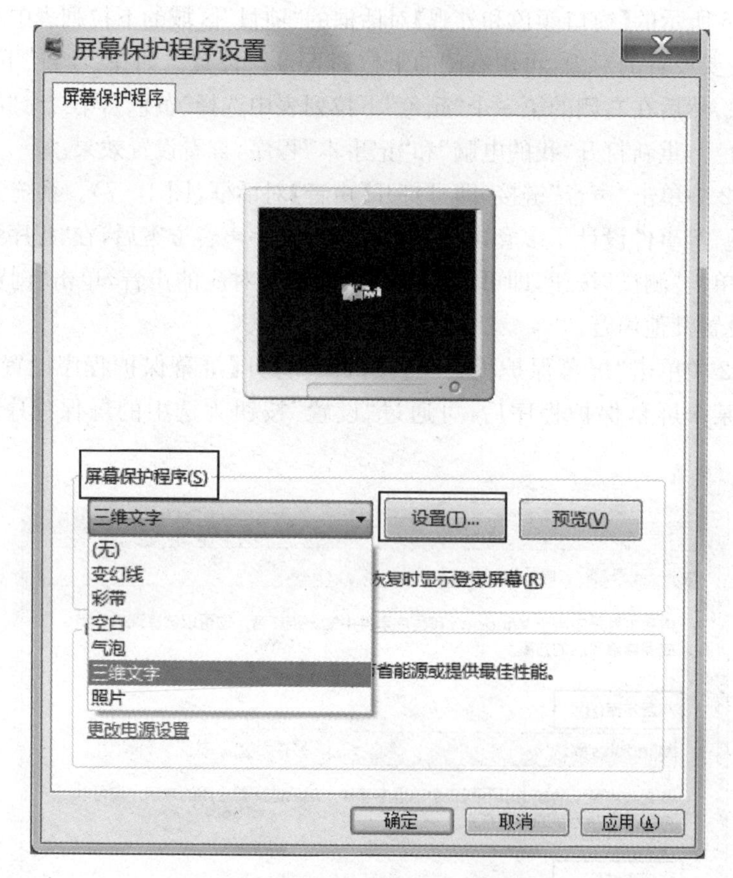

图1-8 【屏幕保护程序设置】对话框

三、实验任务

1. 在桌面添加“控制面板”系统图标。

2. 将屏幕分辨率设置为800＊600。

3. 在屏幕上添加“天气”和“日历”小工具。

4. 准备两张自己的照片(或从网上下载两幅图片),将它们设置为桌面背景,图片切换时间为1分钟,图片位置设为居中。

5. 设置屏保程序为“三维文字”,用电脑时间作为屏保内容,等待时间是2分钟。

6. 为了保护视力,请将窗口的背景色从白色设置成柔和的豆沙绿色(色调:85,饱和度:123,亮度:205)。

实验二 开始菜单和任务栏设置

一、实验目的

1. 了解 Windows 7「开始」菜单和任务栏的基本布局。
2. 掌握任务栏通知区域图标显示或隐藏的方法。
3. 掌握任务栏和开始菜单的设置方法。

二、操作指导

1. 认识「开始」菜单和任务栏

(1)「开始」菜单

在 Windows 7 桌面的左下角单击【开始】按钮，弹出「开始」菜单(图 1－9)，菜单各部分的功能如下：

➢【常用程序】列表：显示最近经常使用程序的快捷方式。
➢【所有程序】列表：这里可以找到所有安装程序的快捷方式。
➢【搜索】框：Windows 7 新增了一个功能强大的搜索框，不仅可以搜索文件，还可以搜索程序，它的强大功能将在实验三中介绍。

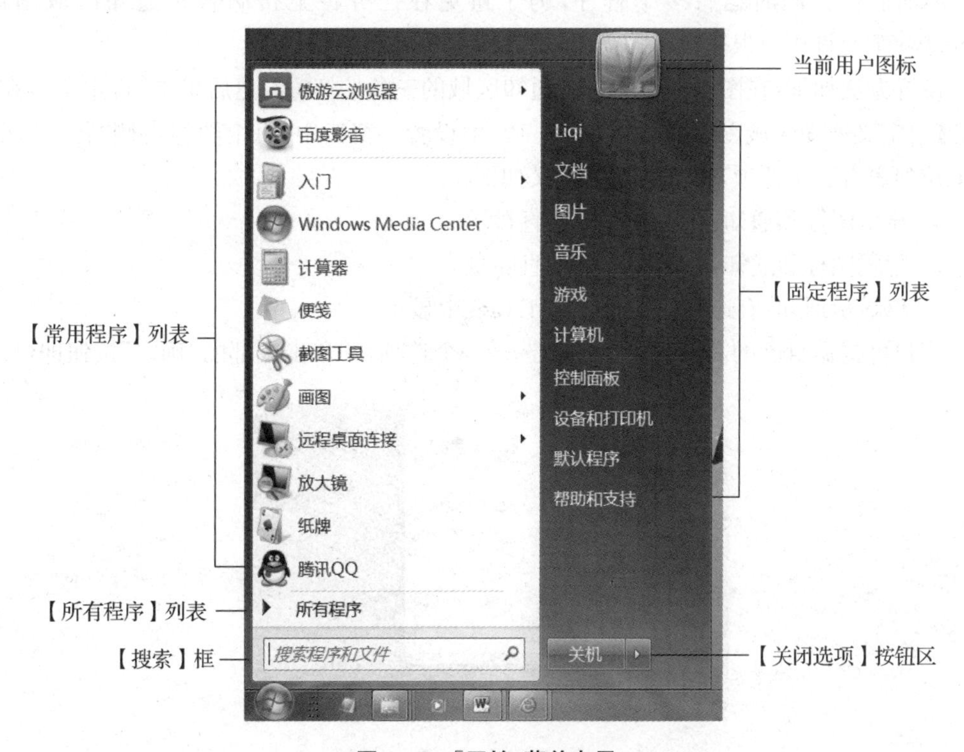

图 1－9 「开始」菜单布局

➢【固定程序】列表:用于显示系统中的固定程序,单击可以打开对应程序。

➢【关闭选项】按钮区:单击该按钮右侧的向右箭头可执行休眠、注销和切换用户等操作。

➢ 当前用户图标:单击该图标可以进行账户设置等操作。

(2) 任务栏

Windows 7 的任务栏从左到右分别为【开始】按钮、快速启动区、活动任务区以及通知区域(图 1-10)。快速启动区的图标锁定在任务栏上,应用程序关闭后,图标依旧在任务栏上,方便用户下次打开;活动任务区的应用程序关闭后,图标不再出现在任务栏上。

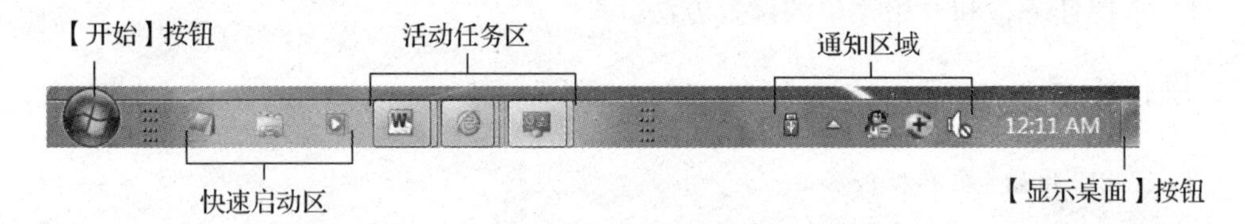

图 1-10 任务栏布局

> **提示**:正在运行的活动任务的图标是凸起的,而未启动运行的快速启动图标没有凸起效果。

2. 在任务栏上显示或隐藏通知区域的图标

有时后台会同时运行多个程序,为了避免在任务栏上挤满各种通知区域图标,Windows 7 允许用户根据自己的需要,设置图标显示或隐藏。

设置方法如下:在图 1-11 中单击通知区域的三角按钮,然后单击"自定义",在弹出的【自定义通知区域图标】窗口(图 1-12)中设置。窗口中,每个图标右侧"行为"区域的下拉列表有三个选项,每个选项的含义如下:

➢ 显示图标和通知:在工具栏中一直显示。

➢ 隐藏图标和通知:在工具栏中一直隐藏。

➢ 仅显示通知:有通知或消息才在工具栏中显示。

用户可根据自己的需要为每个图标选择一个选项,并单击底部的"确定"按钮即可。

图 1-11 通知区域

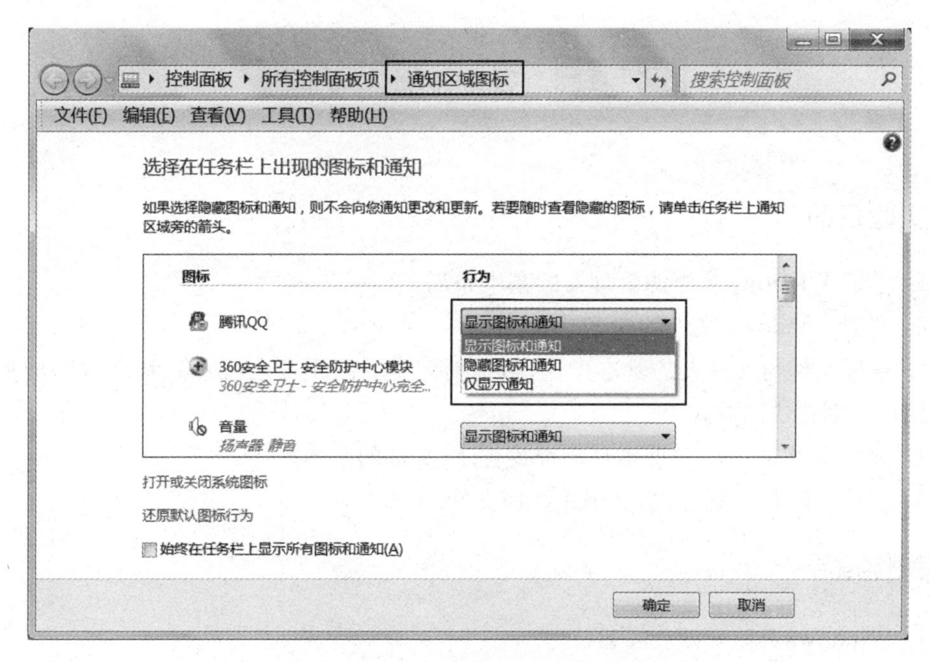

图 1－12　【自定义通知区域图标】窗口

3. 任务栏和开始菜单设置

在任务栏的空白位置单击鼠标右键，在弹出的快捷菜单中选择“属性”命令，可以打开【任务栏和「开始」菜单属性】对话框(图 1－13)，用户可以在该对话框中设置任务栏和「开始」菜单。

单击【任务栏】标签，可以设置任务栏的外观和位置。若要“自动隐藏任务栏”，可勾选对应的选项；若勾选“锁定任务栏”选项，则无法通过鼠标拖动随意改变任务栏的位置；单击“自定义”按钮，也可以弹出如图 1－12 所示【自定义通知区域图标】窗口。

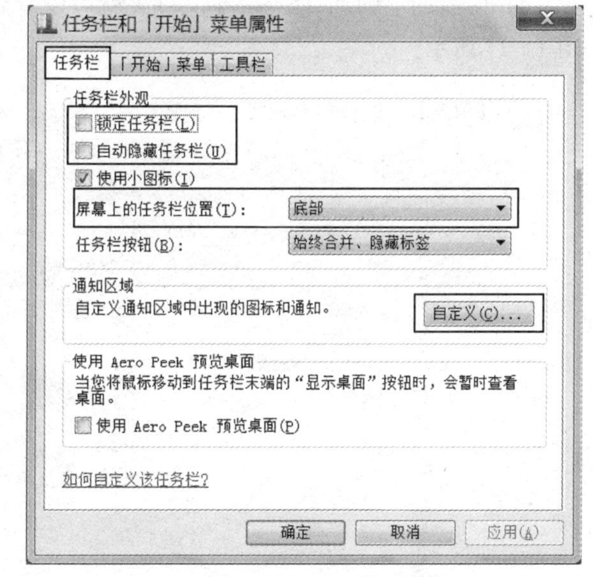

图 1－13　任务栏属性设置

三、实验任务

1. 将“Windows Media Player”应用程序图标从任务栏解锁，将“记事本”应用程序图标锁定在任务栏。

2. 在任务栏的通知区域将“腾讯 QQ”图标设置为“一直隐藏”；而将“音量”图标设置为“一直显示”。

3. 设置任务栏使其在屏幕的左侧显示，并能自动隐藏。

实验三 管理文件与文件夹

一、实验目的

1. 了解 Windows 7 资源管理器的基本布局。

2. 掌握 Windows 文件的命名规则。

3. 掌握文件与文件夹的基本操作,包括新建、选择、重命名、删除、移动、恢复、复制、属性设置及创建快捷方式。

4. 掌握用 Windows 7 搜索功能查找程序、文件的基本操作。

5. 掌握库的基本概念,学会用库管理文件。

二、操作指导

1. Windows 7 的资源管理器

资源管理器是 Windows 操作系统提供的资源管理工具,用户可以通过资源管理器查看计算机上的所有资源,清晰、直观地管理计算机上的文件和文件夹。

打开"我的电脑"或任意一个文件夹就可以看到资源管理器窗口,窗口各组成部分如图 1-14 所示。

图 1-14 Windows 7 的资源管理器

单击工具栏右侧的 按钮,可打开调节菜单(图 1-15),设置工作区的图标显示方式。单击工具栏右侧的 按钮即可隐藏或显示预览窗口,在预览窗口可以快速了解选中文件的内容。

图 1 - 15　设置工作区的图标显示方式

2. 文件名与扩展名

计算机系统中，数据都是以文件的形式进行存放和保存的，每个文件的名称通常由两部分组成：文件名.扩展名，如“计划 1.txt”和“计划 2.docx”，其中“计划 1”和“计划 2”分别是两个文件的文件名，“.txt”和“.docx”分别是它们的扩展名，扩展名说明了文件的类型。表 1 - 1 列出了一些常用文件的扩展名及其对应的类型。

表 1 - 1　常用文件的扩展名及其对应的类型

扩展名	文件类型	扩展名	文件类型
.txt	文本文件	.xlsx	Excel 2007/2010 电子表格文件
.jpg	图像文件	.pptx	PowerPoint 2007/2010 演示文稿
.bmp	图像文件	.rar	WinRAR 压缩文件
.docx	Word 2007/2010 文档	.wav	声音文件
.avi	视频文件	.jnt	Windows 7 日记本文档

其中文件名应遵循下列的命名规范：

- 文件或者文件夹名称不得超过 255 个字符；
- 文件名除了开头，其余任何地方都可以使用空格；
- 文件名中不能有下列符号：\ / : * ? " ＜ ＞ | ；
- 文件名不区分大小写，但在显示时可以保留大小写格式；
- 文件名中可以包含多个间隔符，如“我的文件.我的图片.001.txt”中的“我的文件.我的图片.001”是合法的文件名，“.txt”是扩展名。

若文件的扩展名未显示，可在如图 1 - 18(b)所示的对话框中进行设置，使扩展名显示。

3. Windows 7 搜索功能

Windows 7 具有强大的搜索功能,不仅可以搜索文件名、文件内容,还可以搜索程序。Windows 7 系统的搜索功能主要集中在两个地方:「开始」菜单和资源管理器,这两个地方的搜索功能有一些细微的区别。

(1)「开始」菜单中的【搜索】框

「开始」菜单中的【搜索】框(图 1-9)是多功能搜索框,它不仅可以搜索文件或文件夹,还可以搜索应用程序,甚至控制面板中的程序也能直接在这个搜索框里调用。在搜索结果中可直接单击鼠标左键打开程序和文件,或单击右键用快捷菜单对程序和文件进行操作。

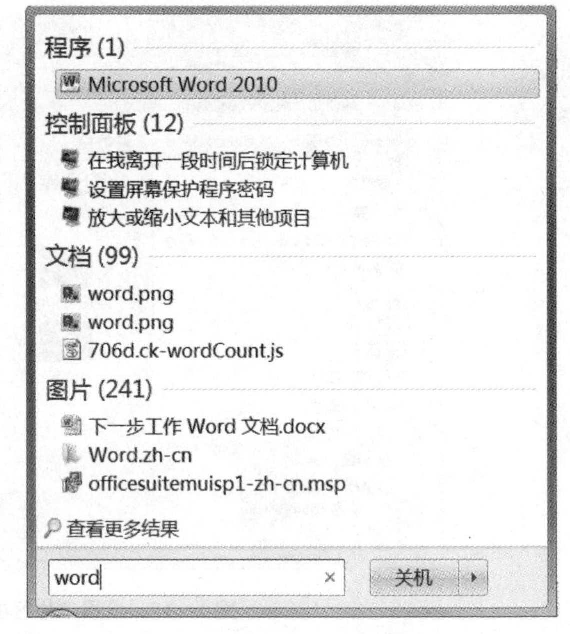

图 1-16 【搜索】框搜索结果示例

在图 1-9 所示的【搜索】框中输入关键词"Word",搜索结果如图 1-16 所示,有"程序Word 2010",还有控制面板的若干功能以及部分 Word 文件。

快速查找应用程序是【搜索】框的一个重要功能,你可以试着输入不同的关键字:屏幕保护、密码、UAC、壁纸、鼠标、分辨率、硬盘、放大、删除、清理、虚拟内存、电源、IP、时间、小工具等,查看搜索结果,你会发现它的强大所在。

(2) 资源管理器中的搜索栏

Windows 7 资源管理器的菜单栏右侧有一个搜索栏(图 1-17),搜索栏的搜索范围是"计算机",即整个硬盘,它能快速搜索 Windows 中的文档、图片、Windows 帮助甚至网络等信息。

在搜索栏中输入关键词"电视",即可得到整个硬盘数据中的搜索结果。所有包含"电视"(包括文件名称和文件内容)的搜索结果都会同时以黄色高亮形式显示出来,并且会标明其所在文件夹路径的位置(图 1-17)。

在搜索栏的下方有两个过滤筛选器"修改日期""大小",单击后可以根据时间范围或文件大小在搜索结果中进行二次筛选,从而有效提高搜索效率。

如果已经知道要搜索的文件所在的目录,可以单击左侧地址栏中的箭头▸,或在导航窗格中改变搜索范围,可以有效地提高搜索效率。

提示:在进行关键词搜索时,在关键词中用"?"可以代替单个字符;"*"可以代表任意字符。如查找所有 Word 文档,可以输入"*.doc",查找第二个字母为 a 的文件,可以输入"?a*.*"。

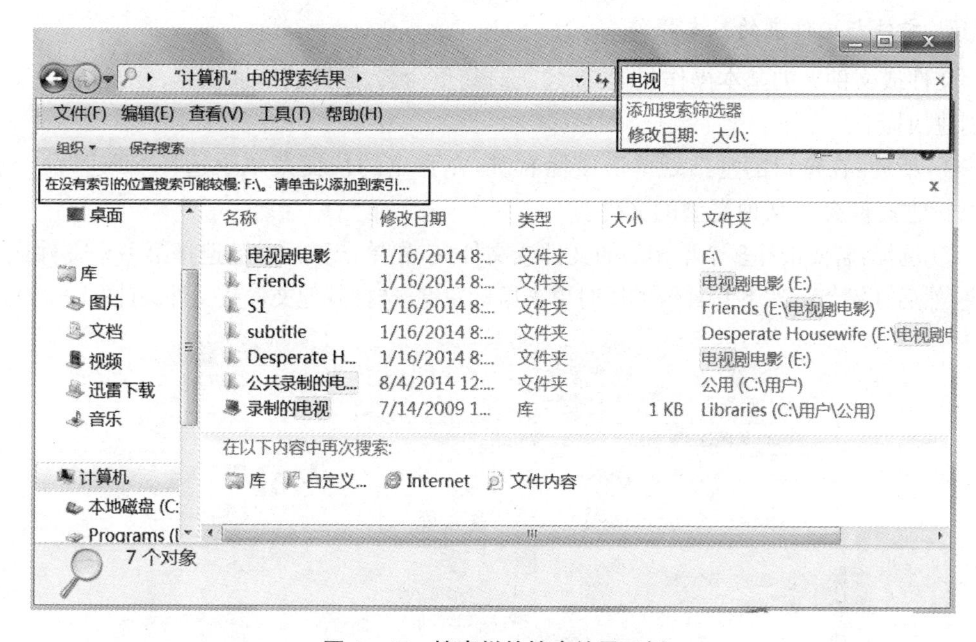

图 1-17　搜索栏的搜索结果示例

4.【文件夹选项】对话框

在资源管理器(图 1-14)的菜单中执行【工具】—>“文件夹选项”命令可弹出【文件夹选项】对话框，该对话框有三个标签。

在【搜索】标签中可以对搜索内容和搜索方式进行设置。如搜索时是否包含子文件夹、搜索时是否同时搜索文件名和文件内容等(图 1-18(a))。

在【查看】标签中可以对文件或文件夹的显示方式进行设置。如是否显示文件的扩展名、是否显示文件属性设置为“隐藏”的文件(图 1-18(b))。

【常规】标签中的内容大家可以自行查看。

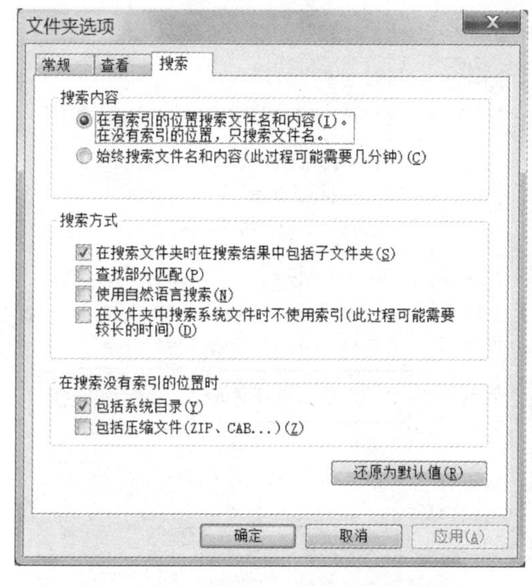

图 1-18(a)　【文件夹选项】对话框 1

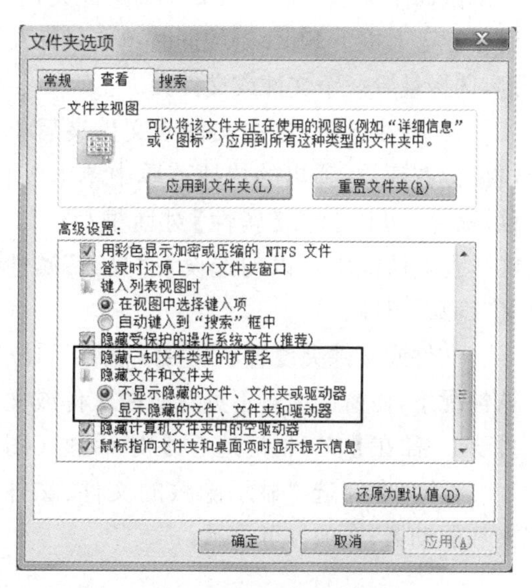

图 1-18(b)　【文件夹选项】对话框 2

5. 文件与文件夹的基本操作

文件或文件夹的基本操作包括:新建、选择、重命名、删除、移动、恢复、复制、属性设置及创建快捷方式等。

① 新建:在窗口的空白处单击鼠标右键,在弹出的快捷菜单中选择"新建"命令就可以新建文件夹或某种类型的文件。

② 选择:若要选择多个不相邻的文件或文件夹,先单击鼠标左键选择第一个文件或文件夹,然后在键盘上按下 Ctrl 键的同时单击鼠标左键,选择其他文件或文件夹(图 1-19)。

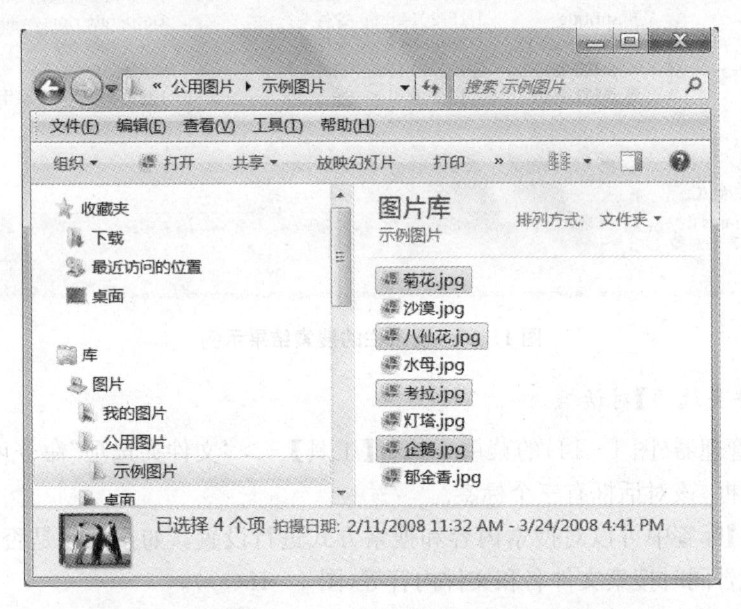

图 1-19 选择不连续的文件

若要选择多个相邻的文件或文件夹,先单击鼠标左键选择第一个文件或文件夹,然后在键盘上按下 Shift 键的同时单击鼠标左键,选择最后一个文件或文件夹。

③ 属性设置:选中文件或文件夹后单击鼠标右键,在弹出的快捷菜单中单击"属性"命令,可以打开【属性】对话框(图 1-20),在对话框中可以勾选设置"只读"属性和"隐藏"属性。

文件或文件夹设置了"隐藏"属性后,默认情况下,在窗口中看不见对应的文件或文件夹。需在【文件夹选项】对话框(图 1-18(b))中勾选"显示隐藏的文件、文件夹和驱动器"选项方可显示。

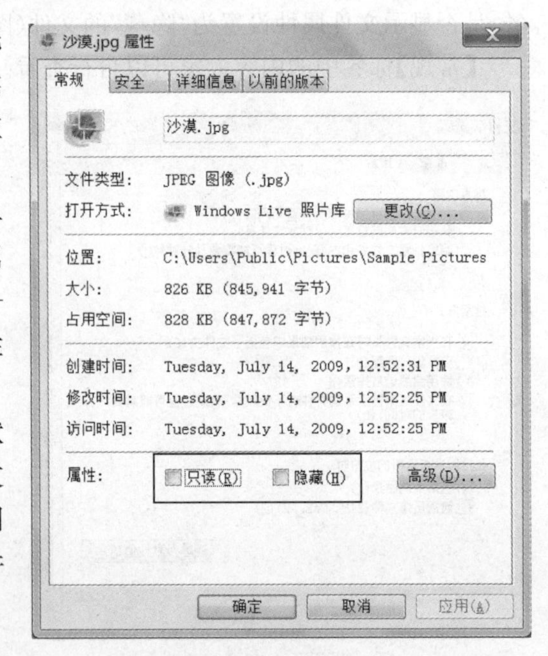

图 1-20 文件【属性】对话框

属性设置为“只读”的文件，保存时会弹出如图 1－21 所示的对话框，提示文件不能直接用原文件名保存，需更换文件名保存。

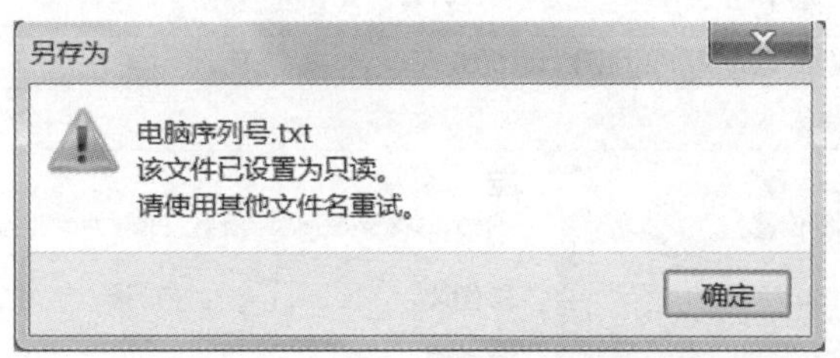

图 1－21　“只读”文件保存时的对话框

重命名、删除、剪切、复制及创建快捷方式等操作，都可以先选中对象后单击鼠标右键，在弹出的快捷菜单中执行相应的命令来完成。

在 Windows 7 中，可以实现文件、文件夹或图标的批量重命名，非常方便。操作方法如下：选中需要重命名的多个文件后，按 F2 键或者在选中的文件上单击鼠标右键选择“重命名”命令，系统会将其中的一个文件名显示为可编辑状态，将该文件名更改为要批量重命名文件的前缀名称（如“file”）后回车，则所有选中的文件将依次命名为 file(1)、file(2)……。

6. 用库管理文件与文件夹

有时我们在不同硬盘分区、不同文件夹或多台电脑或设备中分别存储了一些文件，寻找或管理这些文件是一件非常困难的事情，Windows 7 的“库”可以帮你解决这一难题。“库”可以有效地组织、管理位于不同文件夹中的文件，而不受文件实际存储位置所影响。

Windows 7 有四个默认的库，分别是“视频”、“图片”、“文档”和“音乐”，用户也可以自建新库。

假设在“E:\大学物理资料”和“F:\大学英语资料”路径下分别有一些课程复习资料，通常我们需要到不同的盘中分别去找这些资料，而利用库可以将不同位置的复习资料都收纳到一个库中，使我们更方便地访问它们。

首先参考图 1－22(a)，在资源管理器窗口左侧导航窗格中的“库”上单击鼠标右键，创建一个新库，并将其命名为“复习”。然后在 E 盘的“大学物理资料”和 F 盘的“大学英语资料”文件夹上分别单击鼠标右键，选择“包含到库中”－>“复习”，就可以将这两个文件夹加入“复习”库中。

在资源管理器窗口中打开“复习”库可以看到如图 1－22(b)所示界面。这样，位于不同分区、不同文件夹中的文件可以通过一个库便捷访问。

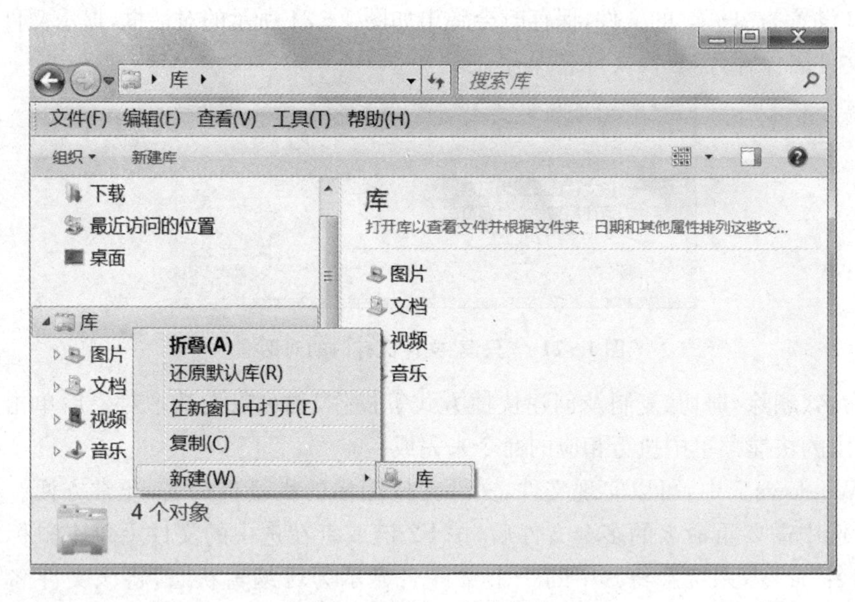

图 1-22(a) 创建新库

在图 1-22(b)中单击“包括:2 个位置”链接,可打开如图 1-22(c)所示的对话框,在该对话框中增加或修改库中的内容。

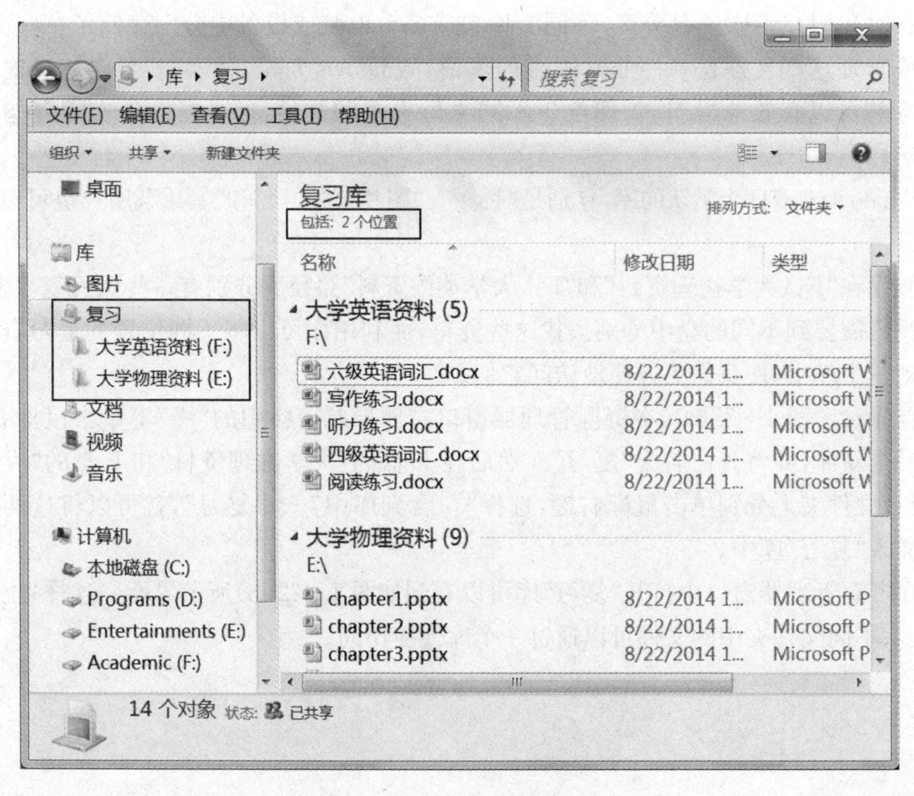

图 1-22(b) 将文件归纳到库中

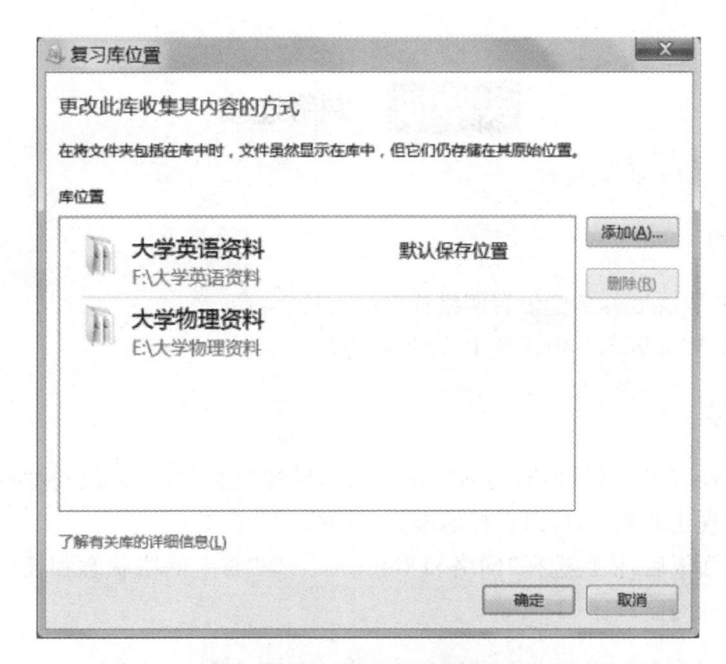

图 1－22(c)　增加或删除库内容

提示：“库”是个虚拟的概念，把文件(夹)收纳到库中并不是将文件(夹)真正复制到“库”这个位置，而是在“库”这个功能中“登记”了这些文件(夹)的位置。因此，收纳到库中的内容几乎不会再额外占用磁盘空间，并且删除库及其内容时，也不会影响到真实的文件。

三、实验任务

1. 在D盘任意位置下新建文件夹并命名为“歌曲”，在计算机中查找“. wav”格式的声音文件，在查找结果中复制20个文件到“歌曲”文件夹中；在E盘任意位置下新建文件夹并命名为“计划”，在文件夹中新建“计划1. txt”文件，文件中写入“本学期要多参加体育锻炼……”。

2. 将上述“计划1. txt”文件属性设置为“隐藏”和“只读”。

3. 新建库，命名为“2014”，将上述两个文件夹包含到该库中，并在桌面上为该库创建快捷方式。

4. 在资源管理器中设置“文件夹选项”，使文件扩展名不显示，同时不显示“隐藏”文件。

5. 在「开始」菜单的“搜索”框中输入关键词“更改键盘”，在搜索结果中选择控制面板中的程序，设置隐藏任务栏上的输入法。

实验四 网络连接

一、实验目的

1. 掌握在 Windows 7 中设置网络连接的方法。
2. 掌握在 Windows 7 中设置 IP 地址的方法。

二、操作指导

在 Windows 7 中,几乎所有与网络相关的向导和控制程序都聚合在“网络和共享中心”中,通过可视化的视图,可以轻松地连接到网络。

进入控制面板后,依次选择“网络和 Internet”->“查看网络状态和任务”,便可打开【网络和共享中心】窗口(图 1-23)。

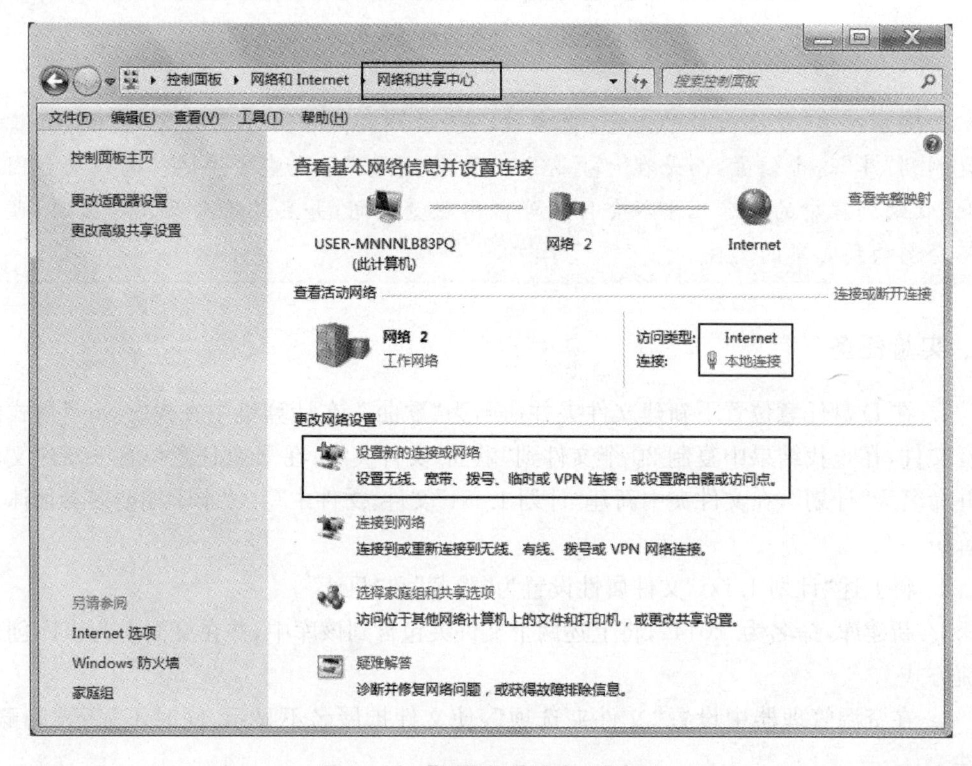

图 1-23 【网络和共享中心】窗口

在图 1-23 中单击“设置新的连接或网络”链接,在弹出的【设置连接或网络】对话框中选择“连接到 Internet”;接下来依据你的网络类型,选择并设置。若你是小区宽带或者 ADSL 用户,选择“宽带(PPPoE)”,然后输入你的用户名和密码后即可(图 1-24)。

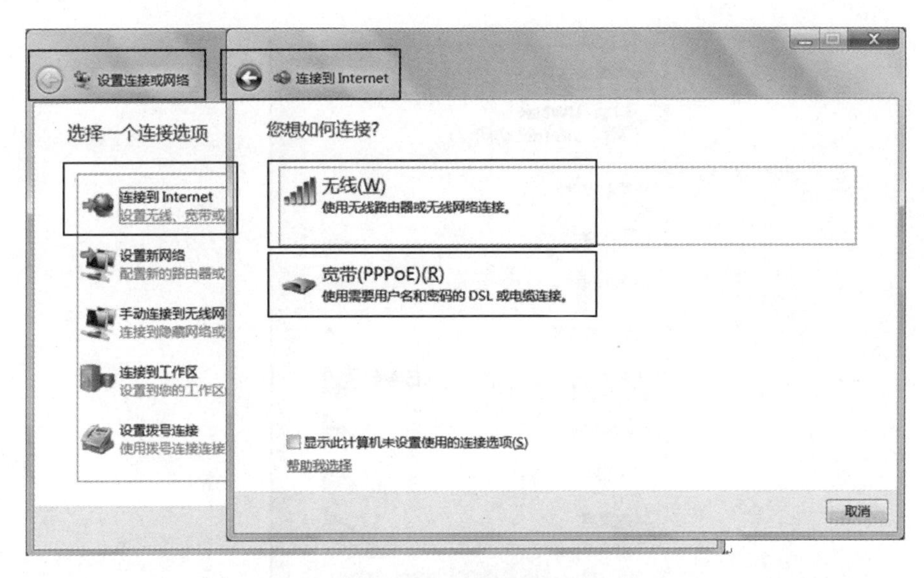

图 1-24　设置连接或网络

Windows 7 默认将本地连接设置为“自动获取 IP 地址”，一般情况下，使用 ADSL 或路由器等都无须修改。如果需要自己设定 IP 地址，可通过以下方法：在图 1-23 中单击“Internet 本地连接”，在弹出的【本地连接状态】对话框中单击“属性”按钮，再在弹出的【本地连接属性】对话框中双击“Internet 协议版本 4”，最后在【Internet 协议版本 4(TCP/IPv4)属性】对话框中设置指定的 IP 地址(图 1-25)。

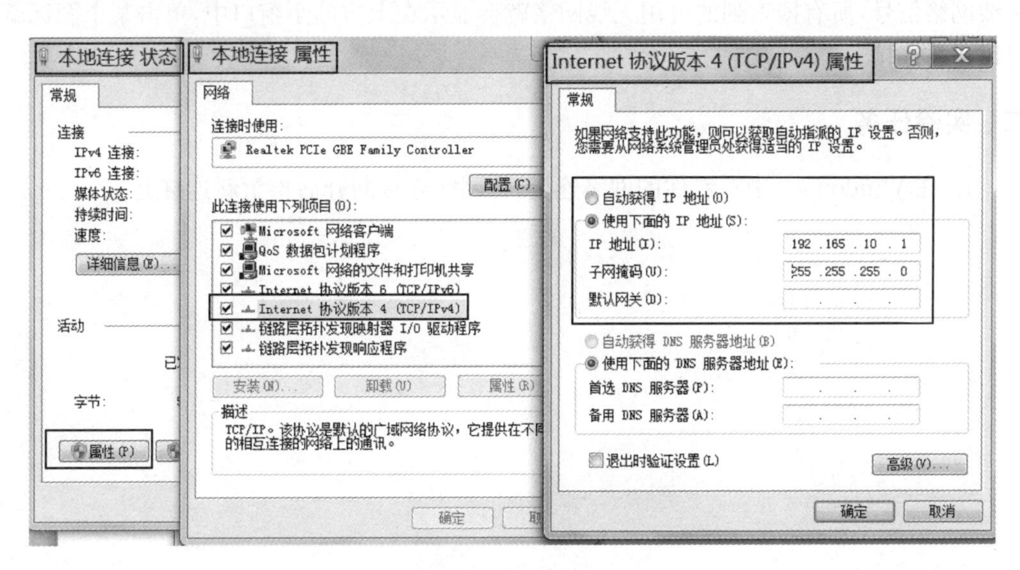

图 1-25 设置 IP 地区

图 1-26　无线网络连接

若在图 1-24 的连接类型中选择了“无线”方式,则利用 Windows 7 任务栏的通知区域可以很方便地使用无线网络:单击通知区域的网络连接图标,系统会自动搜索附近的无线网络信号,所有搜索到的可用无线网络就会显示在上方的小窗口中,单击某个图标就可以进行连接。

二、实验任务

1. 在 Windows 7 中查看你的网络连接,将网络连接断开后再重新连接上。

实验五　IE 浏览器的基本操作

IE 浏览器是 Windows 操作系统自带的网页浏览软件，功能非常强大，可以浏览网页、在线播放影音文件和下载资料等。随着版本的更新，浏览器的性能不断得到完善，但其基本操作方式相似。本章将基于 IE 11 介绍浏览器的一些常用操作和设置。

一、实验目的

1. 掌握用 IE 浏览器获取网络资源的方法。
2. 掌握 IE 浏览器的基本设置。

二、操作指导

1. 认识 IE 浏览器窗口

通常 IE 11 的初始界面上设有菜单栏、收藏夹栏、命令栏，且地址栏和选项卡位于同一行；在选项卡右侧的空白处单击鼠标右键，在弹出的快捷菜单中勾选需要的选项即可出现如图 1－27 所示的界面。

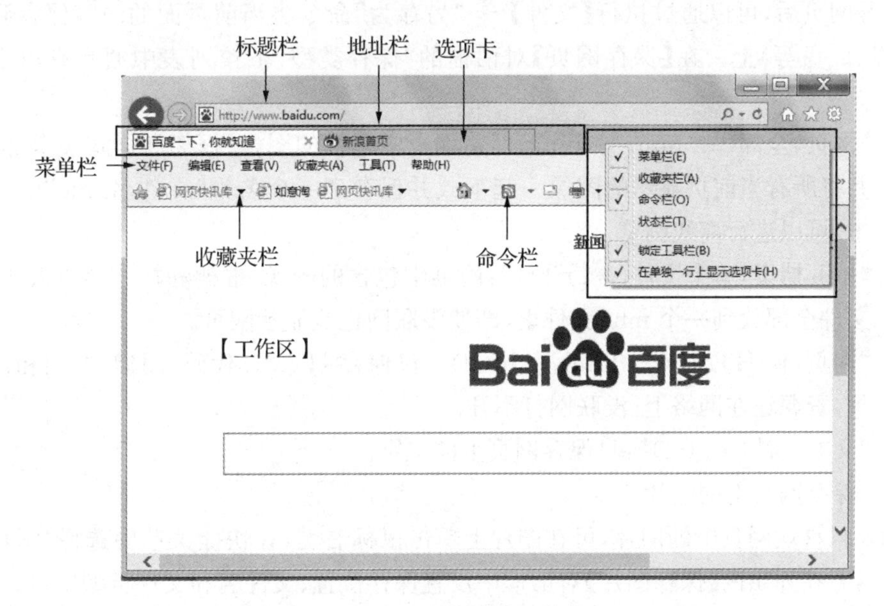

图 1－27　IE 浏览器的工作界面

2. 使用 IE 浏览器

(1) 访问 Web 服务器并浏览网页

每个网页都有一个固定的网址（又称 URL，即统一资源定位器），在地址栏中输入要访问网址，如 http://www.sina.com.cn，按回车键就可以打开新浪首页。

基本 URL 的格式是，协议://服务器名或 IP 地址/路径/文件。http 协议是 WWW

访问的标准协议。

(2) 访问FTP服务器

浏览器不仅可以访问网络上的Web服务器,还可以访问FTP服务器,从而实现文件传输。用户只需要在地址栏中输入"ftp://服务器名或IP地址/路径/文件",然后按回车键即可,其中ftp是文件传输服务的标准协议。

(3) 快速发送电子邮件

在地址栏中输入"mailto:电子邮件地址"(如mailto:zhangsan@163.com,冒号要用英文半角),按回车键后就可以启动系统默认的电子邮件程序来进行电子邮件的收发。

(4) 打开资源管理器

在地址栏中输入驱动器号或者具体的文件地址,按回车键后就可以打开资源管理器。如在地址栏中输入"E:\tool",即可打开资源管理器同时显示E盘"tool"文件夹下的子文件夹及文件。

(5) 用地址栏实现智能搜索

许多人使用搜索引擎,都习惯于进入相关网站(如百度、谷歌等)后再输入关键词搜索。实际上,IE支持直接从地址栏中进行快速高效的搜索,如直接在地址栏中输入"南京大学",就可以在工作区列出相关的搜索结果。

(6) 保存完整的网页内容

打开网页后,可以通过执行【文件】->"另存为"命令将当前页面的内容保存到外存(如硬盘、U盘等)上。在【保存网页】对话框的"保存类型"下拉列表中通常有以下几种选择:

- "网页,全部(*.htm;*.html)":将网页中包含的图像、框架和样式表全部保存,并将所有当前页显示的图像一起下载并保存到一个名为"文件名.file"的文件夹中,可以进行离线浏览。
- "web档案,单个文件(*.mht)":网页中包含的图像、框架和样式表以及HTML文件全部放到一个mht文件里,即使没联网也能显示网页。
- "网页,仅HTML(*.htm;*.html)":仅保存HTML代码、图像、框架和样式表等,资源还在网络上,没联网打不开。
- "文本文件(*.txt)":只保存网页上的文字。

(7) 保存网页上的图片

如果只喜欢网页中的图片,可在图片上单击鼠标右键,在快捷菜单中选择"图片另存为"命令,并在弹出的【保存图片】对话框中设置保存位置、文件名和文件类型即可。

(8) 下载文件

利用浏览器可以下载自己喜欢的文件,如软件、视频和歌曲等。图1-28是QQ的下载页面,在页面底部有一个询问框;若选择"运行",则直接运行QQ的安装程序,而不保存该文件;若选择"保存"右侧的下拉按钮,则有三种选择,用户可根据自己的需要选择。

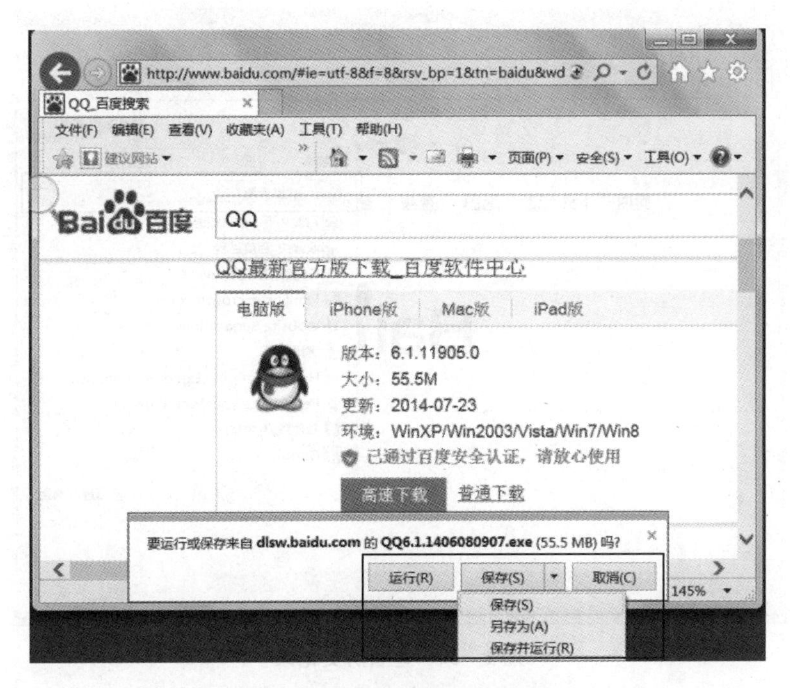

图 1－28　用 IE 浏览器下载文件

(9) 收藏网页

利用收藏夹可以将用户喜欢的网页放到一个文件夹里，想用的时候直接找到并打开。

打开要收藏的网页，执行【收藏夹】->“添加到收藏夹”命令，弹出【添加收藏】对话框；在“名称”输入框中输入网页名称，在“创建位置”下拉列表中选择一个已有的文件夹或新建一个新文件夹，最后单击“添加”按钮即可(图 1－29)。

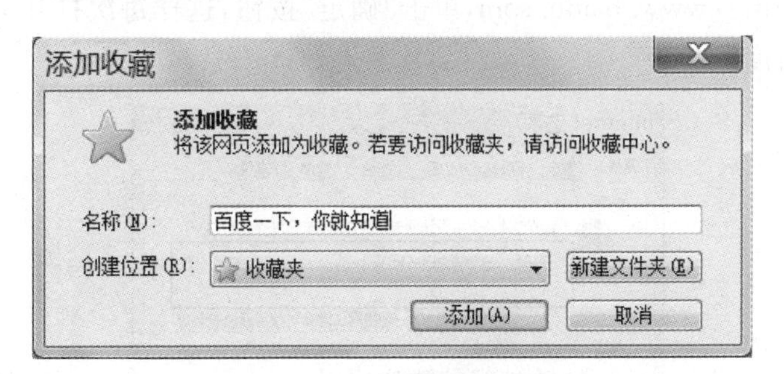

图 1－29　【添加收藏】对话框

(10) 使用浏览器的历史记录

单击浏览器右上角的五角星图标，可弹出一组标签分别用来显示“收藏夹”和“历史记录”文件夹中的内容。选择【历史记录】标签，在下拉列表框中有多种查看方式供用户选择，如“按日期查看”“按站点查看”“按访问次数查看”等；选择一种查看方式即可在下方列表中按该方式列出访问过的网页(图 1－30)。

图 1-30 查看历史记录

3. IE 浏览器设置

(1) 设置主页

主页是打开浏览器后看到的第一个页面。用户可以将常用的网页设置为主页，免去每次打开浏览器都要输入网址的麻烦。

执行【工具】->"Internet 选项"命令，弹出【Internet 选项】对话框(图 1-31)，在"主页"区域输入 http://www.baidu.com，单击"确定"按钮，这样每次打开浏览器看到的第一个页面都是百度。

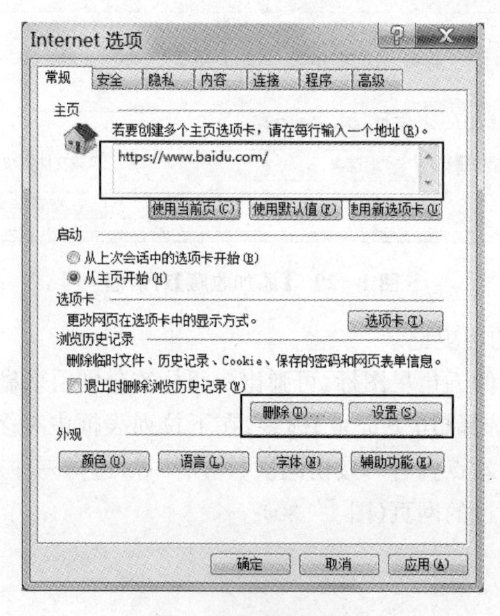

图 1-31 主页设置

(2) 提高网页浏览速度

我们经常会遇到浏览器打不开、系统很慢、卡住等问题，此时宽带连接正常且没有中毒，可能的原因是浏览器使用磁盘空间过小，导致网页缓存无法存储，影响系统正常运行，此时需要清理缓存。

在图1-31中单击“删除”按钮可以清除所有IE临时文件，同时可单击“设置”按钮，在【网站数据设置】对话框(图1-32)中把要使用的磁盘空间设置大些，推荐50～250 MB。

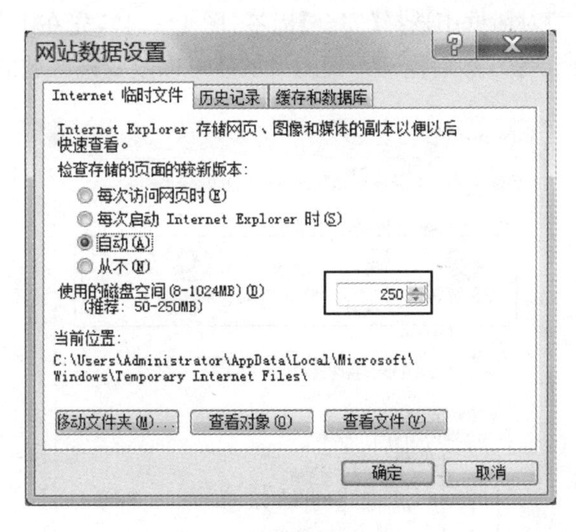

图1-32 设置存储空间

在【Internet 选项】对话框中选择【高级】标签(图1-33)，在“多媒体”区域取消选中“在网页中播放声音”和“显示图片”，单击“确定”按钮。这样以后每次打开网页时，网页上的声音不再播放，图片也不再显示，可有效提高网页浏览速度。

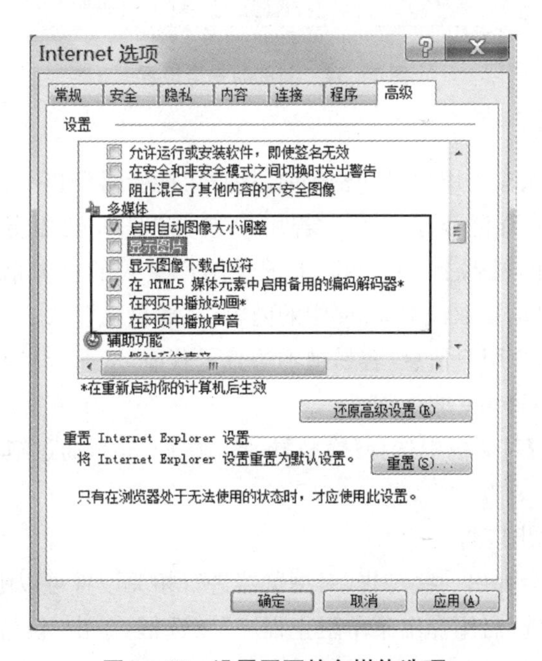

图1-33 设置网页的多媒体选项

(3) IE 安全设置

互联网中存在一些不安全的因素，如病毒、黑客等，当用户浏览网页时一定要对 IE 浏览器进行安全设置。

① 设置浏览器安全级别

IE 浏览器提供了三种安全级别，分别是高、中－高、中，用户可根据自己的实际需要为浏览器设置安全级别，从而保证电脑安全。

在【Internet 选项】对话框中选择【安全】标签(图 1－34)，先在上部选择一个区域(如 Internet、本地 Intranet 等)，然后拖动下面的滑块就可以改变该区域的安全级别。

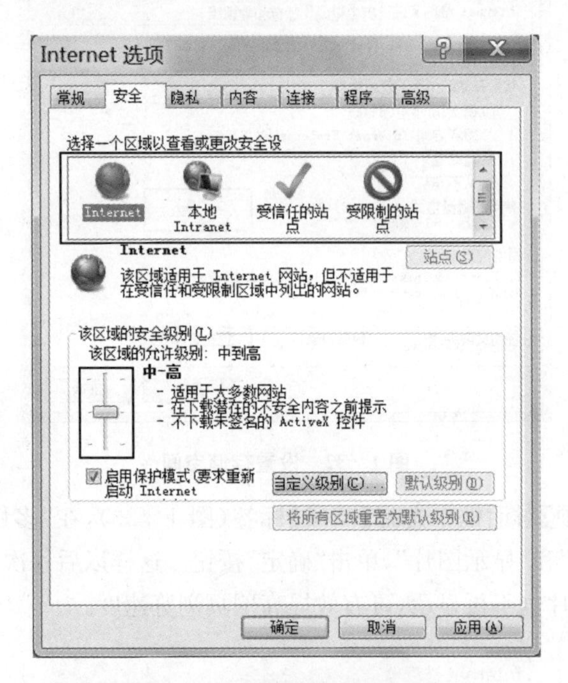

图 1－34 浏览器安全设置

② 设置信息限制

用户在登录某网站输入用户名和密码时，用户可能会得到提示：是否保留用户信息以便下次登录该网站时简化登录手续。若用户选择"是"，则服务器会发送一个文本(Cookie)保存在用户的机器上。Cookie 上记录用户登录的相关信息，下次访问该网站时，该网站服务器会自动读取该 Cookie 中的内容，完成自动登录。

由于 Cookie 中包含用户信息，容易被不法分子获取，从而带来安全隐患，用户可以通过隐私设置来控制对 Cookie 的访问。

在【Internet 选项】对话框中选择【隐私】标签(图 1－35)，通过拖动滑块可以改变限制的级别。

③ 阻止浏览器弹出广告

浏览网页时可能会弹出一些广告，对浏览器进行相关设置可以阻止广告的弹出。

在图 1－35 中勾选"启用弹出菜单阻止程序"复选框，单击"设置"按钮，弹出【弹出窗口阻止程序设置】对话框(图 1－36)，在对话框的"阻止级别"下拉列表框中选择"中：阻止

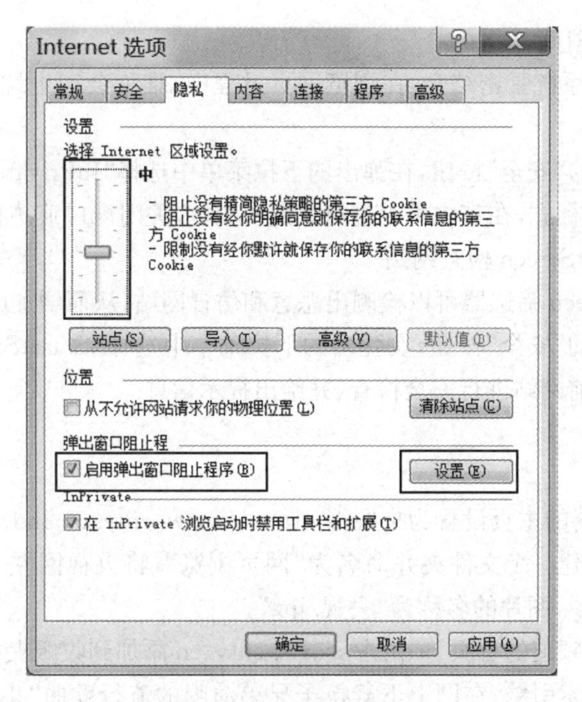

图 1－35　浏览器隐私设置

大多数自动弹出窗口"菜单项,单击"关闭"按钮即可。

如果需要设置允许某些网站弹出窗口,可将该网站添加到"允许的站点"列表中。

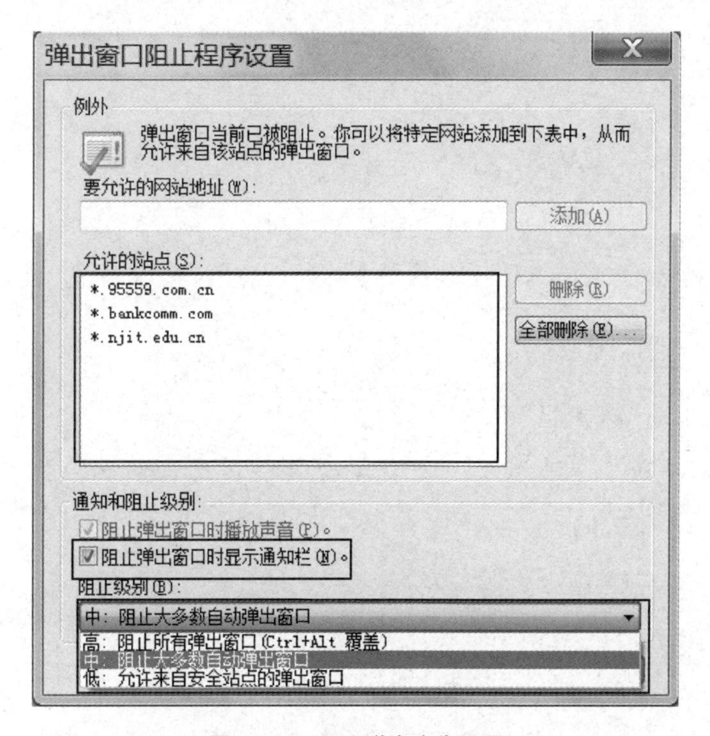

图 1－36　阻止弹出广告设置

(4) InPrivate 浏览

IE 由于和操作系统紧密结合,在浏览网页过程中,难免会产生垃圾和痕迹带来安全问题。

单击工具栏中的"安全"按钮,在弹出的下拉菜单中选择"InPrivate"菜单项,界面中会显示 InPrivate 浏览标志,在其中可以进行无痕迹浏览,关闭窗口痕迹自动消失。

(6) 使用 SmartScreen 检查网站

使用 SmartScreen 筛选器可以检测出恶意和仿冒网站,从而增加电脑的安全性。

单击工具栏中的"安全"按钮,在弹出的下拉菜单中选择"SmartScreen"或"检查此网站"命令,则可对当前网站进行安全检查,并给出提示信息。

三、实验任务

1. 将 IE 浏览器的主页设置为央视网 http://www.cntv.cn/index.shtml。

2. 在桌面上新建一个文件夹并命名为"网页浏览",将央视网左上角的央视 logo 图片保存在该文件夹中,图片的名称为"央视.jpg"。

3. 将央视体育频道的首页 http://sports.cntv.cn 添加到收藏夹中。

4. 利用网络搜索引擎,在网上下载筷子兄弟演唱的流行歌曲"小苹果"并保存在"网页浏览"文件夹中,歌曲的名称为"小苹果.mp3"。

5. 设置在网页上不播放动画、声音和图片,然后重新访问 http://www.cntv.cn,查看显示效果。

单元二 Word 2016 基本操作

Word 2016 是 Microsoft 公司开发的 Office 2016 办公组件之一，主要用于文字处理工作。Word 2016 提供了性能卓越的文档格式设置工具，利用它可以轻松、高效地组织和编写文档。

实验一 建立简单的文档

一、实验目的

1. 了解 Word 2016 的基本布局。
2. 掌握 Word 2016 文档输入和基本格式设置方法。

二、操作指导

1. 基本界面

Word 2016 启动后的界面如图 2-1 所示。窗体的左上端有【快速访问】工具栏，用户可以把自己最常用的工具按钮放在这里，方便使用。Word 2016 取消了传统的菜单操作方式，取而代之的是各种选项卡，每个选项卡中有各种操作命令按钮，这些按钮被分成多个功能组，方便用户选择。在功能组的右下角有一个“对话框启动”按钮，单击它会打开相应的对话框。

窗体底部左侧的状态栏会显示当前字数、页码及共多少页，用鼠标点击它们会弹出不同的对话框，来设置相应的功能。

用鼠标拖动底部右侧的【显示比例】滑块，或者按下键盘上 Ctrl 键的同时转动鼠标中间的滚轮均可改变页面的显示比例。

(1) 选项卡功能介绍

用 Word 2016 新建或打开一个文档时，可以看到 8 个选项卡，这 8 个固定选项卡的功能如下：

①【开始】选项卡

该选项卡主要用于文字编辑和格式设置，常用的复制、粘贴、字体和段落设置、样式设置、查找和替换命令均在此选项卡中。

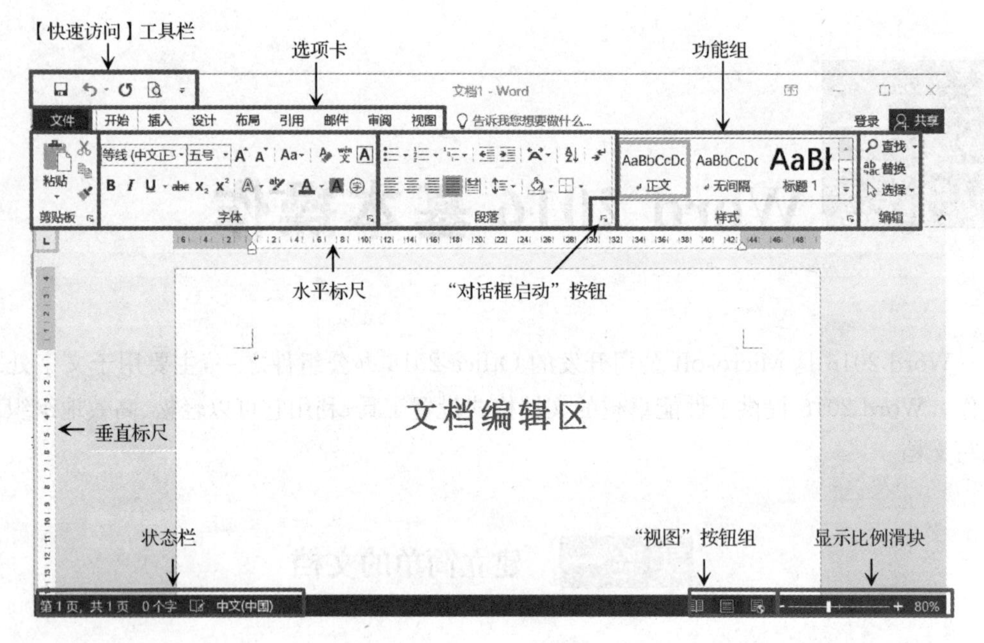

图 2-1 Word 2016 窗体布局

②【插入】选项卡

该选项卡主要用于在文档中插入各种元素，如表格、各种图片、页眉和页脚、文本框、艺术字、首字下沉、公式和符号等。

③【设计】选项卡

该选项卡用于为文档设计主题，每个主题都有一组独特的颜色、字体、效果；还可以为文档设置水印(文字水印或图片水印)、页面背景和页面边框等。

④【布局】选项卡

该选项卡用于对页面进行整体把控。如调整文字方向、设置页边距、纸张大小/方向、设置分栏/分节、为文字插入行号、设置断字处理，调整所选对象在页面上显示的位置等。

⑤【引用】选项卡

该选项卡用于实现在文档中插入目录、脚注、尾注等比较高级的功能。

⑥【邮件】选项卡

该选项卡专门用于在文档中进行邮件合并方面的操作。

⑦【审阅】选项卡

该选项卡主要用于对文档进行校对和修订等操作，适用于多人协作处理 Word 长文档。

⑧【视图】选项卡

该选项卡主要用于设置 Word 操作窗口的视图类型(页面视图、阅读视图、Web 版式视图、大纲视图、草稿视图)，设置多个已打开文档的排列方式，以方便操作。

除了这 8 个固定的选项卡外，Word 2016 还有一些动态出现的选项卡，这些选项卡在我们操作特定对象时会出现。如选中文档中的图片会出现【图片工具|格式】选项卡；选中表格会出现【表格工具|设计】和【表格工具|布局】选项卡；选中页眉/页脚时会出现【页眉

和页脚工具|设计】选项卡等，这些选项卡中有对特定对象的操作命令。

(2) 设置【快速访问】工具栏

将常用的命令放在【快速访问】工具栏中，可以方便用户进行快速操作。默认设置中，【快速访问】工具栏只有“保存”“撤销”和“恢复”三个工具按钮。

点击【快速访问】工具栏右侧的下拉箭头，在弹出下拉菜单中可以看到更多的工具列表，通过勾选可以将自己喜欢的工具以及命令添加到工具栏上，如“打开”“打印预览和打印”等(图 2-2)。

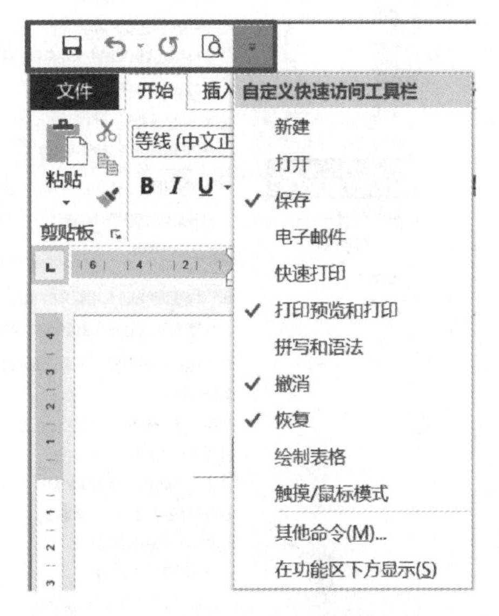

图 2-2 自定义【快速访问】工具栏

(3) 文件面板

单击左上角的【文件】按钮可打开文件面板。文件的新建、保存、保护和加密均可在此面板中完成。

当不希望文档被别人修改时，在“信息”子面板的“保护文档”中单击“限制编辑”命令可对文档进行限制编辑保护；单击“用密码进行加密”命令对文档进行加密(图 2-3)。

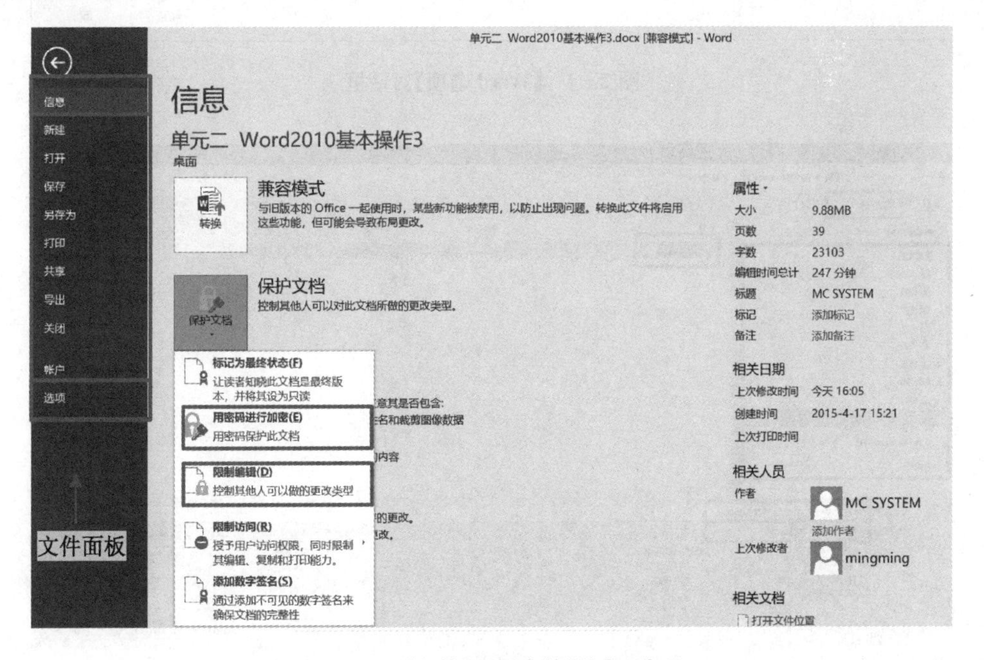

图 2-3 “文件”面板中的“信息”选项

在文件面板中单击“选项”，弹出【Word 选项】对话框(图 2-4)，在该对话框中可以对 Word 进行参数设置，关闭或开启其中的某些功能。如在“高级”选项卡中，可以设置系统的度量单位是“厘米”“毫米”或“磅”。

在文件面板中单击“保存”/“另存为”→ 浏览 命令，会打开【另存为】对话框(图 2-5)，对文档进行保存。

Word 选项

常规
显示
校对
保存
版式
语言
高级
自定义功能区
快速访问工具栏
加载项
信任中心

☐ 显示域代码而非域值(F)
域底纹(H): 选取时显示
☐ 在草稿和大纲视图中使用草稿字体(D)
名称(E): 宋体
字号(Z): 五号
☐ 使用打印机上存储的字体(P)
字体替换(F)...
☐ 打开文档时展开所有标题

显示

显示此数目的"最近使用的文档"(R): 25
☐ 快速访问此数目的"最近使用的文档"(Q): 4
显示此数目的取消固定的"最近的文件夹"(F): 20
度量单位(M): 厘米
英寸
厘米
毫米
磅
十二点活字
草稿和大纲视图中的样式区窗格宽度(E):
☑ 以字符宽度为度量单位(W)
☐ 为 HTML 功能显示像素(X)
☑ 在屏幕提示中显示快捷键(H)
☑ 显示水平滚动条(Z)
☑ 显示垂直滚动条(V)
☑ 在页面视图中显示垂直标尺(C)
☐ 针对版式而不是针对可读性优化字符位置
☐ 禁用硬件图形加速(G)

确定 取消

图 2-4 【Word 选项】对话框

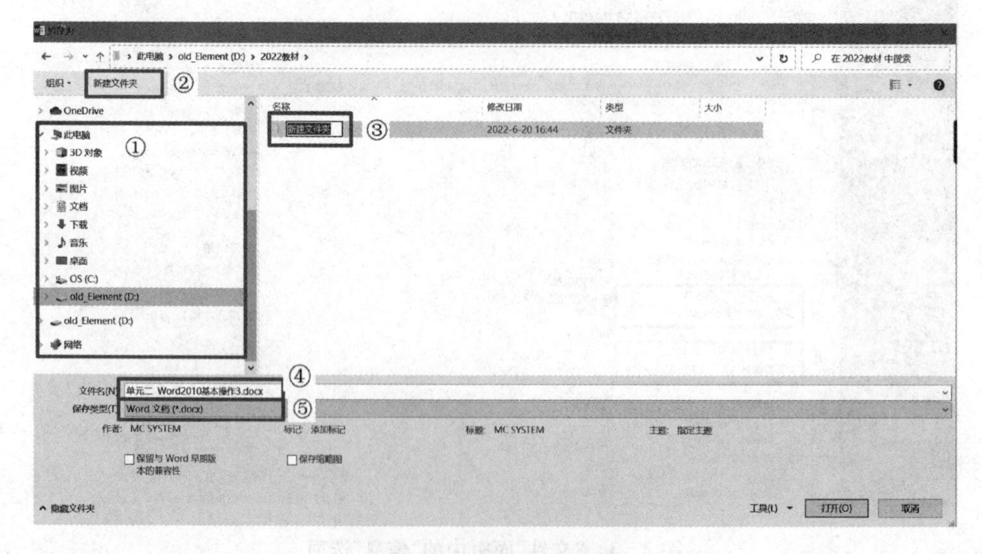

图 2-5 "另存为"对话框

在对话框的左侧区域①选择文件保存位置;选择位置后,还可在区域②点击新建文件夹,在区域③为新建的文件夹重命名;在区域④"文件名"输入框中输入文件名(Word 会自动以文档开头第一句话作为文件名);在区域⑤"保存类型"下拉式列表中选择文件类型,默认情况下,Word 2016 保存的文档类型为"Word 文档(* . docx)"。

编辑文档时，应注意每隔一段时间就对文档保存一次（可直接单击【快速访问】工具栏中的保存按钮 ），这样可以有效地避免停电、死机等意外事故而使自己正在编辑的文档不翼而飞。

2. 文本选择

设置文本格式首先要选中文本，选中文本除了用鼠标拖动外还有一些技巧方法，具体介绍如下：

① 将鼠标移动到某行的左侧，当鼠标变成一个指向右边的箭头时，单击可以选定该行；双击可以选定该行所在段落；三击可以选择整篇文档；按住鼠标左键向上或向下拖动，可以选定多行。

② 在段落的任意位置双击可以选定一个词组；三击可以选定整个段落。

③ 按住 Ctrl 键，然后在段落的任意位置单击，可以选定该段落。

④ 按住 Alt 键拖动鼠标可以选定垂直的一块文字。

3. 复制和移动

选中文字（或对象），执行“复制”→“粘贴”命令就可以完成复制操作；执行“剪切”→“粘贴”命令可以完成移动操作。

Word 不仅可以复制内容，还可以复制格式，执行“复制”命令后再单击“粘贴”按钮下方的小三角箭头会有三个选项（图 2-6），各选项的含义如下：

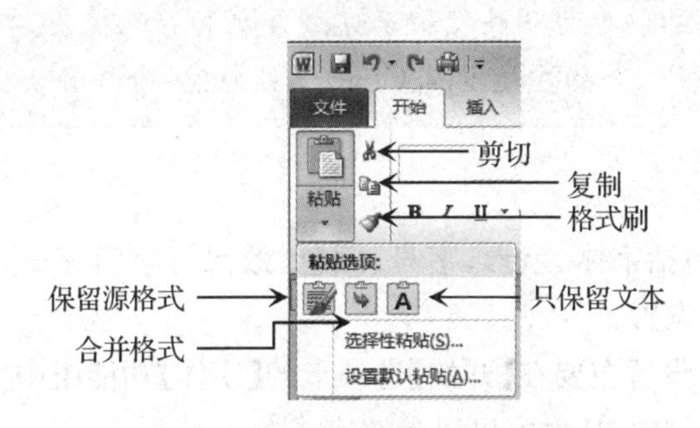

图 2-6　【剪贴板】功能组

- “保留源格式”：将复制的内容和连同格式一起放在粘贴点。
- “合并格式”：将复制的内容和格式一起放在粘贴点，并将粘贴点原有格式一起加在内容上，如复制的文本是红色字体，粘贴点原有的格式是加粗，则合并后的格式是红色加粗。
- “只保留文本”：只粘贴复制的内容，不保留格式。

> **提示**：无论是执行“复制”命令还是“剪切”命令，选中的文本都被放在剪贴板上，剪贴板是内存中的一块存储区；执行“粘贴”命令则是将剪贴板上的内容取出放在粘贴点所在位置。

格式刷是 Word 一个非常强大的功能，可以使用格式刷将指定段落或文本的格式沿用到其他段落或文本上，避免重复设置。

在图 2－7 中,若要将第 2 段的格式设置成与第 1 段一样,可以使用格式刷并按下列步骤操作:

摩尔定律是指IC上可容纳的晶体管数目,约每隔18个月便会增加一倍,性能也将提升一倍。摩尔定律是由英特尔(Intel)名誉董事长戈登·摩尔(Gordon Moore)经过长期观察发现得之。

由于高纯硅的独特性,集成度越高,晶体管的价格越便宜,这样也就引出了摩尔定律的经济学效益,在20世纪60年代初,一个晶体管要10美元左右,但随着晶体管越来越小,直小到一根头发丝上可以放1000个晶体管时,每个晶体管的价格只有千分之一美分。据有关统计,按运算10万次乘法的价格算,IBM704电脑为1美元,IBM709降到20美分,而60年代中期IBM耗资50亿研制的IBM360系统电脑已变为3.5美分。

图 2－7　格式刷应用示例

① 选择要复制格式的文本,即第 1 段文本。

② 单击"格式刷"按钮,当鼠标指针变为格式刷图标时,选中第二段,则两段格式一致。

提示:单击"格式刷"按钮只能复制一次,双击"格式刷"按钮可实现格式的多次复制。如果仅要复制字体格式,只要选择对应的文字;如果要同时复制字体和段落格式,则要选择整个段落,包括回车符段落标记。按 Esc 键可以退出格式刷。

为了提高操作速度,也可用快捷键来完成复制和移动操作。"复制"命令的快捷键是 Ctrl+C;"剪切"命令的快捷键是 Ctrl+X;"粘贴"命令的快捷键是 Ctrl+V。

4. 文本格式设置

文本格式的设置包括字体、字形、字号、颜色、效果等字符格式的设置,以及缩放、位置、间距等字符间距的设置。

Word 文本格式的设置主要在【开始】选项卡的【字体】功能组中完成(图 2－8(a)),图 2－8(b)给出了部分示例效果,大家可以参照完成。

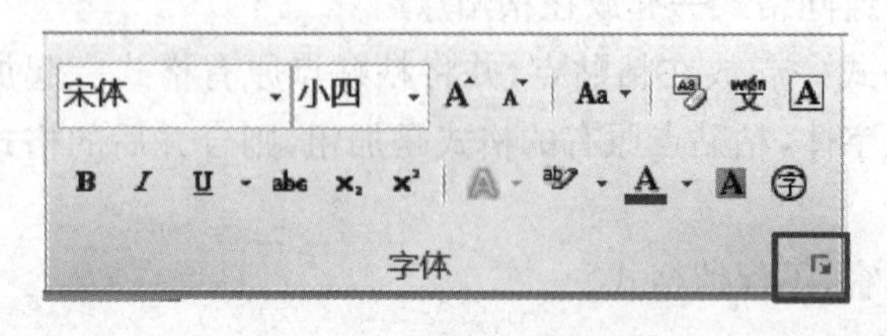

图 2－8(a)　【字体】功能组

jīn tiān de wēn dù shì
今天的温度是38°C
$X_3^2 = X_1^2 + X_2^2$
字符间距加宽2磅
字符间距紧缩1.2磅
为文字加字符边框
字符缩放 150%

图 2－8(b)　字体设置示例

此外,也可单击右下角的"对话框启动"按钮,在打开的【字体】对话框的【字体】标签中设置字体效果(图 2－9(a));在【高级】标签中设置字符间距和字符的缩放比例(图 2－9(b))。字符间距是指相邻字符间的距离,字符缩放是指字符的宽高比例,以百分数来表示。

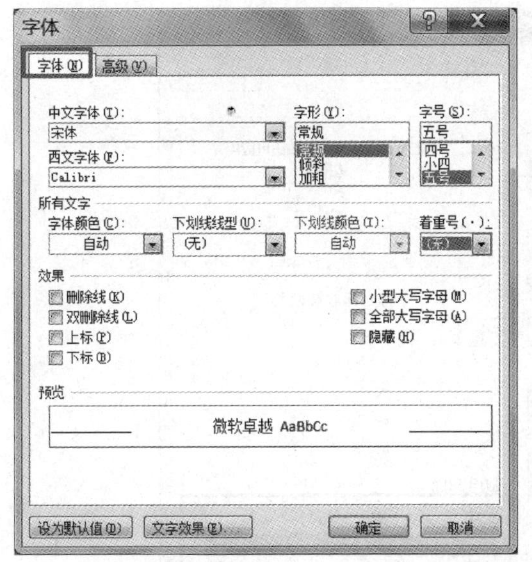

图 2-9(a)　设置字体效果

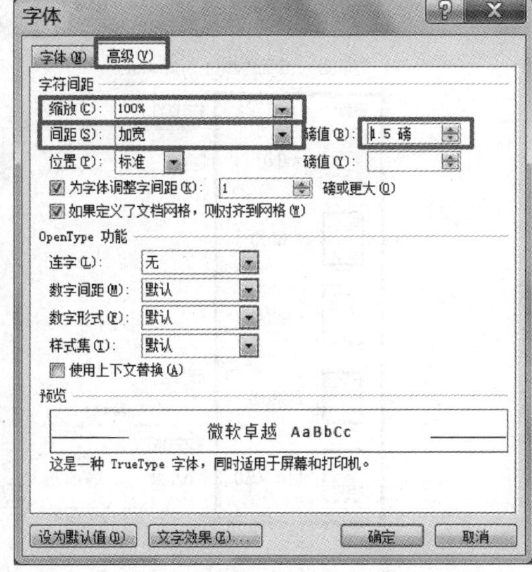

图 2-9(b)　设置字符间距

5. 段落格式设置

段落格式的设置包括段落的对齐方式、段落缩进、行距、段前/后间距及段落边框线和底纹的设置，主要在【段落】功能组中完成(图 2-10)。

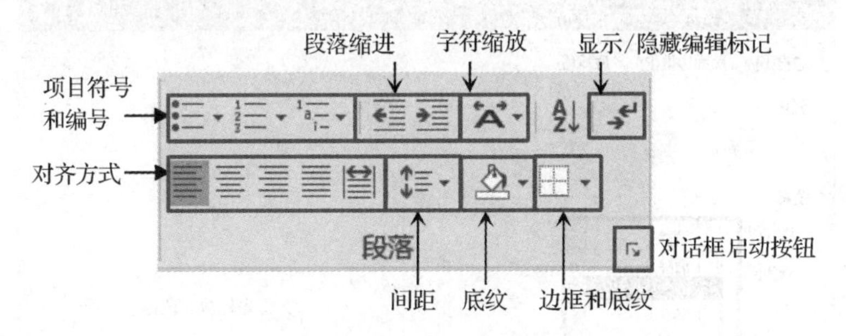

图 2-10　【段落】功能组

将光标放在段落中，单击“项目符号”按钮或“编号”按钮右侧的小三角箭头，可在展开的面板中选择一种项目符号或编号添加到段落上。图 2-11(a)和图 2-11(b)分别给出了两种示例效果。

➢ 摩尔定律概述
➢ 摩尔定律演化
➢ 基辛格规则

图 2-11(a)　添加项目符号示例

1. 摩尔定律概述
2. 摩尔定律演化
3. 基辛格规则

图 2-11(b)　添加编号示例

选中文字后，点击“边框和底纹”右侧的小三角箭头，在展开的面板中点击最下方的“边框和底纹”命令，可在弹出的【边框和底纹】对话框的【边框】标签中为文字添加边框(图 2-12(a))，在【底纹】标签中为文字添加图案底纹(图 2-12(b))。

图 2-12(a) 为文字设置边框

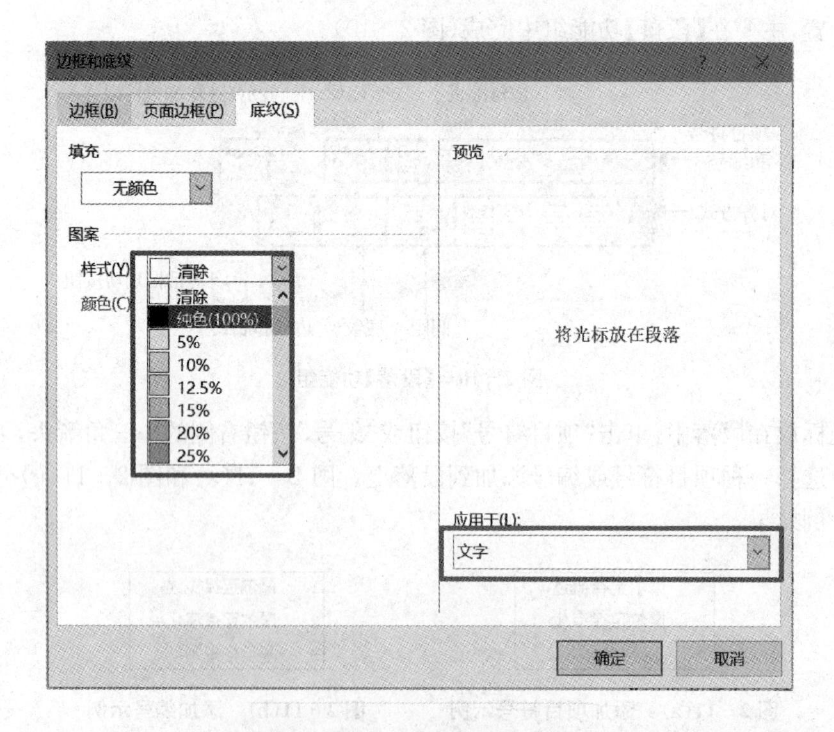

图 2-12(b) 为文字设置底纹

注意:添加的边框和底纹既可以应用于“文字”也可以应用于“段落”。图 2-13(a)给出了为文字添加边框的两种效果,图 2-13(b)给出了为文字添加底纹的两种效果,大家可以试着操作一下。

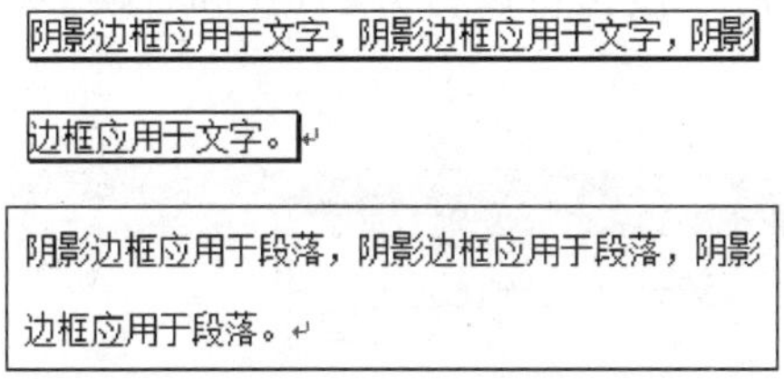

阴影边框应用于文字，阴影边框应用于文字，阴影边框应用于文字。

阴影边框应用于段落，阴影边框应用于段落，阴影边框应用于段落。

图 2－13(a)　为文字设置边框示例

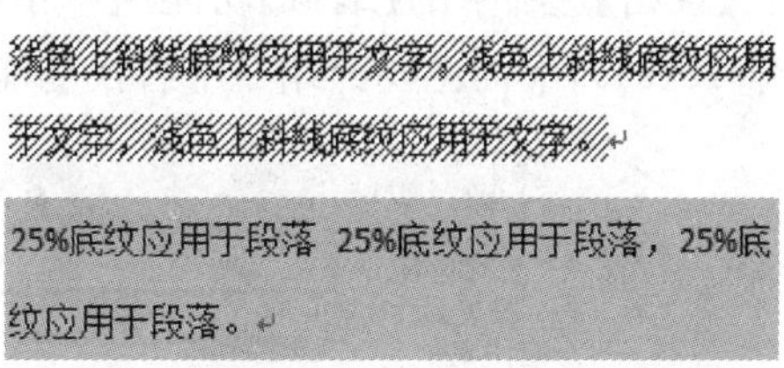

浅色上斜线底纹应用于文字，浅色上斜线底纹应用于文字，浅色上斜线底纹应用于文字。

25%底纹应用于段落 25%底纹应用于段落，25%底纹应用于段落。

图 2－13(b)　为文字设置底纹示例

单击【段落】功能组右下角的“对话框启动”按钮，可以打开【段落】对话框(图 2－14)。在“特殊格式”区域可以为段落的第一行设置“首行缩进”和“悬挂缩进”两种效果，大家可以分别设置这两种效果并对比一下。

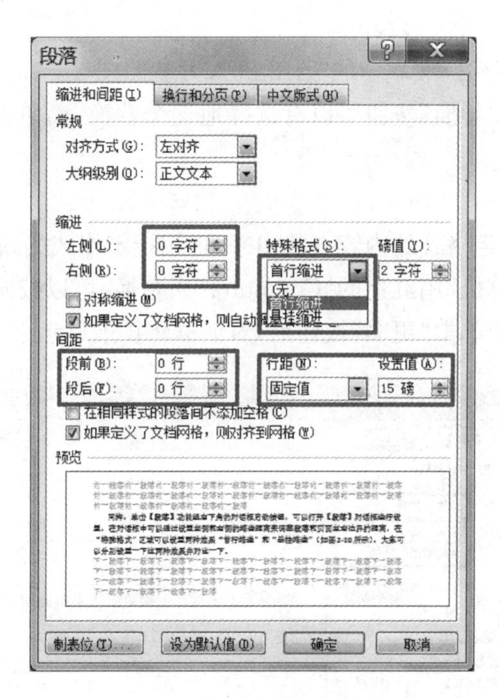

图 2－14　【段落】对话框

6. 查找和替换

Word 的查找功能可以帮助用户快速找到所需内容，替换功能可以将查找到的内容用新内容替换。Word 不局限于查找和替换文字，还可以用来查找和替换格式、段落标记、分页符和其他项目，并且可以使用通配符和代码来扩展搜索。

图 2－15　【导航】窗格

在【开始】选项卡的【编辑】功能组中单击“查找”按钮，会在文档的左侧出现一个【导航】窗格(图 2－15)。在输入框中输入要查找的内容，如“计算机”，单击回车键，则在下方会列出包含查找内容的段落，同时在文档中将找到的内容用黄色突出显示。

在【开始】选项卡的【编辑】功能组中单击“替换”按钮可以打开【查找和替换】对话框(图2-16(a)),下面主要介绍一下替换功能。

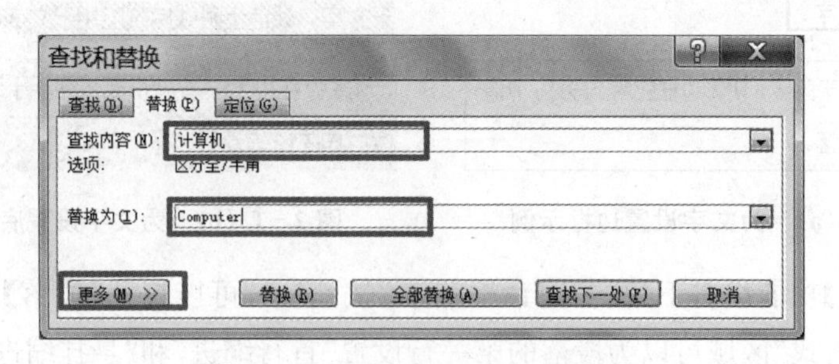

图2-16(a) 【查找和替换】对话框

(1) 文字替换

若要用“Computer”替换文章中的“计算机”,可参照图2-16(a)输入相关的内容,单击“查找下一处”按钮和“替换”按钮可以有选择地逐个替换,而单击“全部替换”按钮可一次全部替换。

(2) 格式替换

有时需要将满足特定格式的内容查找出来,再用指定格式的新内容来替换它,如将文章所有加粗表示的“计算机”用红色的“Computer”来替换,可以按照下列步骤操作:

① 在图2-16(a)中单击“更多”按钮后,对话框将扩展显示下半部分(图2-16(b))。

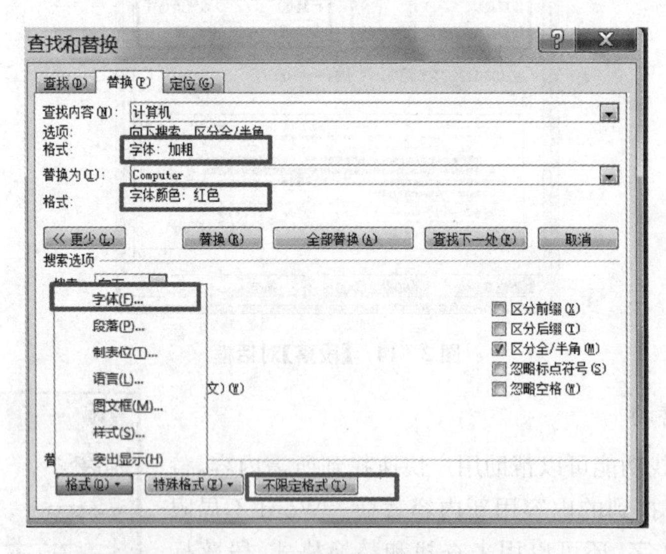

图2-16(b) 查找和替换带格式的字体

② 在“查找内容”输入框中输入“计算机”,将光标放在该区域,单击左下方的“格式”→“字体”命令,在弹出的【字体】对话框中设置“加粗”效果;关闭【字体】对话框,在“查找内容”输入框下部会出现格式说明“字体:加粗”(图2-16(b)),这是为查找内容添加的格式。

③ 在“替换为”输入框中输入“Computer”,将光标放在该区域,单击左下方的“格式”→“字体”命令,在弹出的【字体】对话框中设置字体颜色为“红色”。关闭【字体】对话框,在对

话框的“替换为”输入框下方会出现格式说明“字体颜色：红色”(图 2－16(b))，这是为替换内容添加的格式。若要去除格式，可单击“不限定格式”按钮。

④ 单击“查找下一处”按钮和“替换”按钮可以有选择地逐个替换，而单击“全部替换”按钮可一次全部替换。

(3) 特殊格式替换

有时需要对一些特殊的格式进行查找替换，如要将所有的数字用红色表示，可按下列步骤操作：

① 将光标放在“查找内容”输入框中，单击“特殊格式”按钮，在弹出的选项中选择“任意数字”(图 2－17(a))，则输入框中会出现“^＃”(图 2－17(b))。

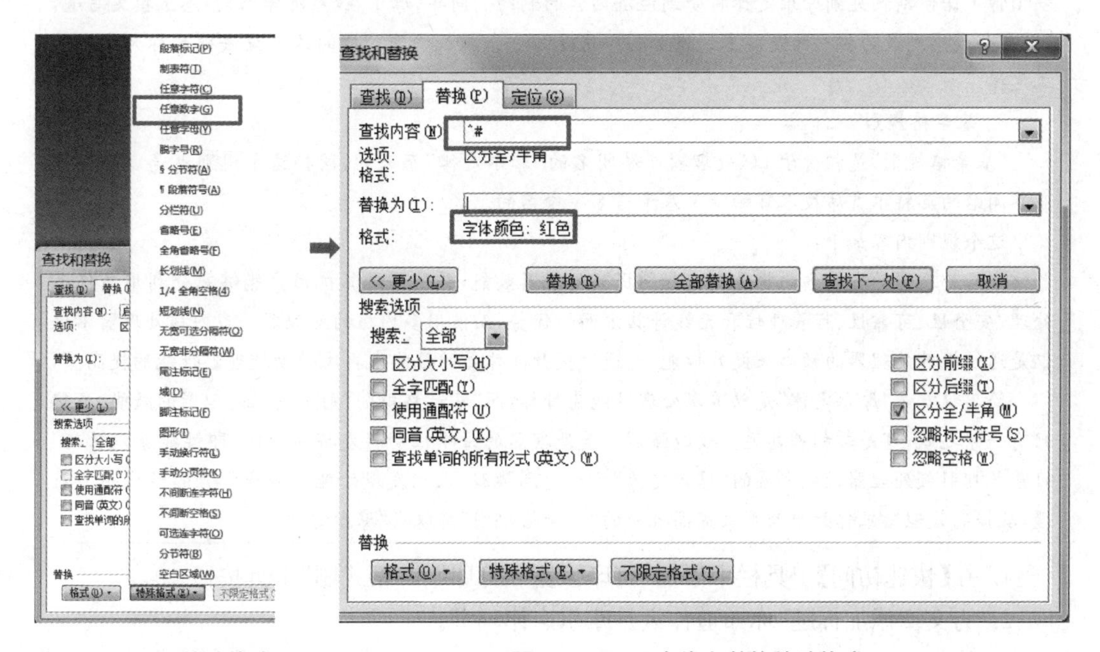

图 2－17(a)　特殊格式　　　　图 2－17(b)　查找和替换特殊格式

② 将光标放在“替换为”输入框中，单击左下方的“格式”→“字体”命令，在弹出的【字体】对话框中设置字体颜色为“红色”(图 2－17(b))。

③ 单击“替换”或“全部替换”按钮。

大家可以触类旁通，如删除文档中所有的白色字体、所有的回车换行符，对所有的字母突出显示，这些都可以通过查找替换功能快速实现。

三、实验任务

在 Word 2016 中输入以下内容，将该文档保存到 D:\myWord 目录中，文件的名称为“学号_姓名_摩尔定律.docx”，并完成下列任务：

> 1. 摩尔定律概述
>
> 摩尔定律是指 IC 上可容纳的晶体管数目，约每隔 18 个月便会增加一倍，性能也将提升一倍。摩尔定律是由英特尔(Intel)名誉董事长戈登·摩尔(Gordon Moore)经过长期观察发现得之。

由于高纯硅的独特性,集成度越高,晶体管的价格越便宜,这样也就引出了摩尔定律的经济学效益,在20世纪60年代初,一个晶体管要10美元左右,但随着晶体管越来越小,直小到一根头发丝上可以放1 000个晶体管时,每个晶体管的价格只有千分之一美分。据有关统计,按运算10万次乘法的价格算,IBM704电脑为1美元,IBM709降到20美分,而60年代中期IBM耗资50亿研制的IBM360系统电脑已变为3.5美分。

2. 摩尔定律演化

摩尔定律的响亮名声,令许多人竞相仿效它的表达方式,从而派生、繁衍出多种版本的“摩尔定律”,其中如:摩尔第二定律:摩尔定律提出30年来,集成电路芯片的性能的确得到了大幅度的提高;但另一方面,Intel高层人士开始注意到芯片生产厂的成本也在相应提高。1995年,Intel董事会主席罗伯特·诺伊斯预见到摩尔定律将受到经济因素的制约。同年,摩尔在《经济学家》杂志上撰文写道:“现在令我感到最为担心的是成本的增加……这是另一条指数曲线。”他的这一说法被人称为摩尔第二定律。

3. 基辛格规则

“基辛格规则”是相对于PC处理器业界闻名的“摩尔定律”而来的,同样这个规则也是以处理器业界闻名的英特尔首席技术官帕特·基辛格名字命名的。

这个规则内容如下:

今后处理器的发展方向将是研究如何提高处理器效能,并使得计算机用户能够充分利用多任务处理、安全性、可靠性、可管理性和无线计算方面的优势,而使用多内核的处理器。多内核处理器不仅仅是通过提升处理器的频率来提升性能,更通过提升晶体管的性能来再次带动处理器性能的提高。”

简单说就是“摩尔定律”是以追求处理性能为目标,而“基辛格规则”则是追求处理器的效能,虽然只有一字之差,可是却相差甚远。效能强调的是处理器的每单位功耗发挥的性能,即性能除以功耗。目前长期引领处理器性能发展的“摩尔定律”已经受到挑战,人们发现处理器频率提升的步伐明显放慢,从提高处理器工作效率入手来提高性能的“基辛格规则”将取代“摩尔定律”。

1. 在【快速访问】工具栏中添加“打印预览和打印”和“格式刷”工具按钮。

2. 为文章添加标题“你知道什么是摩尔定律吗?”。

3. 按如下格式要求来设置文中样式:

➢ 文章标题选择“标题”样式;

➢ 3个小标题选择“标题1”样式,其中“标题1”样式的字体为“黑体、四号”;

➢ 其余为“正文”样式。

4. 设置正文的所有段落左、右各缩进0.5个字符,首行缩进两个字符;行距为固定值20磅,段前、段后距离都为0.5行(建议使用格式刷)。

5. 将第一、第二段正文文字设置为宋体、小四号字体、加波浪线下划线,字间距为加宽1磅;第三段正文文字设置为楷体、小四号字体、加着重号。

6. 将标题加边框和底纹,边框选择“三维、红色、1.5磅粗的实线,应用于文字”;底纹“图案样式25%、黑色,无填充色,应用于段落”。

7. 将文中的所有“摩尔定律”改为“Moores Law”,并将替换文字格式设置为“Arial Unicode MS、三号、红色、单实线下划线、加粗和倾斜”。页面设置效果如图2-18所示。

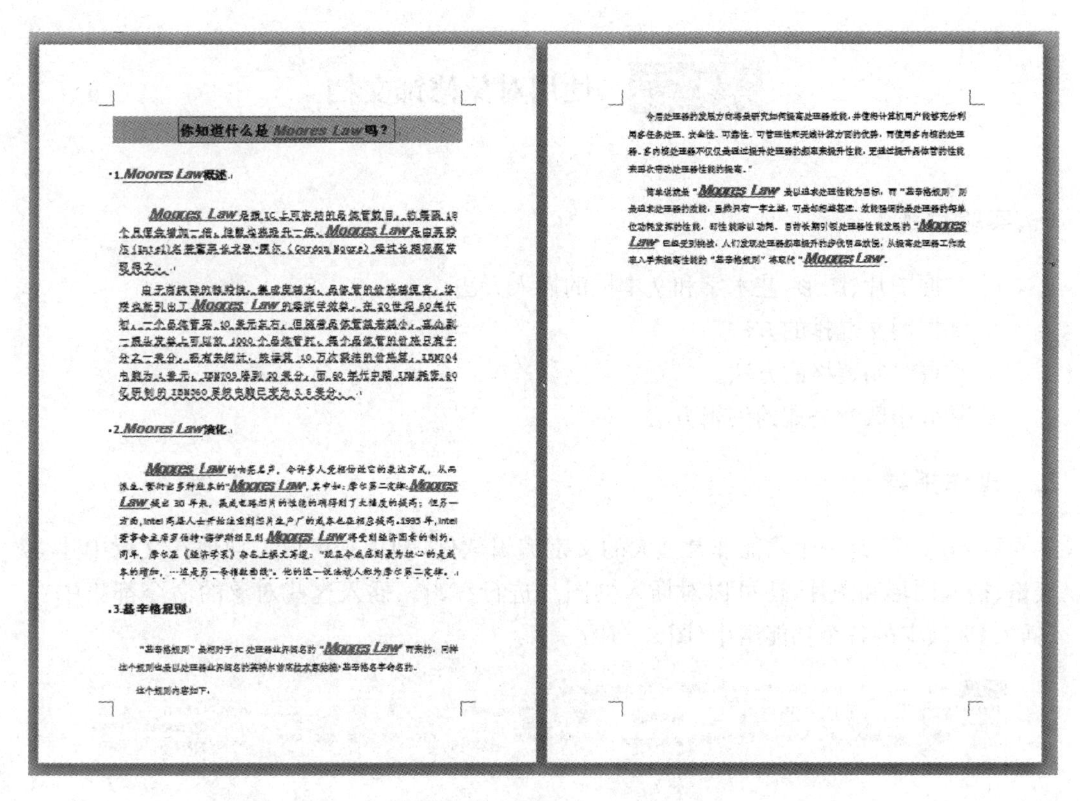

你知道什么是 Moores Law 吗？

1. Moores Law 概述

Moores Law 是指 IC 上可容纳的晶体管数目，约每隔 18 个月便会增加一倍，性能也将提升一倍。Moores Law 是由英特尔(Intel)名誉董事长戈登·摩尔(Gordon Moore)经过长期观察发现得之。

由于高纯硅的独特性，集成度越高，晶体管的价格越便宜，这样也就引出了 Moores Law 的经济学效益，在 20 世纪 60 年代初，一个晶体管要 10 美元左右，但随着晶体管越来越小，直小到一根头发丝上可以放 1000 个晶体管时，每个晶体管的价格只有千分之一美分。据有关统计，按运算 10 万次乘法的价格算，IBM704 电脑为 1 美元，IBM709 降到 20 美分，而 60 年代中期 IBM 耗资 50 亿研制的 IBM360 系统电脑已变为 3.5 美分。

2. Moores Law 演化

Moores Law 的响亮名声，令许多人竞相仿效它的表达方式，从而派生、繁衍出多种版本的 Moores Law，其中如：摩尔第二定律：Moores Law 提出 30 年来，集成电路芯片的性能的确得到了大幅度的提高；但另一方面，Intel 高层人士开始注意到芯片生产厂的成本也在相应提高。1995 年，Intel 董事会主席罗伯特·诺伊斯预见到 Moores Law 将受到经济因素的制约。同年，摩尔在《经济学家》杂志上撰文写道："现在令我感到最为担心的是成本的增加，…这是另一条指数曲线"。他的这一说法被人称为摩尔第二定律。

3. 基辛格规则

"基辛格规则"是相对于 PC 处理器业界闻名的"Moores Law"而来的，同样这个规则也是以处理器业界知名的英特尔首席技术官帕特·基辛格名字命名的。

这个规则内容如下。

今后处理器的发展方向将是研究如何提高处理器效能，并使得计算机用户能够充分利用多任务处理、安全性、可靠性、可管理性和无线计算方面的优势，而使用多内核的处理器。多内核处理器不仅仅是通过提升处理器的频率来提升性能，更通过提升晶体管的性能来逐次带动处理器性能的提高。"

简单说就是"Moores Law"是以追求处理性能为目标，而"基辛格规则"则是追求处理器的效能，虽然只有一字之差，可是却相差甚远。效能强调的是处理器的每单位功耗发挥的性能，即性能除以功耗。目前长期引领处理器性能发展的"Moores Law"已经受到挑战，人们发现处理器频率提升的步伐已经放缓，从提高处理器工作效率入手来提高性能的"基辛格规则"将取代"Moores Law"。

图 2-18 实验任务(一)效果图

本实验结果请大家保留，后面的实中将继续使用。

实验二 使用对象修饰文档

一、实验目的

1. 掌握图片、图形、艺术字和文本框的插入方法。
2. 掌握图文混排的方法。
3. 掌握绘制表格的方法。
4. 掌握中数学公式的编辑方法。

二、操作指导

Word 2016 是一个功能非常强大的文字编辑软件,利用它可以方便地在文章中建立表格、插入图形和图片,还可以对插入的图片进行编辑。插入这些对象的命令都集中在【插入】选项卡的各个功能组中(图 2-19)。

图 2-19 【插入】选项卡

1. 插入本机图片

Word 2016 可插入多种格式的图片,如". bmp"、". jpg"、"png"、"gif"等。

若待插入的图片在用户自己的计算机中,单击【插入】选项卡中的"图片"按钮,打开【插入图片】对话框(图 2-20),在左边的窗格中选择文件夹,右侧预览框中可以看到文件夹中的图片,单击"插入"按钮即可将选中的图片插到文档光标处。

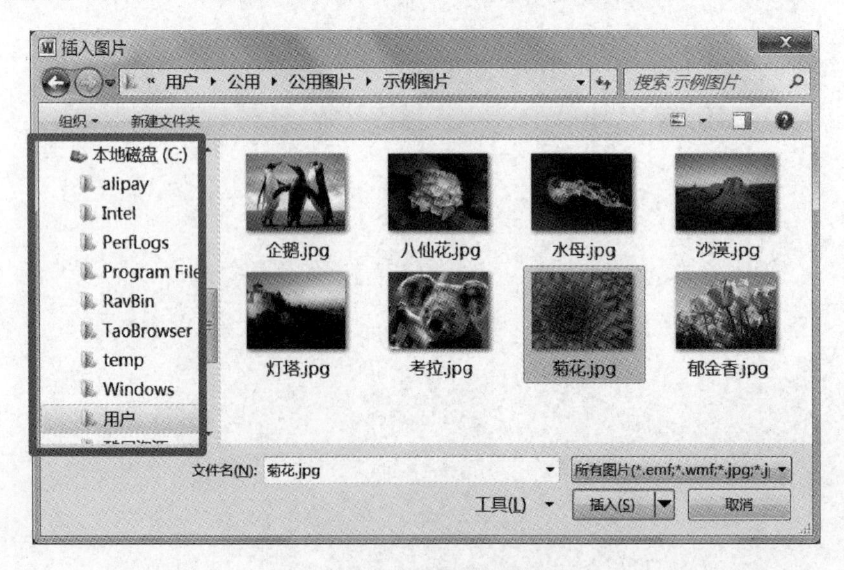

图 2-20 【插入图片】对话框

2. 截取屏幕图片

Word 2016 可随时截取屏幕的内容，然后作为图片插入到文档中。

在【插入】选项卡中单击“屏幕截图”按钮，在展开的下拉面板中选择需要截取的屏幕窗口，即可将截取的屏幕窗口插入到文档中。

若只想截取电脑屏幕上的部分区域，可在下拉面板中选择“屏幕剪辑”选项，当前正在编辑的文档窗口自动隐藏，进入截屏状态，拖动鼠标，选取需要截取的图片区域，松开鼠标后，系统将自动重返文档编辑窗口，并将截取的图片插入到文档中。

3. 插入联机图片(含剪贴画)

联机图片是指从特定网站上下载图片，要求电脑保持联网状态。

在【插入】选项卡中单击“联机图片”按钮，在输入框中要插入的图片类型(如“飞机”、“鲜花”等)即可看到相关图片列表，单击图中的漏斗图标 ▽，即可对图片进行过滤选择，如选择“剪贴画”则只显示“剪贴画”类型的图片，双击某一图片即可将该图片下载并插入文档中(图 2-21)。

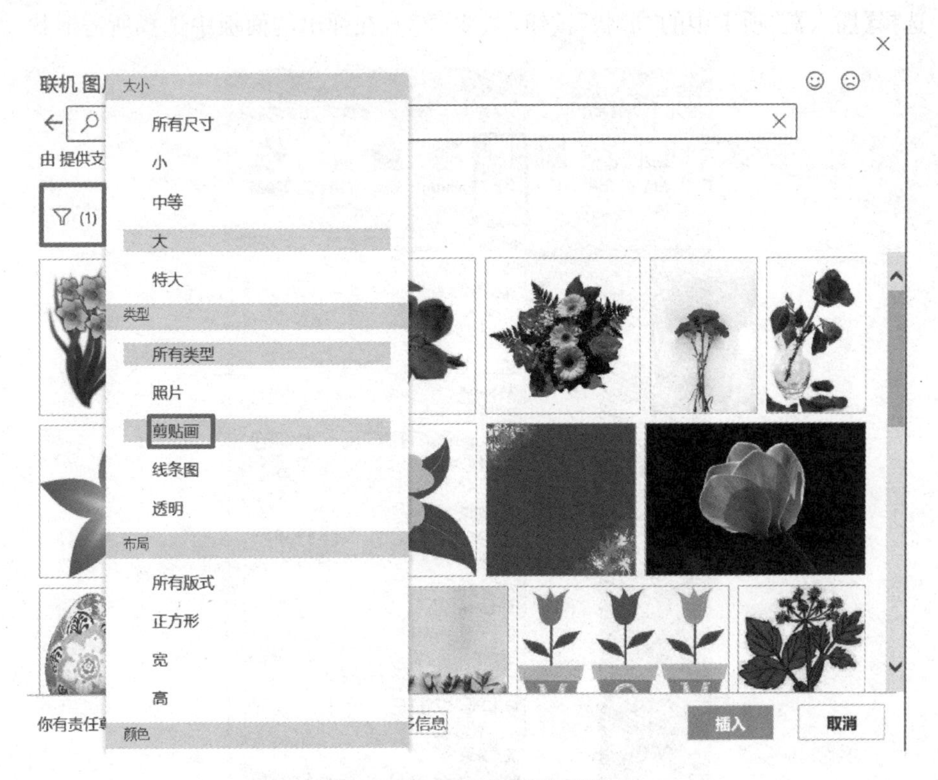

图 2-21　插入“联机图片”

剪贴画是一种矢量图形，它具有缩放不失真的特征，用户可以对它们进行任意组合，像搭积木一样。

4. 设置图片格式

为了让插入文章中的图片更美观，可以对图片进行处理，Word 2016 提供了强大的图片处理功能，有些功能甚至能和一些图像处理工具媲美。

选中图片后,会动态增加【图片工具|格式】选项卡(图2-22),用该选项卡可以对图片进行处理。图片格式的设置方法将在PowerPoint的实验中做详细介绍,本章不再赘述。

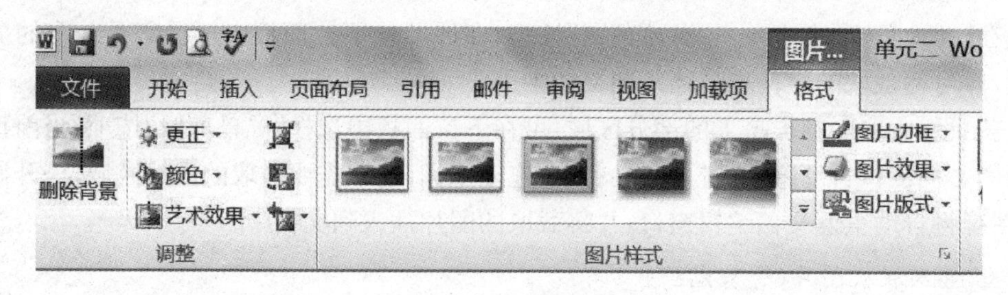

图2-22 图片处理

5. 绘制自选图形

Word 2016包含了一套可以手工绘制图形的工具,如直线、箭头、流程图、星与旗帜、标注等,这些图形称为自选图形或形状。绘制出来的图形还可以设置线型、线条颜色、文字颜色、图形或文本的填充效果、阴影效果、三维效果、线条端点风格等。

选择【插入】选项卡中的"形状"按钮(图2-23),在弹出的面板中选择所需形状。

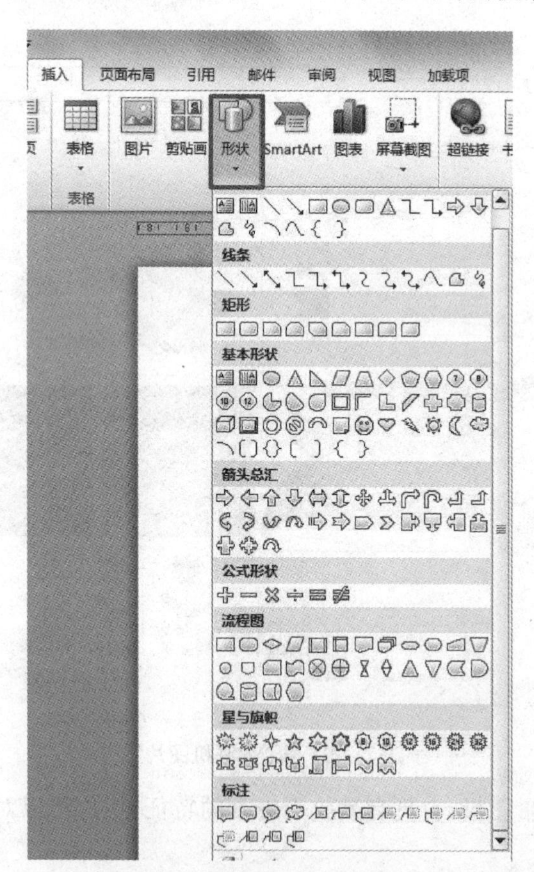

图2-23 绘制自选图形

若在文档中绘制了一个封闭的图形(如各种三角形、四边形等等),选中该图形,在图形上单击鼠标右键,在快捷菜单中选择"添加文字"命令,则可在图形中输入文字。

拖动图形四周的控制点可以改变图形大小；拖动图形顶端绿色的圆形控制柄可以改变图形的旋转角度；拖曳图形内部黄色的小菱形可以改变图形的形状。

选中图形，单击【绘图工具|格式】选项卡中的“形状填充”按钮可以用各种颜色或图片、纹理来填充图形，改变图形的轮廓、填充效果及形状效果(图 2-24(a))；单击“形状轮廓”按钮可以改变图形轮廓线的颜色、粗细和线型(图 2-24(b))。

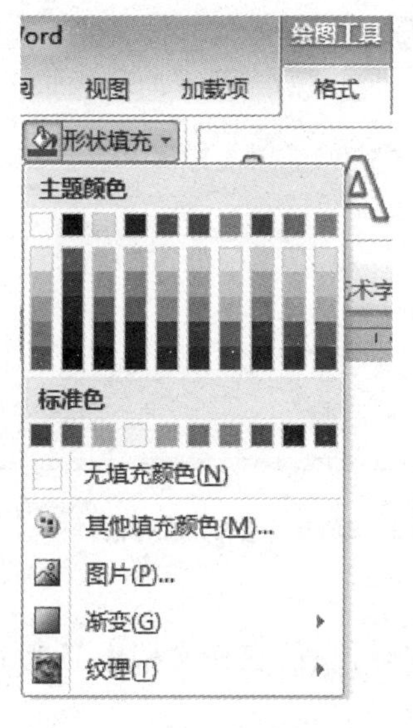

图 2-24(a) 填充图形

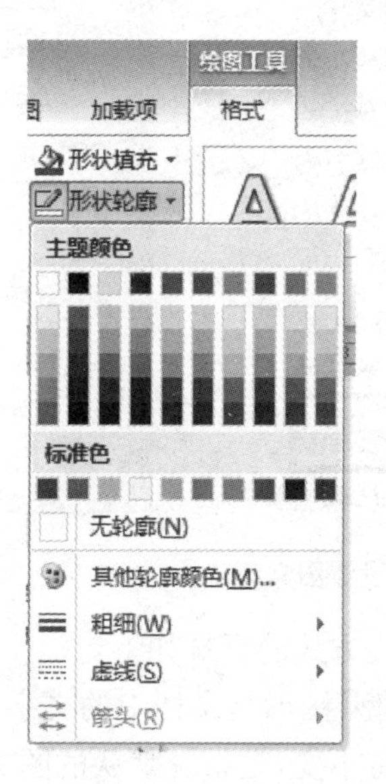

图 2-24(b) 改变图形轮廓

有时需要用几个基本形状的叠加来设计一个图形，通常先绘制的图形在下面，后绘制的图形在上面。单击【绘图工具|格式】选项卡中的“上移一层”按钮和“下移一层”按钮可以改变它们的叠加顺序。在图 2-25(a)中选中三角形图形，单击“下移一层”→“置于底层”命令即可实现图 2-25(b)的效果。

图 2-25(a) 组合图形(1)

图 2-25(b) 组合图形(2)

将组成图形的多个形状组合成一个整体，便于复制和移动。用鼠标选中形状时按下 Ctrl 键，可同时选中多个形状，然后单击鼠标右键，在弹出的快捷菜单中执行“组合”命令即可。

6. 图文混排

图文混排就是将文字与图片混合排列，文字可在图片的四周、浮于图片下面、浮于图片上方等。

选中图片后，单击【图片工具|格式】选项卡中的“环绕文字”按钮(图 2-26(a))，可在展开的面板中选择一种图文混排方式；也可在面板中选择“其他布局选项”命令，在弹出的【布局】对话框的【文字环绕】标签中选择一种图文混排方式(图 2-26(b))。

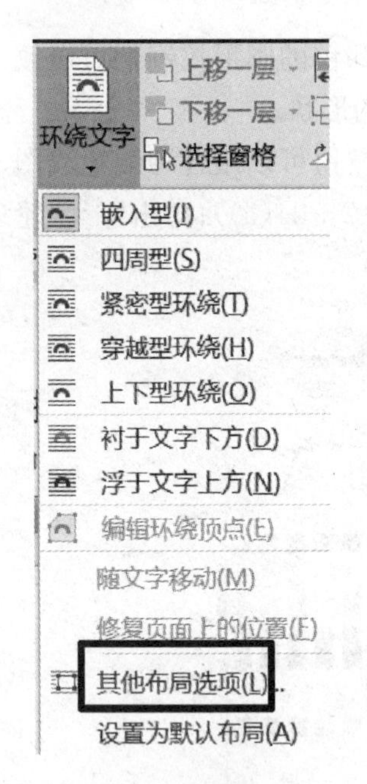

图 2-26(a) 设置图文环绕

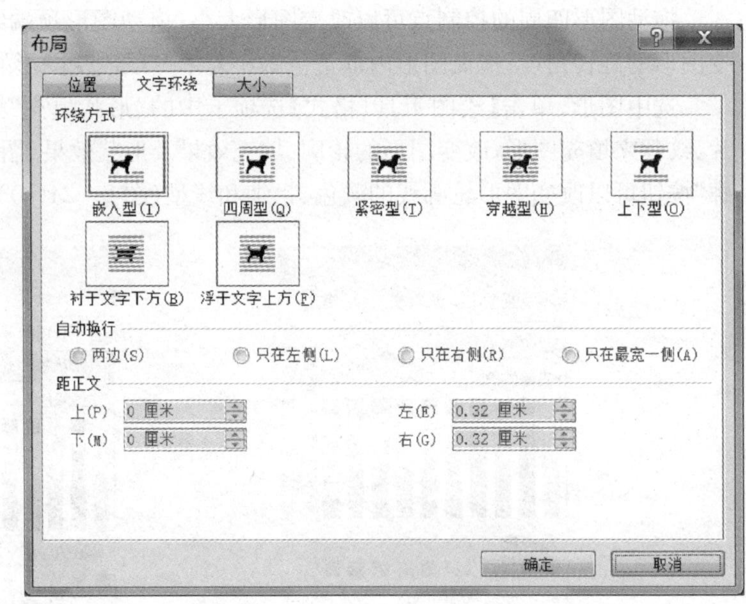

图 2-26(b) 【布局】对话框

每种环绕方式的含义如下：

① 嵌入型：图形与文档中的文字一样占有实际位置，它在文档中与上下左右文本的位置始终保持不变，是系统默认的图文环绕方式。

② 四周型环绕：不管图片是否为矩形图片，文字以矩形方式环绕在图片四周。

③ 紧密型环绕：如果图片是矩形，则文字以矩形方式环绕在图片周围，如果图片是不规则图形，则文字将紧密环绕在图片四周。

④ 衬于文字下方：图片在下，文字在上，分为两层，文字将覆盖图片。

⑤ 浮于文字上方：图片在上，文字在下，分为两层，图片将覆盖文字。

⑥ 上下型环绕：文字环绕在图片上方和下方。

⑦ 穿越型环绕：文字可以穿越不规则图片的空白区域环绕图片。

图 2-27 给出了各种环绕的效果示例。

嵌入型：图形与文档中的文字一样占有实际位置，它在文档中与上下左右文本的位置始终保持不变。

图 2-27(a) 嵌入型效果

四周型：不管图片是否为矩形图片，文字以矩形方式环绕在图片四周；

图 2-27(b) 四周型效果

紧密型：如果图片是矩形，则文字以矩形方式环绕在图片周围，如果图片是不规则图形，则文字将紧密环绕在图片四周；

图 2-27(c) 紧密型效果

衬于文字下方：图片在下、文字在上分为两层，文字将覆盖图片；

图 2-27(d) 衬于文字下方效果

浮于文字上方：图片在上、文字在下分为两层，图片将覆盖文字；

图 2-27(e) 浮于文字上方效果

图 2-27(f)　上下型效果

图 2-27(g)　穿越型效果

7. 文本框和艺术字

在 Word 中，文本框是一种可移动、可调大小的文字或图形容器。使用文本框，用户可以很方便地将文本放置到文档页面的指定位置，而不必受到段落格式、页面设置等因素的影响。

单击【插入】选项卡中的“文本框”→“绘制文本框”命令，可在文档编辑区绘制文本框。文本框中可以输入文字、插入图片和表格；拖动四周的控制点还可以改变文本框的大小和旋转角度，图 2-28(a)是一个插入的文本框示例。

登鹳雀楼

图 2-28(a)　文本框示例(1)

登鹳雀楼

图 2-28(b)　文本框示例(2)

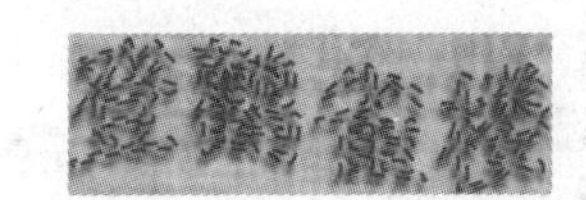

图 2-28(c)　文本框示例(3)

利用【绘图工具|格式】选项卡(图 2-29)不仅可以改变文本框形状的填充效果、边线效果，还可以改变文字的填充效果和文字轮廓。图 2-28(b)是将文本框去除边框、添加纹理后的效果示例。图 2-28(c)是将文本轮廓设置为虚线并将文本转换为弯曲效果后的示例。

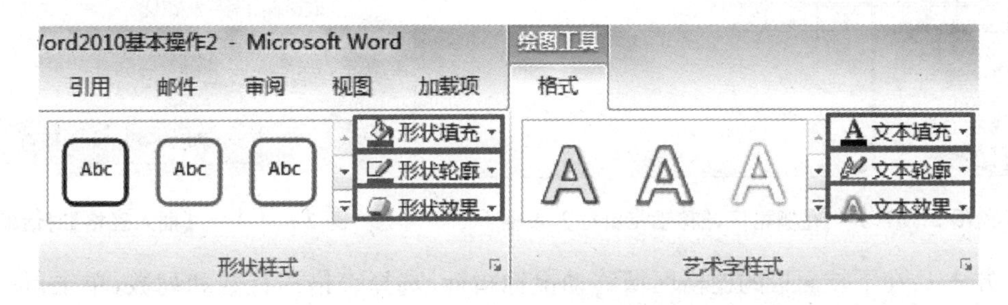

图 2-29　文本框形状及艺术字样式设置

单击【插入】选项卡中的“艺术字”按钮，在展开的面板中选择一种艺术字效果，则会出现一个类似文本框的编辑框，可在该框中输入相应的文字。选中艺术字后，同样可以用【绘图工具|格式】选项卡对其进行设置，设置方法同文本框，这里不再赘述。

文本框和艺术字都可以像图片一样进行图文混排，图 2-30 是一个文本框、艺术字和正文进行图文混排后的效果示例。

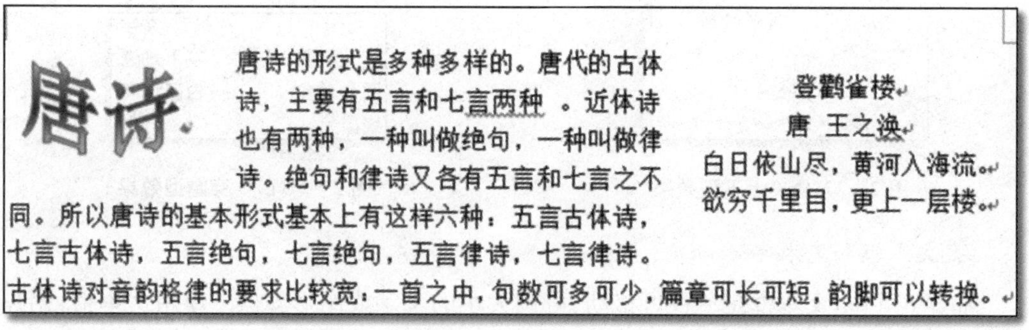

唐诗
唐诗的形式是多种多样的。唐代的古体诗，主要有五言和七言两种 。近体诗也有两种，一种叫做绝句，一种叫做律诗。绝句和律诗又各有五言和七言之不同。所以唐诗的基本形式基本上有这样六种：五言古体诗，七言古体诗，五言绝句，七言绝句，五言律诗，七言律诗。
登鹳雀楼
唐 王之涣
白日依山尽，黄河入海流。
欲穷千里目，更上一层楼。
古体诗对音韵格律的要求比较宽：一首之中，句数可多可少，篇章可长可短，韵脚可以转换。

图 2-30 文本框、艺术字和正文混排的效果示例

8. 插入表格

在文档中插入表格时，先将光标放到插入位置，然后单击【插入】选项卡中的“表格”按钮(图 2-31(a))，在展开的面板中可以使用多种方法插入表格。

文档1 - Word
文件
开始
插入
设计
布局
引用
邮件
审阅
视图
告诉我...
登录
共享
页面
表格
图片
联机图片
形状
加载项
联机视频
链接
批注
页眉
页脚
页码
文本
符号
4x4 表格
媒体
批注
页眉和页脚
插入表格(I)...
绘制表格(D)
文本转换成表格(V)...
Excel 电子表格(X)
快速表格(T)

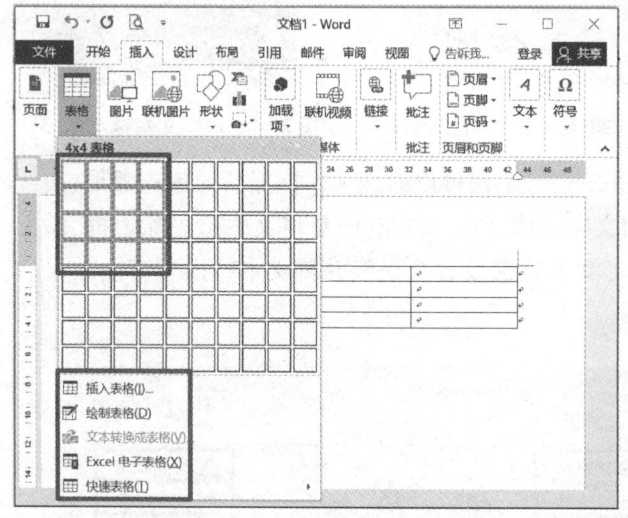

图 2-31(a) 在栅格区域移动指针插入表格

插入表格
表格尺寸
列数(C): 5
行数(R): 2
"自动调整"操作
固定列宽(W): 自动
根据内容调整表格(F)
根据窗口调整表格(D)
为新表格记忆此尺寸(S)
确定
取消

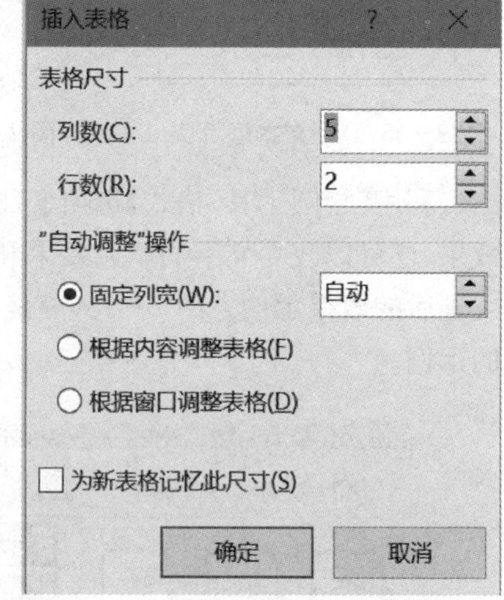

图 2-31(b) 【插入表格】对话框

方法 1：在下拉面板的栅格区域移动鼠标指针，选择表格的行数和列数，单击鼠标左键，即在插入点插入表格。

方法 2：在下拉面板中选择“插入表格”命令，弹出【插入表格】对话框(图 2-31(b))，在“列数”和“行数”数值框输入列数及行数，单击“确定”按钮。

方法 3：在下拉面板中选择“绘制表格”命令，鼠标指针就会变成铅笔形状，可用于绘制表格的行列线及斜线，就像在普通纸上用笔和尺子绘制表格一样。

方法 4：在下拉面板中选择“Excel 电子表格”命令，会在光标处自动嵌入 Excel 表格，Excel 是一个功能非常强大的专门制作电子表格的软件，可以很方便地输入数据并有很强的数据计算功能。如果表格涉及数据计算，用这种方法非常适合。

方法 5：若文档中的内容有一定的结构特征，可直接将这些内容转换为表格。

图 2-32(a)中的文本，每行数据都有 3 个数据项，数据项之间都用逗号分隔。在文档

中选中这些文字，在下拉面板中选择“文本转换成表格”命令（图 2－31(a)），在弹出的【将文字转换为表格】对话框中设置行列数和文本中的分隔符（图 2－32(b)），单击“确定”按钮就可以完成转换，转换得到的表格如图 2－32(c)所示。

学号，姓名，性别
1001，张三，男
1002，李四，女
1003，王五，男
1004，赵丽，女
1005，徐强，男

图 2－32(a)　待转换的文本

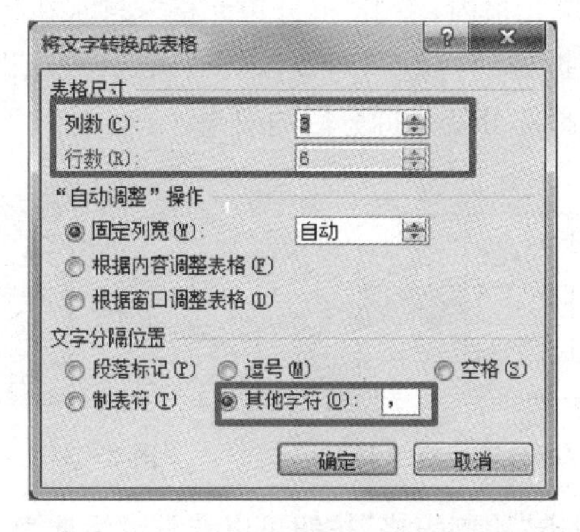

图 2－32(b)　【将文字转换为表格】对话框

学号	姓名	性别
1001	张三	男
1002	李四	女
1003	王五	男
1004	赵丽	女
1005	徐强	男

图 2－32(c)　转换后的表格

提示：图 2－32(a)中待转换文本的每一行各数据项之间的分隔符是中文逗号，图2－32(b)对话框中的“文字分隔位置”区域中的“逗号”选项是指英文逗号，所以操作时应选“其他字符”并在输入框中输入中文逗号。

这种转换是互逆的，在 Word 中也可以将图 2－32(c)所示的表格转换为图 2－32(a)所示的文本。操作方法是：将光标放在表格中，单击【表格工具|布局】选项卡【数据】选项组中的“转换为文本”按钮，在弹出的【表格转换为文本】对话框选择分隔符，单击“确定”按钮即可完成转换。

方法 6：在下拉面板中选择“快速表格”命令，则可以在表格模板库中选择一款设计好样式的表格，非常方便。

9. 编辑表格

已经制作好的表格，用户可以根据需要对其进行增加/删除行、列及单元格，合并/拆分单元格，设置行高和列宽等操作。

将光标放在表格中，Word 中会新增【表格工具|设计】和【表格工具|布局】两个选项卡，编辑表格的命令主要在【表格工具|布局】选项卡中(图 2－33)。

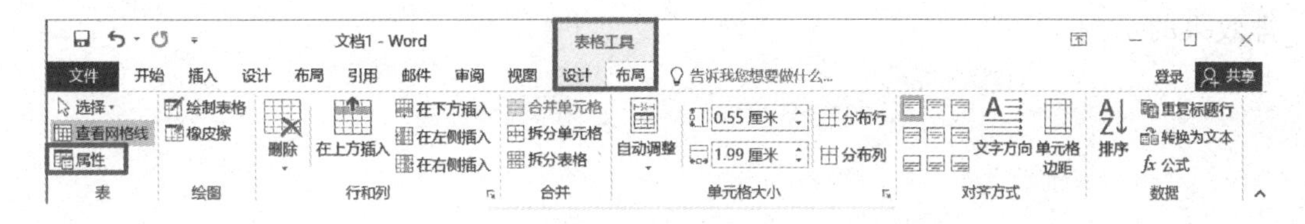

图 2－33　【表格工具|布局】选项卡

(1) 行、列的增加和删除

(2) 单元格的合并和拆分

选中欲合并的多个单元格,单击“合并单元格”按钮即可完成单元格的合并,图2-34(a)所示表格的最后一行和第一列中间两行就是合并后的效果。

将光标放到欲拆分的单元格内,单击“拆分单元格”按钮,在弹出的【拆分单元格】对话框(图2-34(b))中输入要拆分的行数和列数,单击“确定”按钮即可完成单元格的拆分。图2-34(a)所示表格的阴影部分就是拆分后的效果。

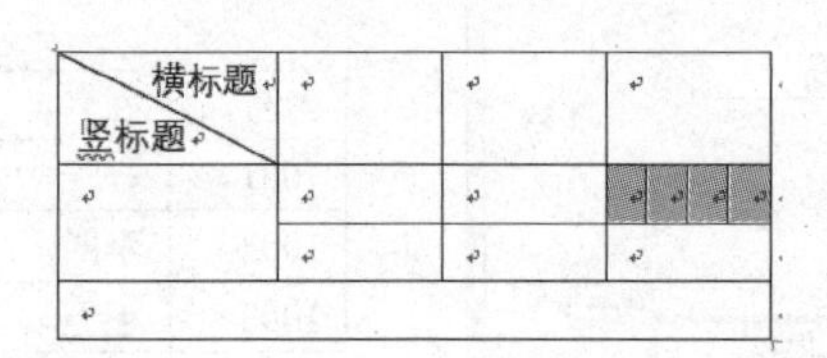

图2-34(a) 合并/拆分单元格示例

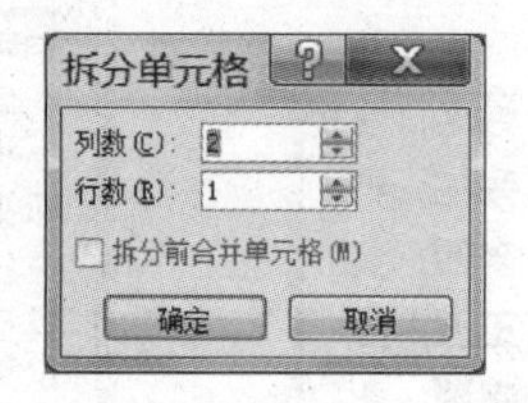

图2-34(b) 【拆分单元格】对话框

在【绘图】功能组中,单击“绘制表格”按钮可以非常灵活地为表格增加横线、竖线和斜线;单击“橡皮檫”按钮可以非常方便地删除表格中的线,间接实现各种单元格的合并。利用这两个按钮可以非常方便地实现复杂表格的绘制。图2-34(a)所示表格的左上角单元格的斜线就是用“绘制表格”按钮实现的。

(3) 调整行高和列宽

用鼠标拖曳表格中的边框线可粗略调整行高和列宽;选择一行/列或多行/列后在【单元格大小】功能组中直接输入行高和列宽的具体数值可精确调整行高和列宽。

选中表格后,单击“分布行”按钮,可以使表格的每一行具有相同的高度;单击“分布列”按钮,可以使表格的每一列具有相同的宽度。

(4) 改变文字的对齐方式

表格中的每一个单元格都可以看作是一个独立的文档,单元格中的文本与普通文本一样,可以换行,也可以进行字体、段落等格式设置。

单元格中的文字除了在水平方向有靠左、靠右、居中等多种对齐方式外,在垂直方向也有靠上、靠下、居中等多种对齐方式,共有9种组合。在【对齐方式】功能组中列出了这9种组合。

(5) 调整表格位置

单击最左侧【表】功能组中的“属性”按钮(图2-33),即可打开【表格属性】对话框(图2-35(a))。在“对齐方式”区域中可以设置表格在页面中的位置;在“文字环绕”区域中可以设置表格和文字的混排效果,图2-35(b)给出了一个表格和文字混排效果的示例。

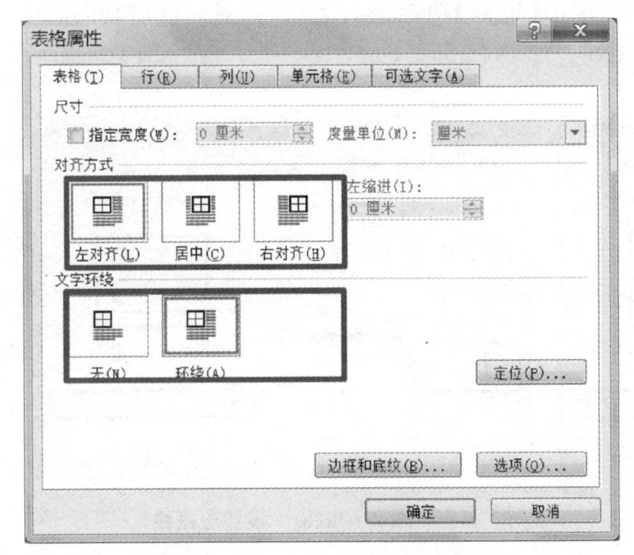

图 2-35(a) 【表格属性】对话框

图2-23 (c) 是对图2-23 (b) 的表格设定用逗号做分隔符后转换为文本后的效果，大家也可以尝试用其他分隔符进行转换并查看转换效果。

学号	姓名	性别
1001	张三	男
1002	李四	女
1003	王五	男
1004	赵丽	女
1005	徐强	男

这种转换是互逆的，在 Word 中也可以将图 2-23 (c) 格式的文本转换为图 2-23(b)所示的表格。操作方法是：选中待转换的文本，点击【插入】功能选项卡中的“表格”按钮中的“文本转换成表格”命令即可。

图2-35(b) 表格和文字的混排效果示例

(6) 标题行重复

有的表格很长，分布在多页上，此时可以指定标题行出现在每一页的开始部分，方便阅读。指定标题行的方法非常简单：选定作为标题的表格第一行，单击【表格工具|布局】选项卡中的“重复标题行”按钮即可。

10. 表格设计

表格绘制后，可以对表格进行美化，设置表格的边框和底纹，相关的操作可在【表格工具|设计】选项卡中完成(图 2-36)。

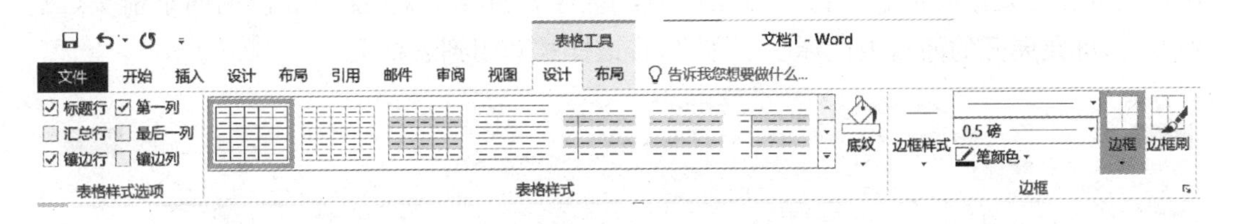

图 2-36 【表格工具|设计】对话框

(1) 设置边框线

用户可以为表格设置不同样式(如虚线、点划线、单实线、双实线等)、不同颜色、不同宽度(粗细)的边框线。如要为表格设置红色、3 磅粗实线的外边框线(且左右两侧无边框线)，蓝色、1.5 磅虚线的内部线(图 2-37)，可按下列步骤操作：

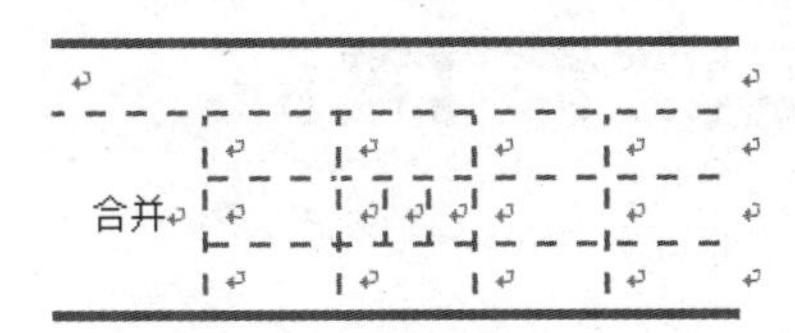

图 2-37 为表格设置边线示例

① 将光标放在表格任一单元格中，单击【边框】功能组右下角的“对话框启动”按钮 ，弹出【边框和底纹】对话框(图 2-38(a))。

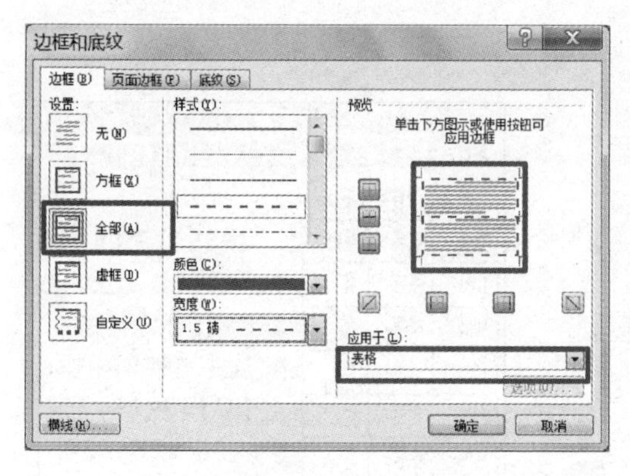

图 2-38(a) 设置内部虚线

图 2-38(b) 设置边框线

② 首先将全部边线设置为蓝色、1.5 磅虚线。在对话框中选择“全部”“虚线”“蓝色”“1.5 磅”，在预览区域可以看到设置效果如图 2-38(a)所示。

③ 用自定义设置外边框线。在对话框中选择“自定义”“实线”“红色”“3 磅”，在预览区域两次单击上边线按钮和下边线按钮，为表格加上红色的上下边线；再在预览区域单击左边线按钮和右边线按钮，去除左右边线，效果如图 2-38(b)所示。

④ 单击“确定”按钮，完成设置。

(2) 使用表格样式

Word 中内置了很多表格样式供用户选择，套用这些样式，可以对边框和底纹进行一次性设置。把光标放在表格任一单元格中，单击【表格样式】功能组右侧的向下箭头(图 2-39)，可在展开的面板中选择一个样式，将该样式套用到表格上。

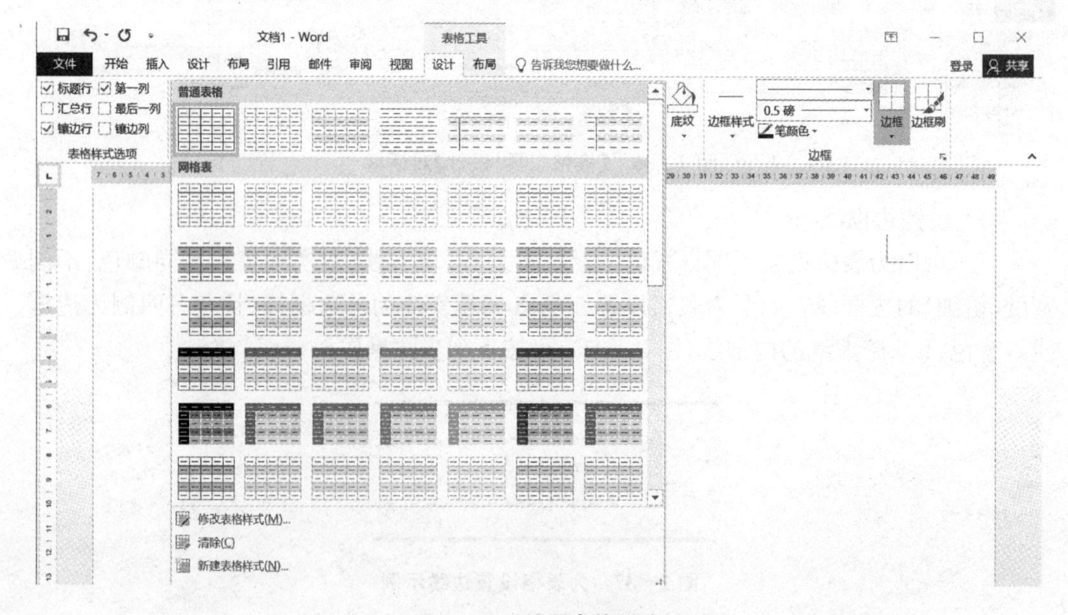

图 2-39 使用表格样式

11. 公式编辑器

如果要在文档中插入专业的数学公式，可以使用 Word 中的公式编辑器。

在 Word 2016 中有很多内置的公式模板，单击【插入】选项卡中的“公式”按钮，会展开所有内置的功能模板（图 2－40），用鼠标单击即可将选中的公式插入光标位置。

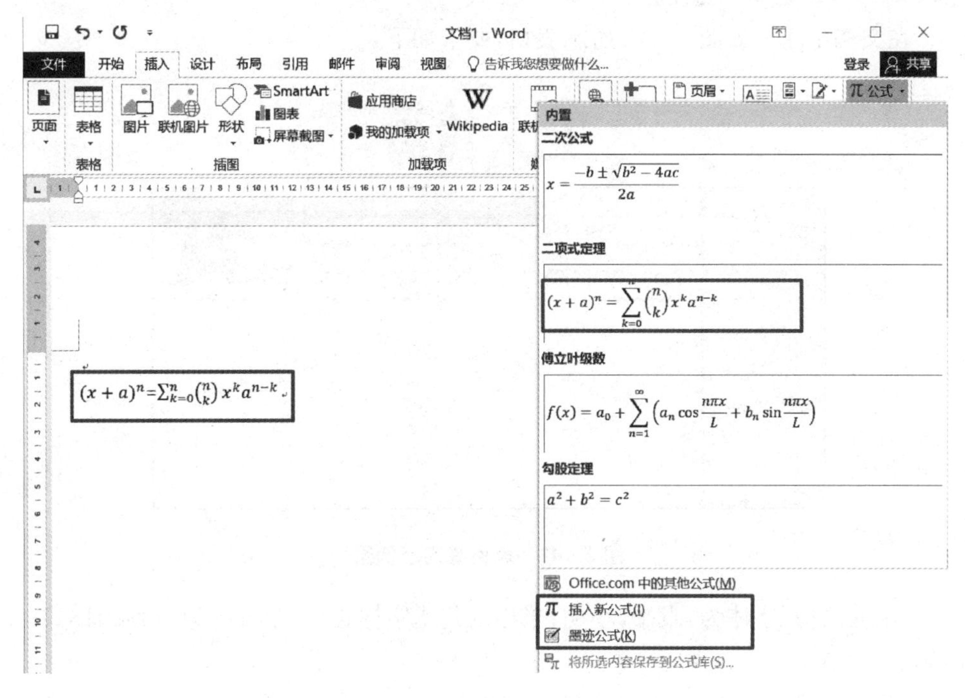

图 2－40　插入公式

选中公式，会出现【公式工具|设计】选项卡（图 2－41），选项卡中包含了大量的数学结构和数学符号。若在“积分”按钮中选择了 $\iint_{\square}^{\square}\square$ 结构，该结构将插入到文档中，可在结构的虚线框中直接输入数字、符号和新的结构，来构造各种复杂的公式。

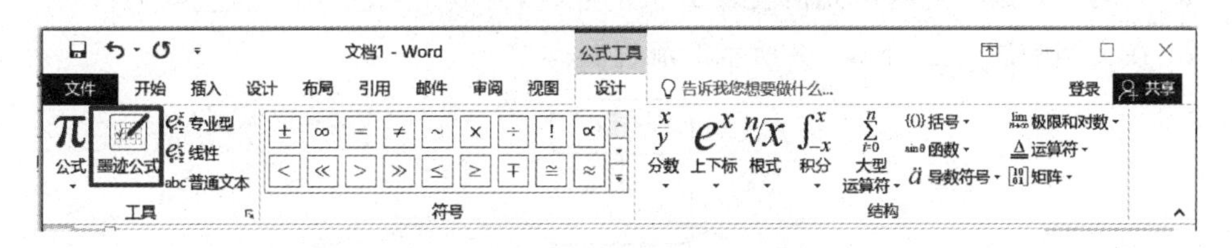

图 2－41　【公式工具|设计】选项卡

若在下拉选项中选择“插入新公式”命令，会在插入点出现公式编辑框 在此处键入公式。，在编辑框中可以直接输入字母、数字及结构，也可在结构的虚线框中插入新的结构，完成复杂公式的输入。单击公式编辑框右侧的三角按钮，在展开的选项中选择“另存为新公式”，可将自己编辑的公式保存为模板，方便重复使用。

单击数学公式编辑环境框外的任何位置，可以退出数学公式的编辑环境，返回到当前文档中。

Word 2016 增加了“墨迹公式”按钮，利用它可以先手写公式，再将手写公式转换为模板公式(图 2-41)。

三、实验任务

新建一个文档,将文档保存到 D:\myWord 目录中,文件的名称为“学号_姓名_表格和公式.docx”,并完成下列任务。

1. 在文档中输入如图 2-42 所示表格,要求如下:

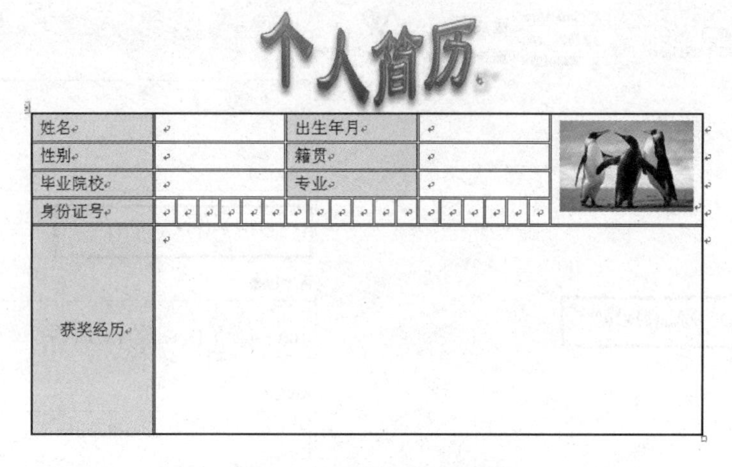

图 2-42　表格练习示例图

➢ “个人简历”字体为:隶书,小初;采用的艺术字样式为:第五行第三列的样式;文本效果为:正 V 型。

➢ 插入的图片大小为:2 cm 高,3 cm 宽。

➢ 表格中所有字体都设置为:宋体、五号字;第 1、2、3、4 行的行高设为固定值 1 cm,文字靠单元格左上角对齐;第 5 行“获奖经历”在水平和垂直都居中对齐。

➢ 设置表格外边框线为 1.5 磅单实线;内部框线为 0.5 磅双实线。

➢ 为第 1 和第 3 列的单元格设置 10%的底纹,无填充颜色,图案颜色均为自动。

2. 在文档中插入如图 2-43 所示的流程图。

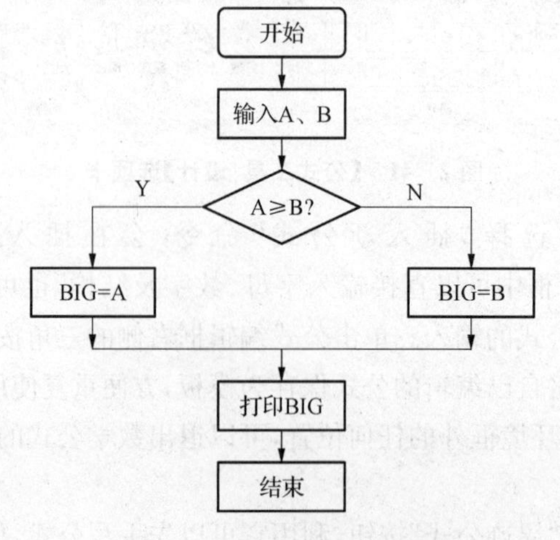

图 2-43　流程图练习示例图

3. 在文档中输入公式：$\arctan x = \int_0^x \frac{1}{1+x^2}\mathrm{d}x$ 。

4. 打开实验一保存的文件“学号_姓名_摩尔定律.docx”，在文档中完成如下操作并保存文档：

➢ 在第 2 段文字中间插入一幅与计算机有关的剪贴画，剪贴画水平居中，高度 4 厘米，宽度 4 厘米，剪切画和文字的环绕方式为“紧密型”，设置后第 2 段的效果如图 2－44 所示。

图 2－44　插入剪贴画效果图

本实验结果请大家保留，后面将继续使用。

实验三 页面布局

一、实验目的

1. 掌握纸型和页边距的设置方法。
2. 掌握分页符和分节符的使用和插入方法。
3. 掌握页眉页脚的设置方法。

二、操作指导

1. 页面设置

页面设置包括设置纸张的大小、横竖以及页边距等,通过页面设置可以让打印出来的东西在纸上更好地显示。

页面设置主要在【布局】选项卡【页面设置】功能组中完成(图 2-45)。用户也可以单击功能组右下角的“对话框启动”按钮 ,打开【页面设置】对话框进行设置(图 2-46)。

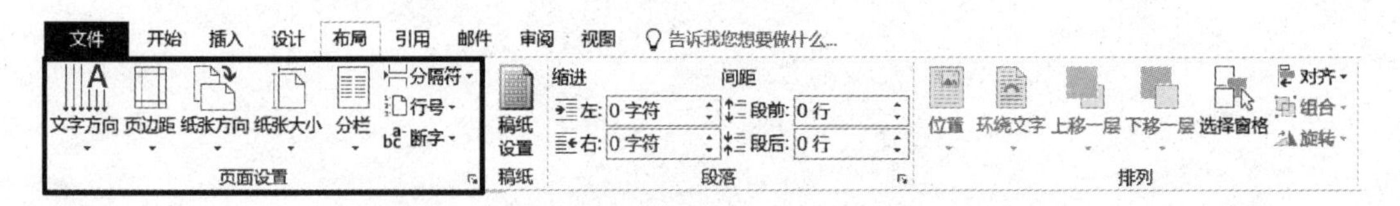

图 2-45 【布局】选项卡

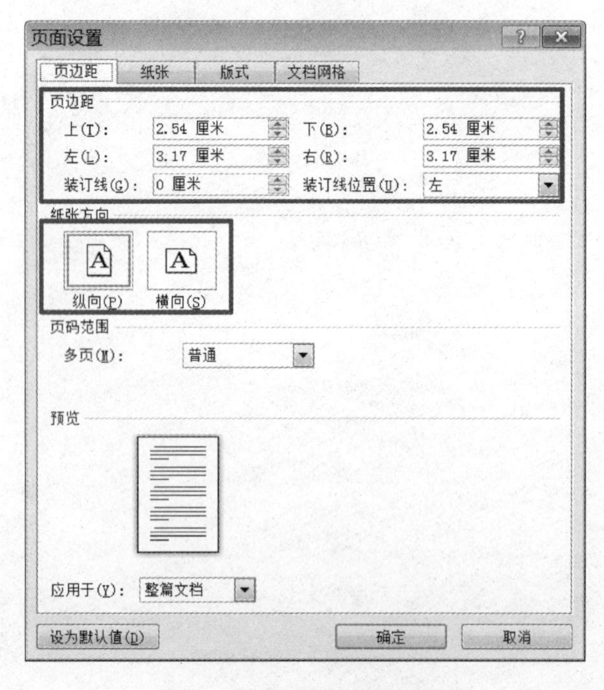

图 2-46 【页面设置】对话框

在【纸张】选项卡中可以自定义纸张的大小。

页边距是页面四周的空白区域，即正文与页边界的距离。在【页边距】选项卡中可以设置纸张方向和页边距的大小(图2－46)。在【版式】选项卡中可以设置页眉页脚距边界的距离。

> **提示**：若要将对话框上下左页右边距的单位从“厘米”改为“磅”，可参照图 2－4 在【Word 选项】对话框中进行设置。

在 Word 2016 中输入两首唐诗和它们的译文，自定义纸张大小为：宽度 8 cm、高度 6.5 cm；上、下、左、右页边距都是 1 cm；纸张方向：横向；页眉页脚距边界 1 cm，设置后的效果如图 2－47 所示。

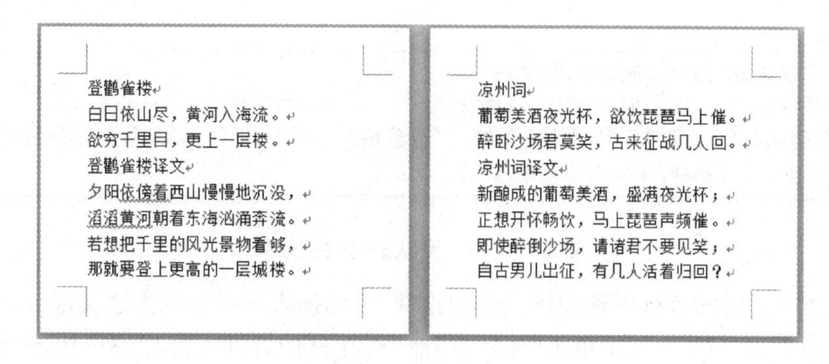

图 2－47　页面设置示例

2. 分隔符

Word 中的分隔符有：分页符、分栏符和分节符等。单击【布局】选项卡中的“分隔符”按钮(图 2－48)，即可在展开的面板中选择要插入的分隔符。

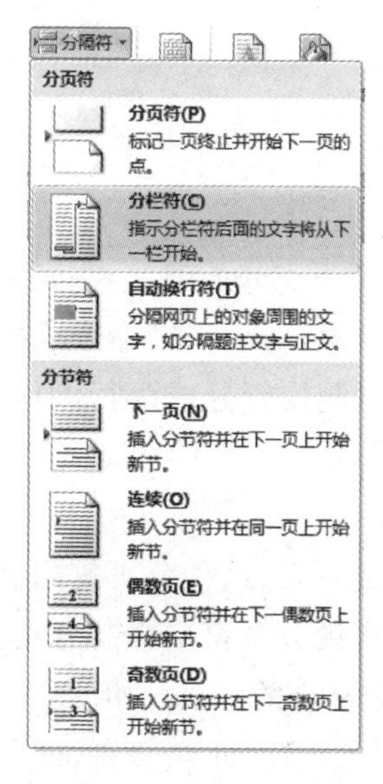

图 2－48　分隔符面板

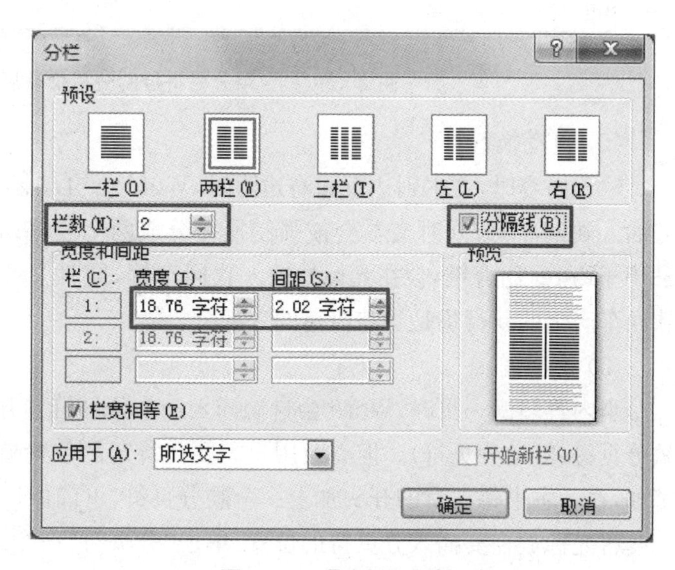

图 2－49　【分栏】对话框

(1) 分栏与分栏符

Word 分栏功能可以将选中的文字分成多栏显示，而借助分栏符可以在指定位置将文档分栏。

图 2－50(a)是待分栏的文字，选中该文字，在【布局】选项卡中单击“分栏”→“更多分栏”命令，在弹出的【分栏】对话框中进行设置(图 2－49)。Word 会在适当的位置自动分栏，得到如图 2－50(b)所示的分栏效果。

沿着荷塘，是一条曲折的小煤屑路。这是一条曲僻的路；白天也少人走，夜晚更加寂寞。荷塘四面，长着许多树，蓊蓊郁郁的。路的一旁，是些杨柳，和一些不知道名字的树。↵
没有月光的晚上，这路上阴森森的，有些怕人。今晚却很好，虽然月光也还是淡淡的。

图 2－50(a)　待分栏的文档

沿着荷塘，是一条曲折的小煤屑路。这是一条曲僻的路；白天也少人走，夜晚更加寂寞。荷塘四面，长着许多树，蓊蓊郁郁的。路的一旁，是些杨柳，和一些不知道名字的树。↵
没有月光的晚上，这路上阴森森的，有些怕人。今晚却很好，虽然月光也还是淡淡的。

图 2－50(b)　默认的“分栏”效果

若要把第二段的首行出现在第二栏的顶部，可用插入分栏符的方法实现：将光标放在第二段的开头，在图 2－48 中单击“分栏符”命令，在该位置插入分栏符再执行分栏操作，即可得到如图2－50(c)所示的分栏效果。

沿着荷塘，是一条曲折的小煤屑路。这是一条曲僻的路；白天也少人走，夜晚更加寂寞。荷塘四面，长着许多树，蓊蓊郁郁的。路的一旁，是些杨柳，和一些不知道名字的树。↵
没有月光的晚上，这路上阴森森的，有些怕人。今晚却很好，虽然月光也还是淡淡的。↵

图 2－50(c)　用分栏符控制分栏位置后的效果

(2) 自动换行符

输入内容时，文本到达页面右边距时，Word 会自动换行；若按下 Enter 键，会在光标处插入硬回车符，同时文本会被强制换行分成两个段落；若单击“自动换行符”命令或按 Shift＋Enter 组合键，会在光标处插入软回车符，同时文本会被强制换行分成两行，但是软回车产生的新行仍是当前段落的一部分。

(3) 分页符

当内容填满一页时，Word 会自动插入一个分页符并开始新的一页，这种分页符叫做软分页符(浮动分页符)。但有时用户需要在特定的位置插入一个硬分页符来强制分页。譬如，在一本书每一章的开头加上一个硬分页符，可确保每一章都从新的一页开始。

将光标放在要插入分页符的位置，单击“分页符”命令或按 Ctrl＋Enter 组合键，即可插入硬分页符实现强制分页。

(4) 分节符

Word 排版时以“节”为基本单位。默认方式下，Word 将整个文档视为一个“节”，故对文档的页面设置是应用于整篇文档的。若一篇文档中需要采用不同的版面布局(如不同的页眉页脚、不同的纸张大小和纸张方向等)，只需在文档中插入“分节符”将文档分成若干“节”，然后为每“节”设置不同的布局。

为文档分节，首先将光标放在要插入分节符的位置，然后在图 2－48 所示的面板中选择一种分节符即可。“分节符”区域共有四种类型的分节符，它们分别是：

- “下一页”：插入分节符并在下一页上开始新节。
- “连续”：插入分节符并在同一页上开始新节。
- “偶数页”：插入分节符并在下一偶数页上开始新节。
- “奇数页”：插入分节符并在下一偶数页上开始新节。

图 2－51 的示例文档共有 4 个段落。①③分节符将文档分成了三节，段落 1 是一节，段落 2、3 是一节，段落 4 是一节；③分节符(“下一页”)同时具有分页的功能，它使得段落 4 从新的一页开始。②只是一个分页符，它使得段落 3 从新的一页开始。

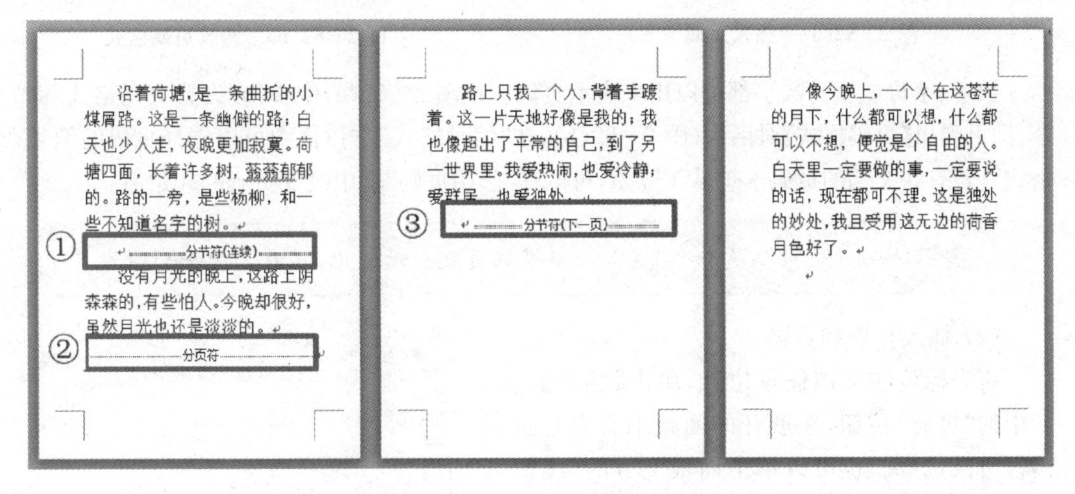

图 2－51 分节符和分页符示例

> **提示：**单击【开始】选项卡【段落】功能组右上角的“显示/隐藏编辑标记”按钮 ，或者按下 Ctrl＋ * 组合键即可在页面中显示这些分隔符。选中分隔符后按下 Delete 键，可删除分隔符。

3. 插入页码、页眉和页脚

页眉是位于版心上边缘与纸张边缘之间的图形或文字，而页脚则是版心下边缘与纸张边缘之间的图形或文字。页眉和页脚通常用于显示文档的附加信息，例如章节名称、页码、日期、单位名称等。

页码就是给文档每页所编的序号，随着文章内容的增加和删除，所加的页码应该能自动变化。

(1) 插入页码

将光标放在文档的任意位置,单击【插入】选项卡中的“页码”按钮(图 2-52(a)),在展开的面板中选择一个插入位置,在该位置右侧自动显示多个模板,在模板中选择并单击,即可插入相应的页码。“X/Y”模板中,X 代表当前页的页数,Y 代表总页数。

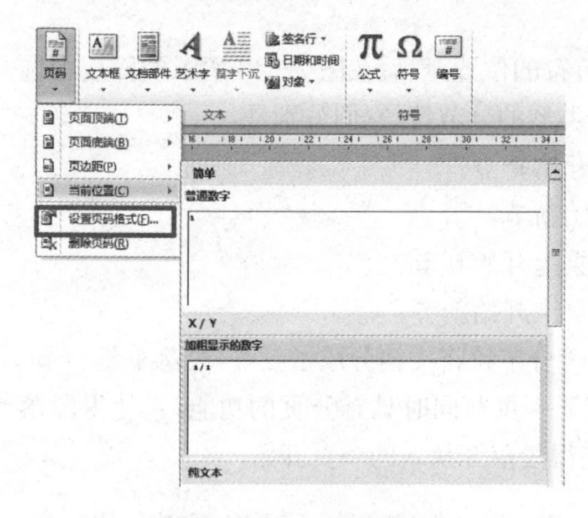

图 2-52(a) 插入页码

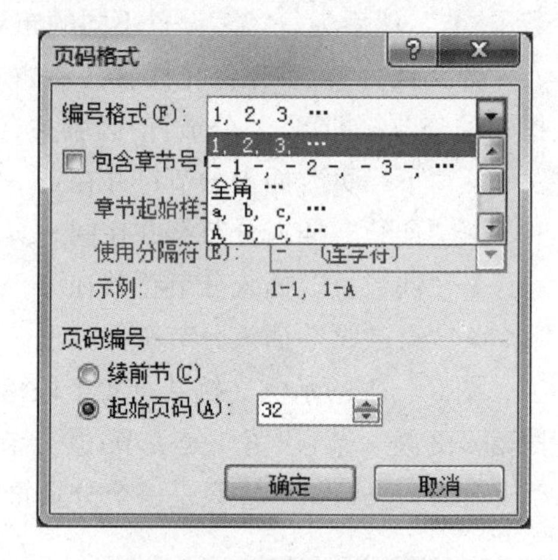

图 2-52(b) 修改页码格式

数字、字母或罗马数字都可以用来表示页码。在图 2-52(a)中单击“设置页码格式”命令,即可弹出【页码格式】对话框(图 2-52(b),在“编号格式”下拉框中可以选择页码的编号格式。若有些文档的页码不想从 1 开始,可以在“起始页码”框中改变页码的起始值。

> **提示**:Word 中页码是一个“域”,可以根据页数自动变化,用户不能手动输入。

(2) 插入页眉和页脚

将光标放在文档任意位置,单击【插入】选项卡中的“页眉”按钮,在展开的面板中有多个页眉模板可供选择。也可以单击面板下方的“编辑页眉”命令(图 2-53),光标直接定位到页眉区域,自己设计页眉。在页眉可以插入文字、符号和图片,并可以像正文一样对它们进行各种格式的编辑(如设置字体、改变段落格式、编辑图片等)。

单击“页脚”按钮,可以为文档插入页脚,操作方法和页眉一样。

(3) 编辑页眉和页脚

光标在正文时,页眉页脚呈灰色,不能编辑;双击页眉或页脚区域,即进入页眉或页脚编辑状态,同时出现【页眉和页脚工具|设计】选项卡(图 2-54),利用该选项卡可以方便地编辑页眉和页脚。

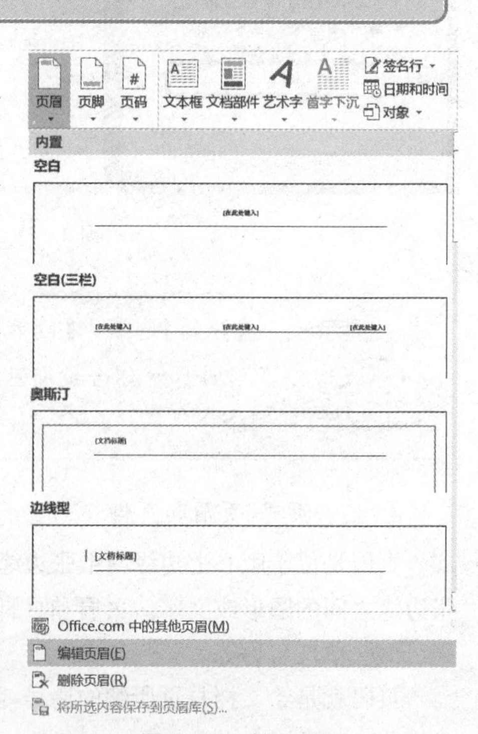

图 2-53 插入页眉

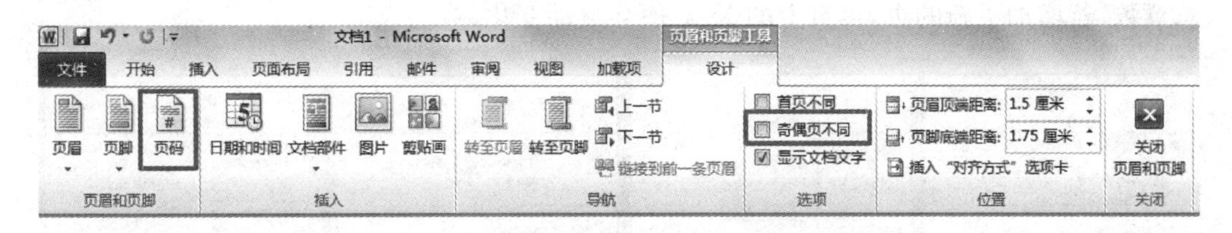

图 2－54　【页眉和页脚工具|设计】选项卡

(4) 为奇偶页设置不同的页眉和页脚

Word 既可以为文档的每一页添加相同的页眉和页脚，也可以为奇偶页设置不同的页眉和页脚。

若要为图 2－55(a)所示文档的奇数页设置页眉“唐诗”，偶数页设置页眉“唐诗译文”，所有页脚区均插入页码/页数，可按下列步骤操作：

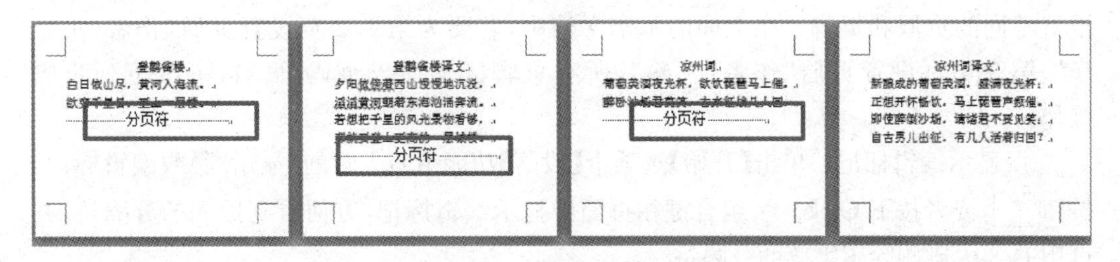

图 2－55(a)　在文档中插入分页符

① 将文档分成四页。在文档中插入三个分页符，插入位置如图 2－55(a)所示，使每首诗和译文都从新的一页开始。

② 设置“奇偶页不同”。双击页眉区域，在新增的【页眉和页脚工具|设计】选项卡中勾选“奇偶页不同”命令(图 2－54)，则在文档中出现“奇数页页眉”“偶数页页眉”“奇数页页脚”“偶数页页脚”这样的提示文字(图 2－55(b))。

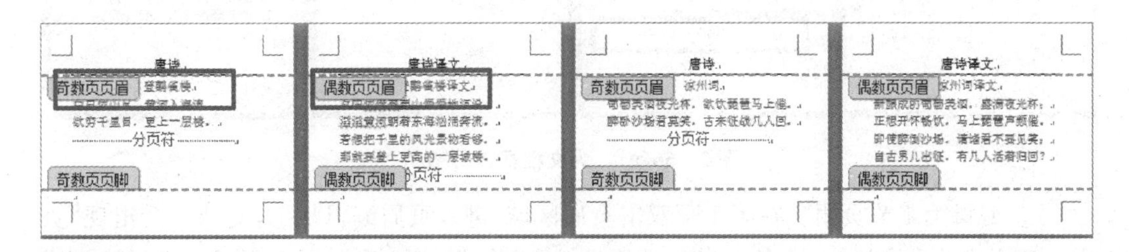

图 2－55(b)　为奇偶页设置不同的页眉

③ 编辑奇数页页眉和偶数页页眉。将光标放在第 1 页的页眉并输入“唐诗”，再将光标放在第 2 页的页眉并输入“唐诗译文”，则所有的奇数页都出现和第 1 页相同的页眉，所有的偶数页都出现和第 2 页相同的页眉。

④ 编辑页脚。将光标放在第 1 页的页脚，在【页眉和页脚工具|设计】选项卡中的左侧点击“页码”命令(图2－54)，在展开的面板中选择在“当前位置”→“X/Y 加粗显示的数值”模板(图 2－52(a))，则为所有的奇数页添加了页脚；再将光标放在第 2 页的页脚，执行同样的操作，为所有的偶数页添加相同的页脚。模板中的 X 代表当前页的页码，Y 代表

总页数，若增加了新的页，每页上的 X、Y 值会自动变化。

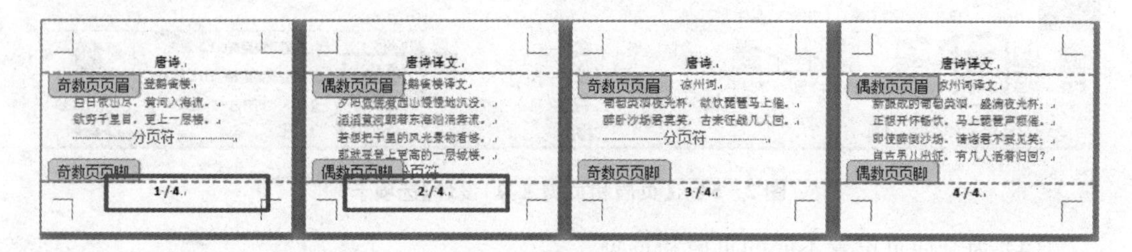

图 2-55(c)　为奇偶页设置页脚

⑤ 双击正文区域，即可退出页眉页脚编辑区。

4. 分节后页眉页脚设置

Word 除了可以为奇偶页设置不同的页眉和页脚，还可以以节为单位，为不同的节设置不同的页眉和页脚。在上面的示例文档中，若要为第 1、2 页设置页眉“作者：王之涣”，第 3、4 页设置页眉“作者：王翰”，所有页脚区均插入页码/页数，可按下列步骤操作：

① 显示编辑标记。单击【开始】选项卡【段落】功能组右上角的“显示/隐藏编辑标记”按钮，或者按下 Ctrl+ ＊组合键在页面中显示编辑标记，方便看到插入的分隔符，并可用 Delete 键删除不需要的分隔符。

② 分节。由于第 1、2 页设置一种页眉，第 3、4 页设置另一种页眉，所以要把第 1、2 页和第 3、4 页放在不同的节中。参照图 2-56(a)在文档中插入“下一页”分节符，由于该分节符会让其后面的内容从新的一页开始，所以不再需要分页符。

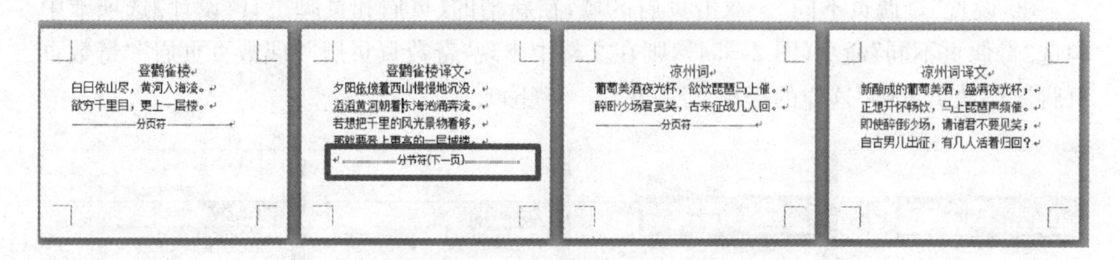

图 2-56(a)　为文档插入分节符

③ 编辑第 1 节页眉。在第 1 页双击页眉区域，进入页眉编辑状态，文档中会出现“页眉-第 X 节”提示文字。在第 1 节的页眉处输入“作者：王之涣”，所有页眉都显示该内容(图 2-56(b))。

④ 编辑第 2 节页眉。在【页眉和页脚工具|设计】选项卡中单击“下一节”按钮，光标自动跳到第 2 节页眉处，同时“链接到前一条页眉”按钮处于高亮状态，第 2 节右上角有提示文字“与上一节相同”(图 2-56(b))。若此时在第 2 节输入页眉，输入的页眉会影响到第 1 节的页眉。

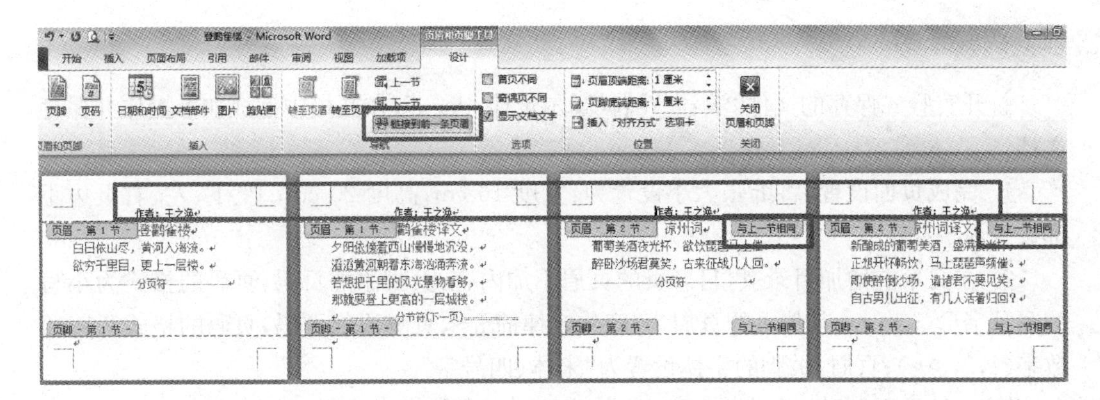

图 2-56(b) 设置第 1 节页眉

单击“链接到前一条页眉”按钮，使其不再处于高亮状态，同时第 2 节页眉右下角的“与上一节相同”文字自动消失，此时在第 2 节页眉区输入页眉“作者：王翰”，设置效果如图 2-56(c)所示。

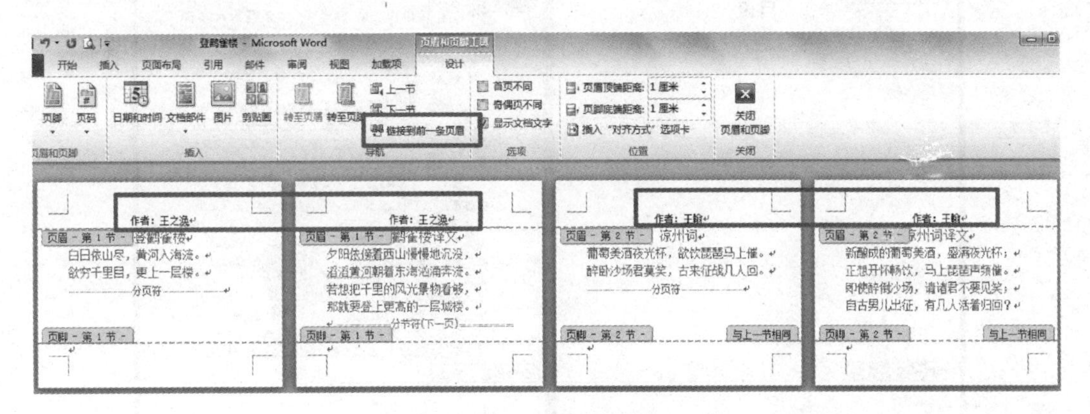

图 2-56(c) 设置第 2 节页眉

⑤ 编辑页脚。在第 1 页双击页脚区域，进入页脚编辑状态。在【页眉和页脚工具|设计】选项卡(图 2-54)中的左侧点击“页码”命令，在展开的面板中选择在“当前位置”→“X/Y 加粗显示的数值”模板(图 2-52(a))，则为所有页添加了页脚(图 2-56(d))。由于第 2 节的页脚与第 1 节页脚样式相同，不再需要对第 2 节重新设置。若需要对第 2 节设置不同样式的页码，设置前一定要使“链接到前一条页眉”按钮弹出，不再处于高亮状态，且“与上一节相同”文字消失后再在第 2 节中插入页码。

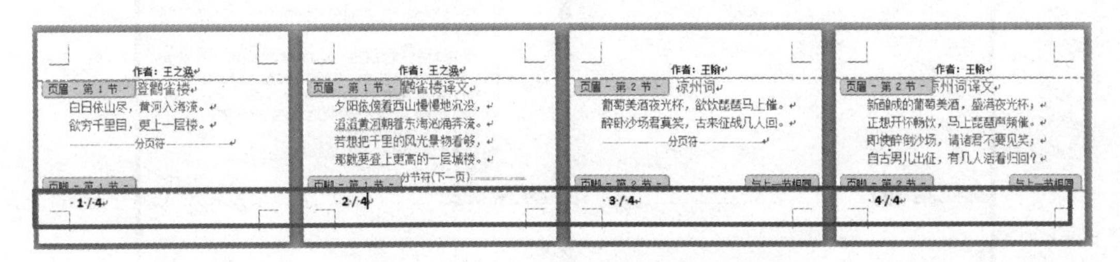

图 2-56(d) 以节为单位设置页眉页脚

三、实验任务

打开实验二保存的文件“学号_姓名_摩尔定律.docx”，在文档中完成如下操作并保存文档：

1. 完成页面设置，将纸张大小设置为：宽度 16 cm，高度 20 cm；上、下、左、右页边距都设置为 2 cm。

2. 在文章前增加目录页，目录页的页眉不加内容，页脚添加页码，页码的格式为小写的罗马字母(i、ii…)；其他页的页眉为“摩尔定律简介”，页脚添加页码，页码的格式为普通数字(1,2,3…)；页眉/页脚的字体设置为“宋体、四号字”。

3. 在目录页上增加文字“目录”，字体为“小一，黑体”，无边框，无底纹。

页面设置效果如图 2 - 57 所示。本实验结果请大家保留，后面将继续使用。

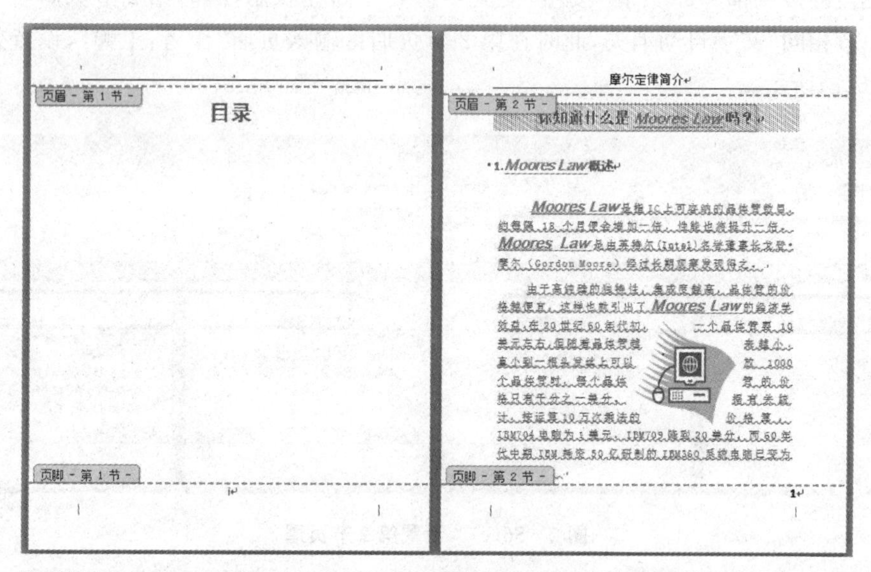

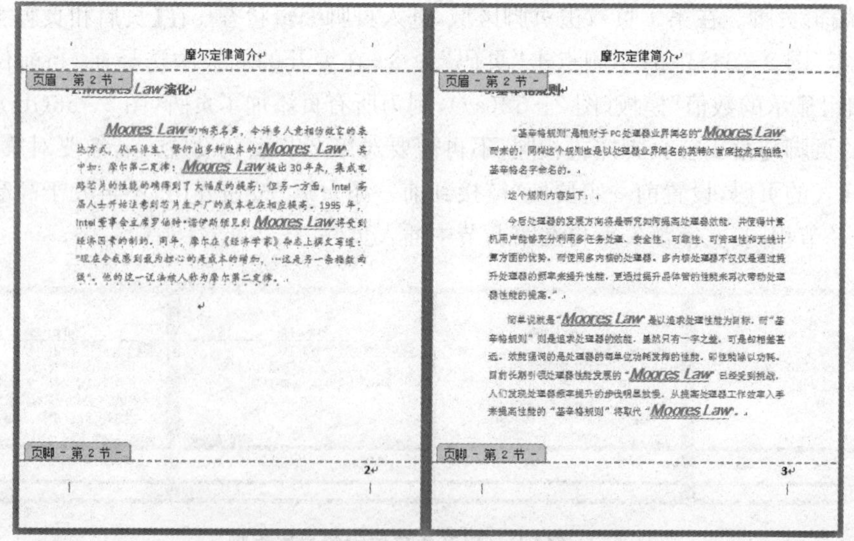

图 2 - 57　实验任务(三)效果图

实验四　长文档的编排

一、实验目的

1. 掌握用各种视图查看和修改文档的方法。
2. 掌握长文档的编排技巧。
3. 掌握 Word 目录的生成方式。

二、操作指导

有时需要用 Word 写一些长文档(如论文等)。相比一般文档,长文档通常会有几十页或上百页,内容中分大章小节,为了方便查找内容,长文档通常都有目录。长文章排版时,最头疼的是重复劳动,为了减少不必要的重复劳动,制作长文档前,先要规划好各种设置,尤其是样式设置。

1. *文档视图及视图切换*

在 Word 2016 中提供了五种视图模式供用户选择。每种视图都把处理的焦点集中在文档的某个要素上。用户可以在【视图】选项卡【视图】功能组中选择需要的文档视图模式(图 2－58),各种视图的特点介绍如下:

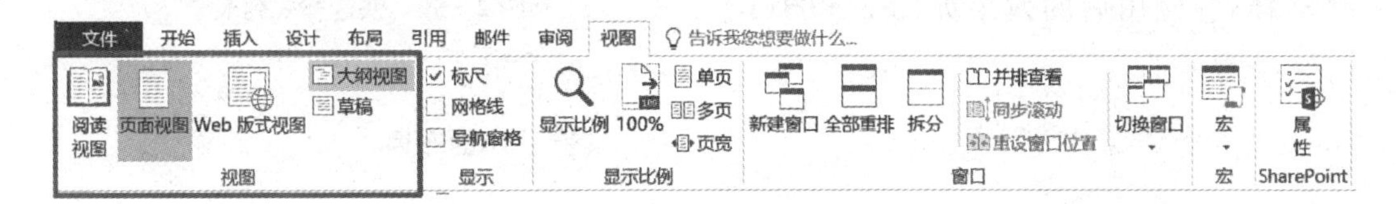

图 2－58　【视图】选项卡

- “页面视图”:按照文档的打印效果显示文档,具有“所见即所得”的效果。在页面视图中,可以直接看到文档的外观、图形、文字、页眉、页脚等在页面的位置,常用于对文本、段落、版面或文档的外观进行修改。
- “阅读视图”:适合用户查阅文档,用模拟书本阅读的方式让人感觉在翻阅书籍。
- “Web 版式视图”:显示文档在 Web 浏览器中的外观。例如,文档将显示为一个不带分页符的长页,并且文本和表格将自动换行以适应窗口的大小。
- “大纲视图”:该视图下可以将文档所有的标题分级显示出来,并可方便地折叠和展开各层级的内容,用于显示、修改或创建文档的大纲。该视图特别适合具有多层次结构的长文档的快速浏览和设置。
- “草稿”视图:该视图只显示字体、字号、字型、段落及行间距等最基本的格式,取消了页面边距、分栏、页眉页脚和图片等元素,将页面的布局简化,适合于快速键入或编辑文字并编排文字。

大家可以将编辑的文档切换到不同的视图下,查看显示效果。

2. 设置样式

长文章通常由多级标题(大标题、副标题、一级标题、二级标题等)和各种正文文字组成,虽然它们出现在不同的位置,但同级别文字的字体格式和段落格式通常是一致的。我们可以为这些标题和正文设置样式,在需要的地方套用这些样式,从而避免多次重复地设置;若需要对文本格式进行修改,只需要修改样式,所有采用该样式的文本会自动被修改,避免了逐段修改的麻烦。

样式就是字符格式和段落格式的集合,Word 内置了很多样式,我们可以直接应用这些样式,也可以修改样式或自定义样式。

(1) 使用快速样式

在【开始】选项卡的【样式】功能组中提供了一些预先定义好的样式(图 2-59),“标题 1”—“标题 9”为标题样式,它们通常用于各级标题段落。标题样式具有级别,分别对应级别 1—9,通过级别可得到文档结构图、大纲和目录。

图 2-60(a)是一个有多级标题的文档,对第一行的大标题应用“标题 1”样式,对以“一、二、三……”开始的标题应用“标题 2”样式,对以“1、2、3……”开始的标题应用“标题 3”样式,应用后的效果如图 2-60(b)所示。

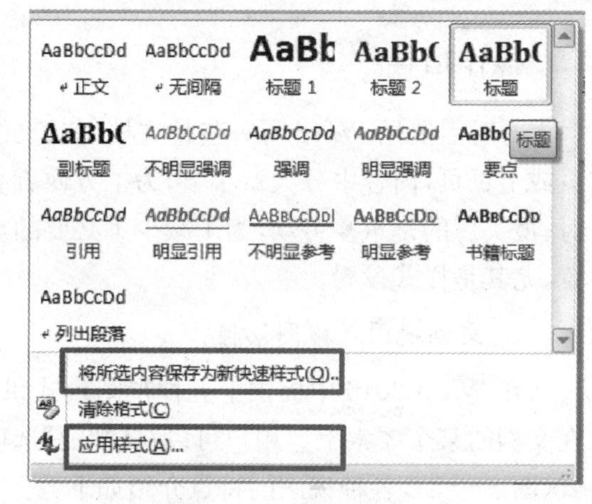

图 2-59 快速样式列表

实验三 页面布局
一、实验目的
XXXXXXXXXXXXXXXXXXXXXXXXXXXXXXXXXXXXXXXXXXXXXXXXXX
XXXXXXXXXXXXX
二、实验操作
1.操作 1
XXXXXXXXXXXXXXXXXXXXXXXXXXXXXXXXXXXXXXXXXXXXXXXXXX
XXXXXXXXXXXXX
2.操作 2
XXXXXXXXXXXXXXXXXXXXXXXXXXXXXXXXXXXXXXXXXXXXXXXXXX
XXXXXXXXXXXXX
三、实验任务
1.任务 1
XXXXXXXXXXXXXXXXXXXXXXXXXXXXXXXXXXXXXXXXXXXXXXXXXX
XXXXXXXXXXXXX
2.任务 2
XXXXXXXXXXXXXXXXXXXXXXXXXXXXXXXXXXXXXXXXXXXXXXXXXX
XXXXXXXXXXXXX

图 2-60(a) 未应用样式的文档

实验三 页面布局

一、实验目的

xxxxxxxxxxxxxxxxxxxxxxxxxxxxxxxxxxxxxxxxxxxxxxxxxxxxxxxxxx
xxxxxxxxxxxxx

二、实验操作

1.操作 1

xxxxxxxxxxxxxxxxxxxxxxxxxxxxxxxxxxxxxxxxxxxxxxxxxxxxxxxxxx
xxxxxxxxxxxxx

2.操作 2

xxxxxxxxxxxxxxxxxxxxxxxxxxxxxxxxxxxxxxxxxxxxxxxxxxxxxxxxxx
xxxxxxxxxxxxx

三、实验任务

1.任务 1

xxxxxxxxxxxxxxxxxxxxxxxxxxxxxxxxxxxxxxxxxxxxxxxxxxxxxxxxxx
xxxxxxxxxxxxx

2.任务 2

xxxxxxxxxxxxxxxxxxxxxxxxxxxxxxxxxxxxxxxxxxxxxxxxxxxxxxxxxx
xxxxxxxxxxxxx

图 2-60(b) 应用样式后的文档

(2) 修改及创建新样式

若这些内置的样式,格式上不完全符合实际需要,可对其进行修改。在图 2-59 所示的面板底部选择“应用样式”命令,打开【应用样式】对话框(图 2-61),对所选样式进行修改。

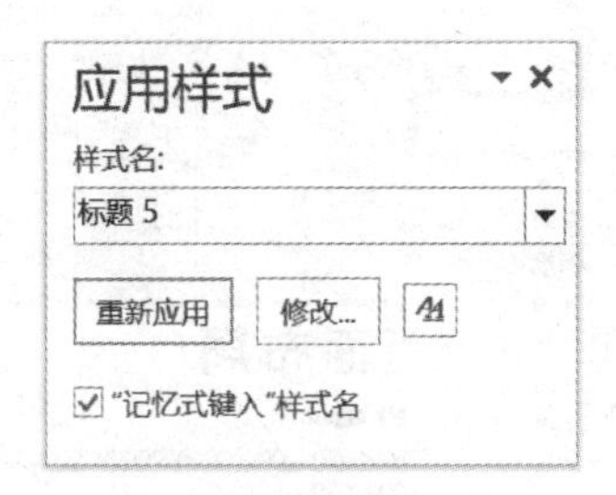

图 2-61 【应用样式】对话框

3. 查看和修改文章的层次结构

为文章的标题采用样式之后,由于“标题 1”—“标题 9”样式具有级别,故能方便地进行层次结构的查看和定位。

在【视图】选项卡中勾选“导航窗格”,可在文档左侧显示文档的层次结构(图 2-62),在其中的标题上单击,即可快速定位到相应位置。

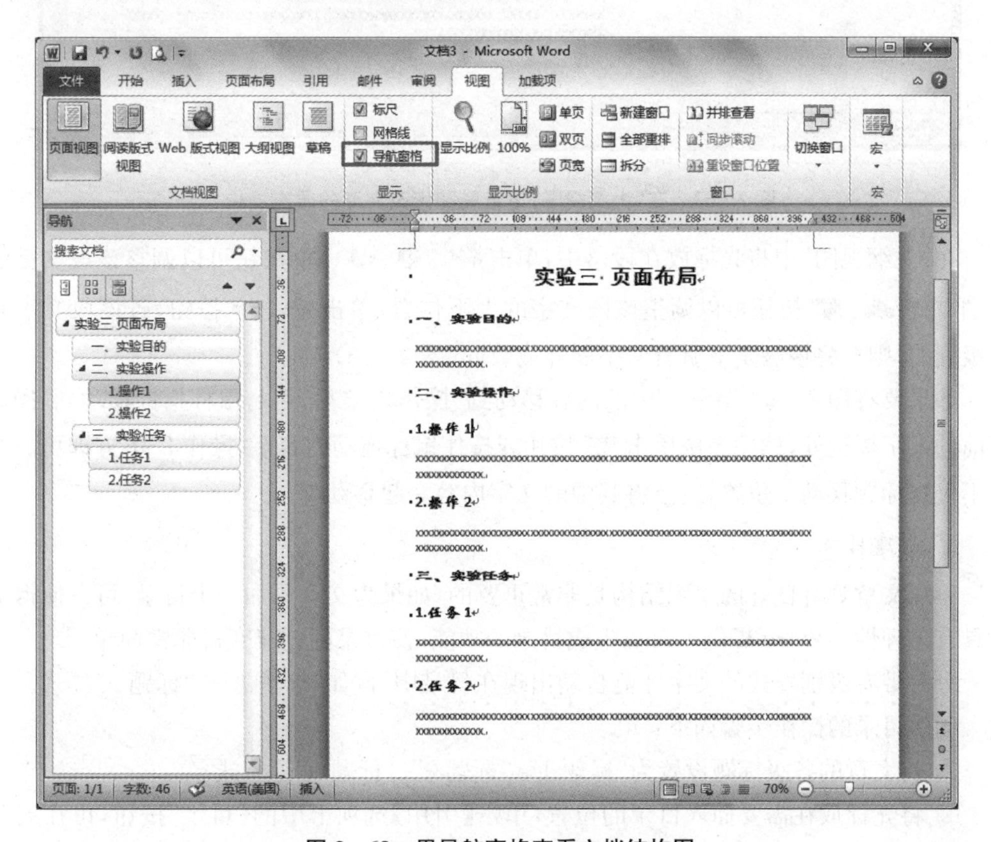

图 2-62 用导航窗格查看文档结构图

此外,有了标题文字后,利用"大纲视图"可以很方便地查看和修改文档的层次结构。

在【视图】选项卡中单击"大纲视图"命令,即可进入大纲视图,此时会显示【大纲】选项卡(图2-63)。在【大纲】选项卡中选择"显示级别"下拉列表中的某个级别,例如"3级",则文档中会显示从级别1到级别3的标题。

图2-63 在"大纲视图"下查看和修改文章的层次结构

在"大纲视图"中将光标放在段落中,单击、、、按钮可以调整该段文字的级别;单击、按钮可以调整该段文字的上下位置;单击、按钮,若该段文字是有级别的,则会将该级别下所有文字展开或收起(图2-63)。

如果要将图2-63"操作1"中的内容移动到"操作2"之后,可将鼠标指针移动到"操作1"前的十字标记处,然后多次单击按钮或按住鼠标拖动内容至"操作2"下方即可。这样不仅将标题移动了位置,也会将其中的文字内容一起移动。

4. 创建目录

一篇文章具有良好的组织结构是非常重要的,如果为文章添加一个目录,可以使得文章具有条理性。Word提供了自动生成目录的功能,使目录的创建变得非常简单。

只有带有级别样式的文字才能自动出现在目录中,例如"标题1"—"标题9"样式。

创建目录的操作步骤如下:

① 将文章的各级标题设置为"标题1"、"标题2"、"标题3"等样式。

② 将光标放在需要插入目录的位置,单击【引用】选项卡中的"目录"按钮,可在展开的面板中选择某个模板(图2-64(a)),也可选择"自定义目录"命令,弹出【目录】对话框自行定义(图2-64(b))。

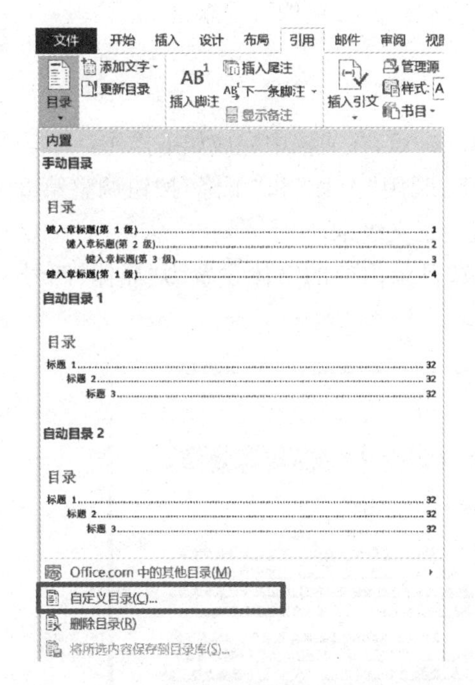

图 2-64(a)　【引用】选项卡中的目录面板

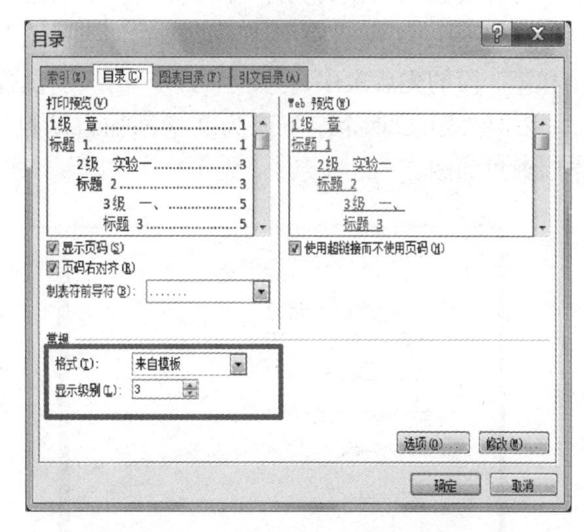

图 2-64(b)　【目录】对话框

③ 在【目录】对话框的"显示级别"输入框中，可指定目录中包含几个级别，从而决定目录的细化程度，这些级别与"标题 1"—"标题 9"样式对应。单击"确定"按钮，即可插入目录。图 2-64(c)是在文档前部插入目录后的效果。

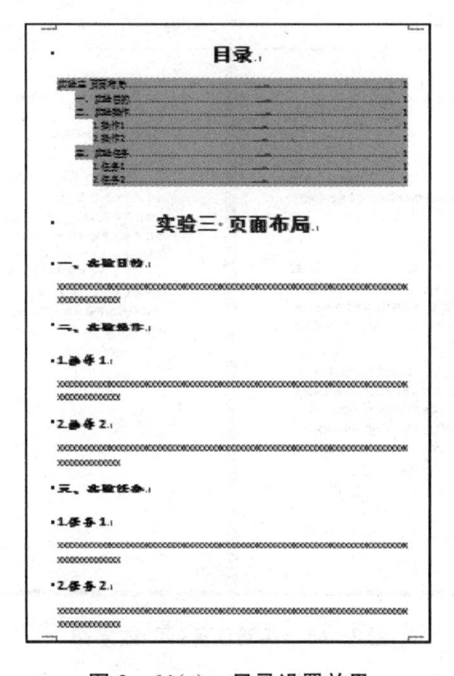

图 2-64(c)　目录设置效果

目录是以"域"的方式插入到文档中的(会显示灰色底纹)，可以进行更新。当文档中的内容或页码有变化时,单击【引用】选项卡中的“更新目录”按钮即可更新目录。

三、实验任务

打开实验三保存的文件“学号_姓名_摩尔定律.docx”,在文档中完成如下操作:

1. 将视图切换至“大纲视图”,在“大纲视图”下,利用“上移”和“下降”按钮调整第 2 段和第 3 段的先后次序;将文字“目录”的级别设置为正文级别。

2. 在“目录”两个字下面为文章添加自动目录,目录内容的字体设置为“黑体、四号字”,效果如图 2-65 所示。

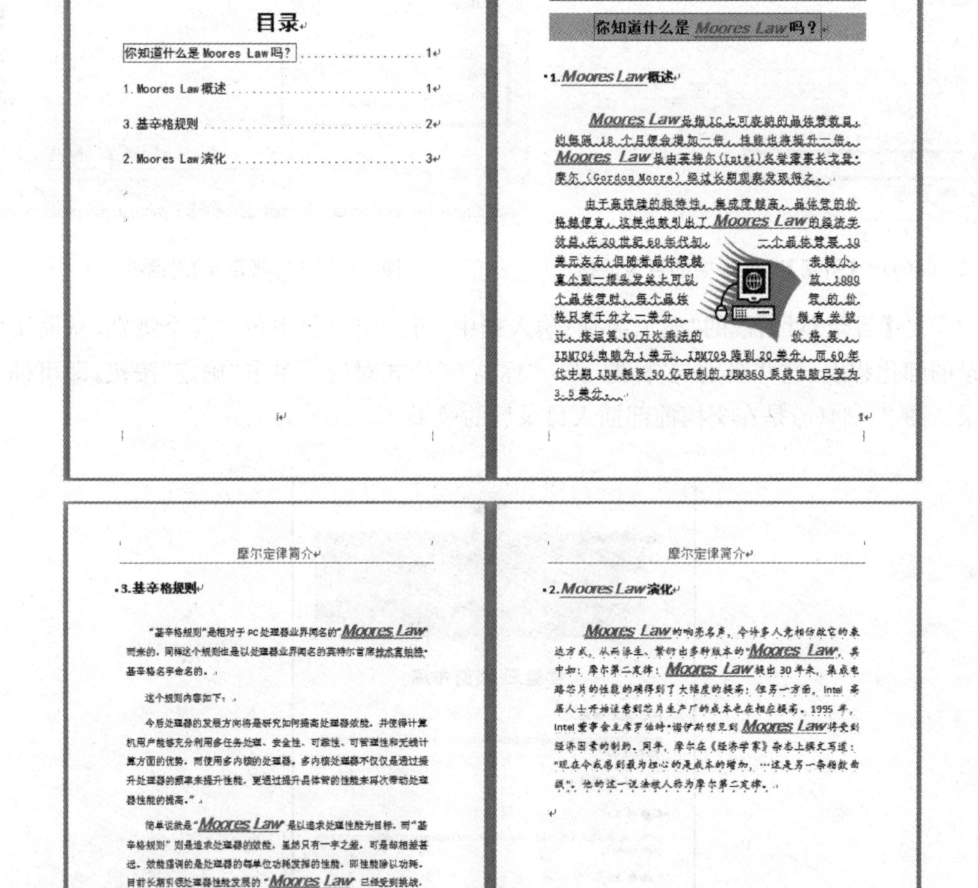

图 2-65 实验任务(四)效果图

实验五　邮件合并

一、实验目的

1. 了解邮件合并的概念。
2. 掌握邮件合并功能的使用。

二、实验指导

在工作中，常需要制作邀请函、工作证、准考证等，这些文档的共同特点是同一个文档发给多人，文档的基本格式相同，只是涉及个人信息时(如姓名、工号、照片等)局部数据有差别，如果每一个个人信息都手动输入会很麻烦，此时最便捷的方式就是用 Word 提供的邮件合并功能，它可以帮用户批量处理文档，提高工作效率。

如要为单位所有员工制作工作证，首先要新建一个文件夹用于存放所有要用到的文档和图片。如在 C 盘的根目录下建一个“word5”文件夹，文件夹中的内容如图 2 - 66(a)所示。

001.jpg　002.jpg　003.jpg　004.jpg　005.jpg　工作证.docx　职工信息.xlsx

图 2 - 66(a)　“word5”文件夹中包含的文件

具体包含：

(1) 每个人的照片文件，如“001. jpg”“002. jpg”等。

(2) 一个 Word 文件(“工作证. docx”)，文件中包含一个如图 2 - 66(b)所示的表格，表格最右侧的单元格用于插入照片。

<table>
<tr><td colspan="3">工作证</td></tr>
<tr><td>工号</td><td></td><td rowspan="3"></td></tr>
<tr><td>姓名</td><td></td></tr>
<tr><td>部门</td><td></td></tr>
</table>

图 2 - 66(b)　工作证格式

	A	B	C	D
1	工号	姓名	部门	照片
2	001	菲菲	企划部	C:\\word5\\001. jpg
3	002	建华	总经理	C:\\word5\\002. jpg
4	003	京哥	外联部	C:\\word5\\003. jpg
5	004	幂幂	公关部	C:\\word5\\004. jpg
6	005	雨欣	新闻部	C:\\word5\\005. jpg

图 2 - 66(c)　记录职工信息的 Excel 表格内容

(3) 一个 Excel 文件(“职工信息. xlsx”)，文件中的 Sheet1 工作表中包含一个如图 2 - 66(c)所示的表格。其中“照片”列记录的是每个人照片的绝对路径，路径之间用“\\”分隔。

利用 Word 邮件合并制作工作证的步骤如下：

(1) 为存放照片的单元格创建“域”。

打开“工作证.docx”文件，将光标放在预留显示照片的位置，在【插入】选项卡中点击“文档部件”→“域”命令(图 2-67(a))。

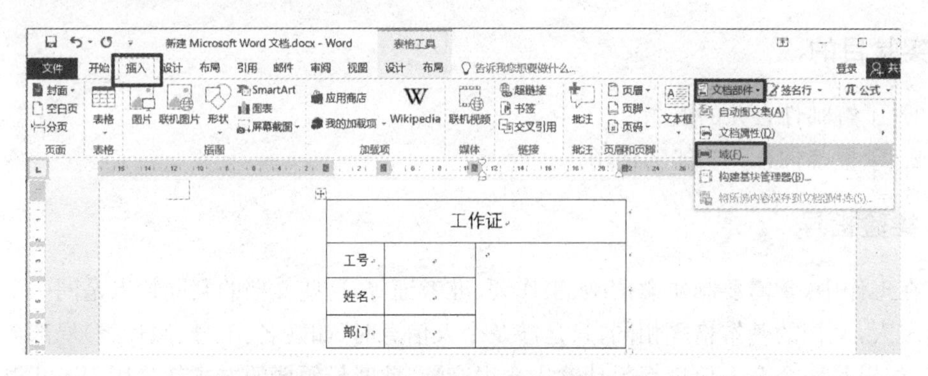

图 2-67(a) 在放照片的单元格插入“域”

在【域】对话框中选择“IncludePicture”域，在域属性中为该域任意取一个名字，如“XX”(只是做一个标记，后面要修改)(图 2-67(b))。

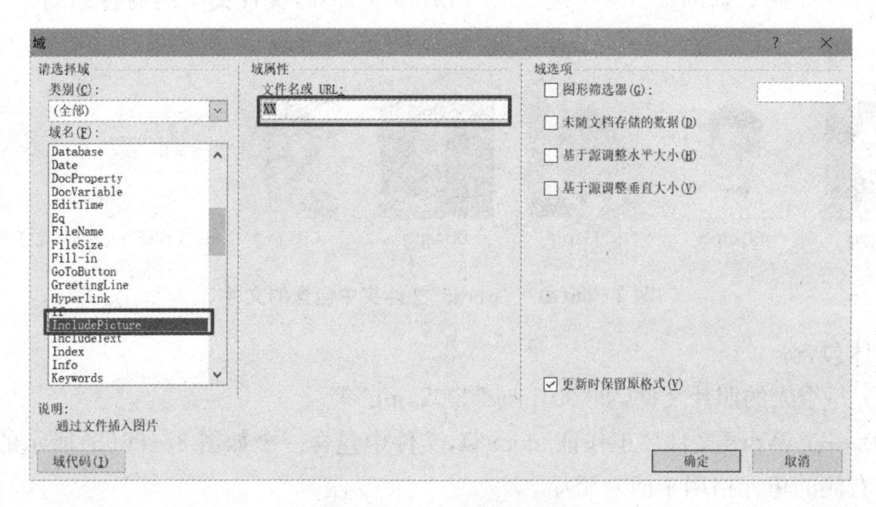

图 2-67(b) 【域】对话框

由于此时照片域与 Excel 表格中的照片列尚未建立关联，故插入后的效果如图2-67(c)所示(此时可调整一下照片控件的大小，使照片大小和单元格大小匹配)。按 Alt+F9 组合键切换显示域代码，域代码如图 2-67(d)所示，代码中“XX”就是前面输入的域名称。

工作证		
工号		
姓名		
部门		

图 2-67(c) 未建立关联时显示的照片

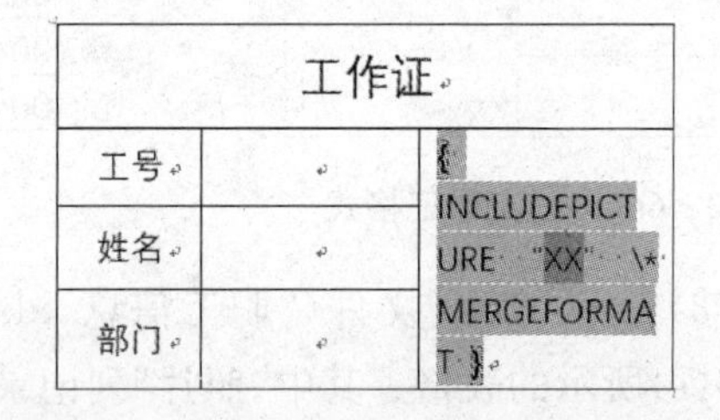

工作证		
工号		{ INCLUDEPICTURE "XX" * MERGEFORMAT }
姓名		
部门		

图 2-67(d) 未建立关联时显示的域代码

(2) 开始邮件合并，设置邮件合并的文档类型。

在【邮件】选项卡中单击“开始邮件合并”→“目录”命令(图 2－68)，设置邮件合并的文档类型为“目录”(这样可将多个人的工作证放在一页纸中，若省略该步骤，每页纸只有一位员工的工作证)。

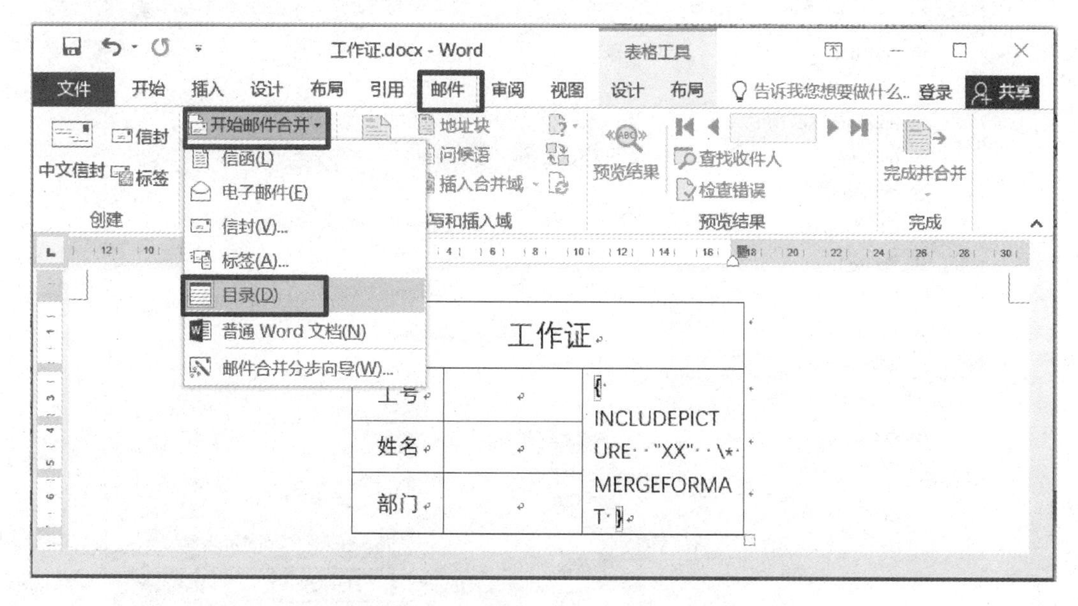

图 2－68　设置邮件合并的文档类型

(3) 将 Word 模板和 Excel 信息表建立链接。

在【邮件】选项卡中单击“选择收件人”→“使用现有列表”命令(图 2－69(a))。

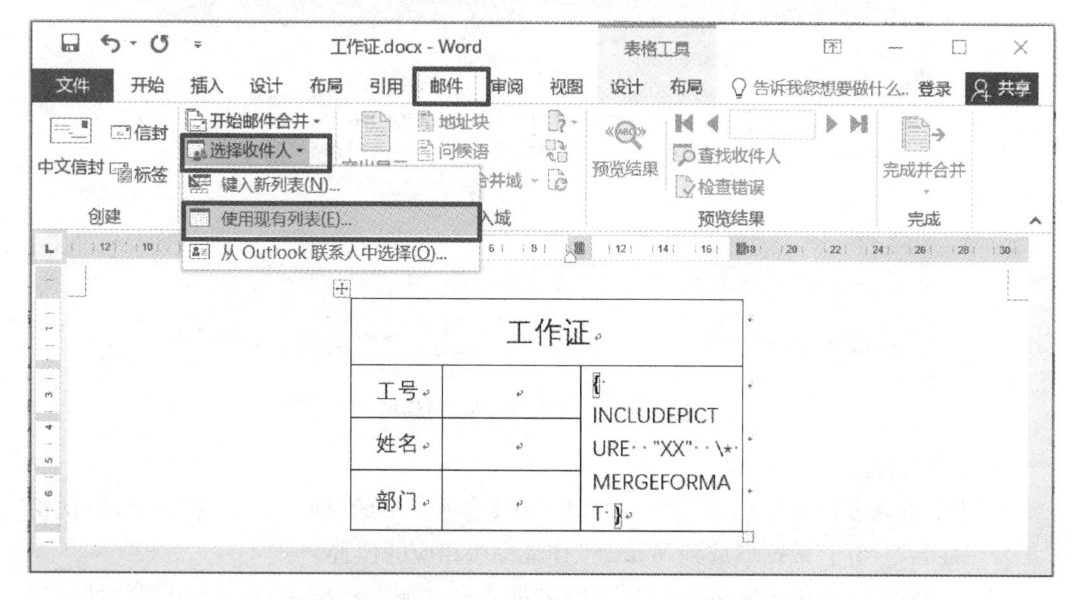

图 2－69(a)　将 Word 模板和 Excel 信息表建立链接

在【选取数据源】对话框(图 2－69(b))中，在硬盘上找到并打开“职工信息. xlsx”文件。在【选择表格】对话框中选择 Sheet1 表格(图 2－69(c))。这时【邮件】菜单的多个按钮已经激活。

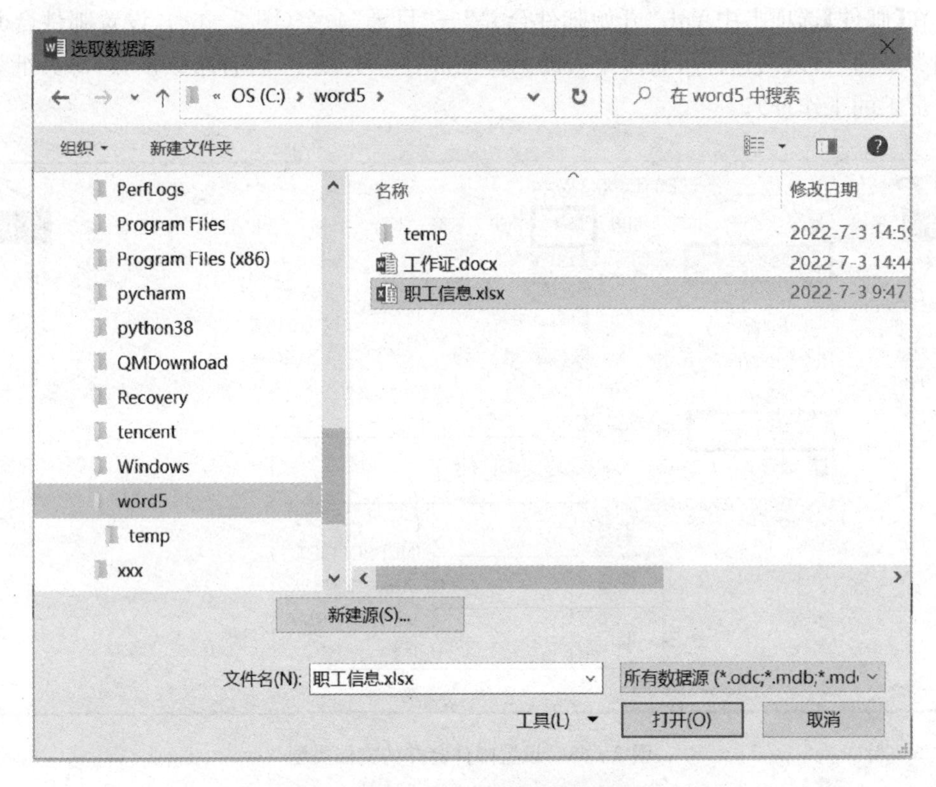

图 2 - 69(b) 【选取数据源】对话框

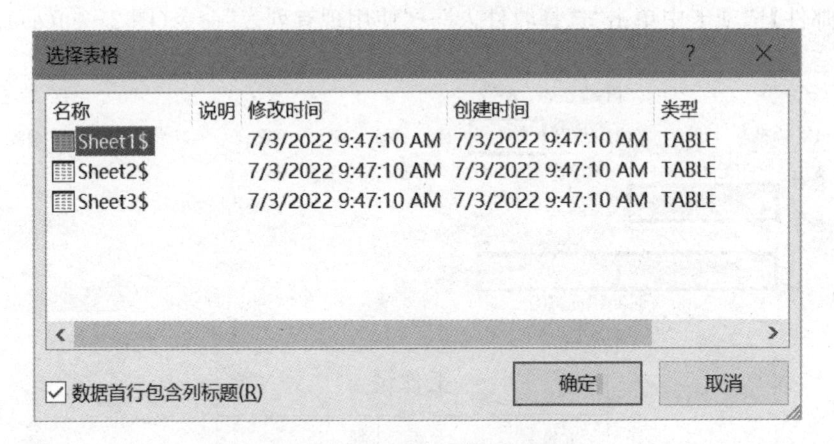

图 2 - 69(c) 【选择表格】对话框

(4) 插入合并域

将光标放在表格的空白单元格,选择【邮件】选项卡中的"插入合并域"命令,依次将"工号""姓名""部门"数据域放到 Word 工作证模版相应的位置。

选中照片单元格中的域名称"XX",单击"插入合并域"→"照片"命令,用"照片"域替换"XX"(图 2 - 70(a)),替换后的域代码如图 2 - 70(b)所示。

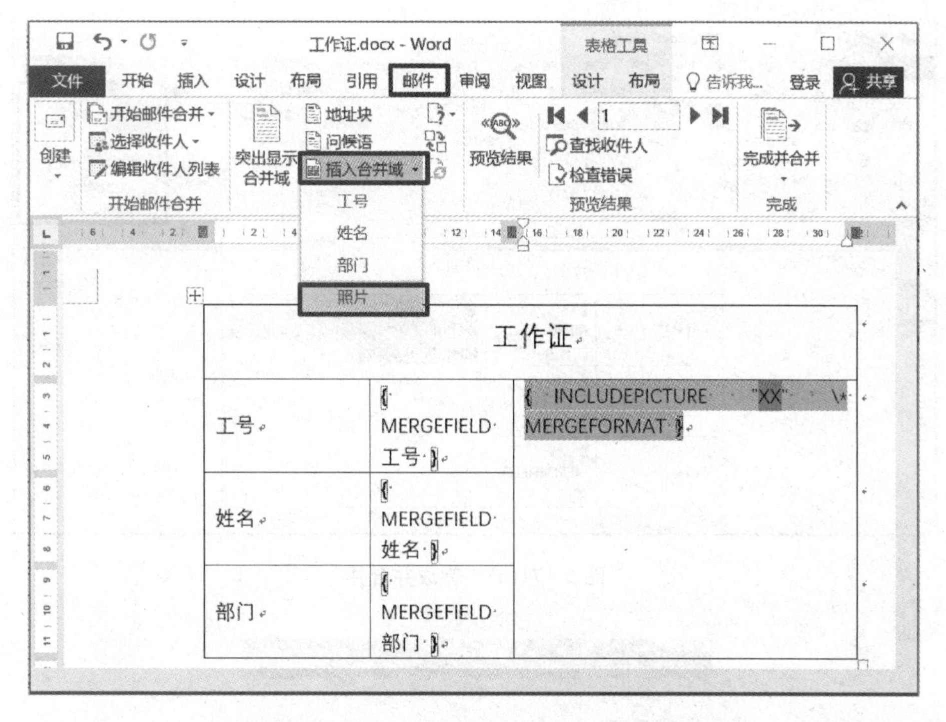

图 2-70(a)　将 Excel 信息表中的数据导入 Word 模版

工作证		
工号	{ MERGEFIELD 工号 }	{ INCLUDEPICTURE " { MERGEFIELD 照片 } " * MERGEFORMAT }
姓名	{ MERGEFIELD 姓名 }	
部门	{ MERGEFIELD 部门 }	

图 2-70(b)　将 Excel 信息表中的数据导入 Word 模版

(5) 查看合并效果

选择【邮件】选项卡中的“完成并合并”→“编辑单个文档”命令，参照图 2-71(a)和 2-71(b)完成合并，这时候会出现一个新的 Word 文档，效果如图 2-71(c)所示。

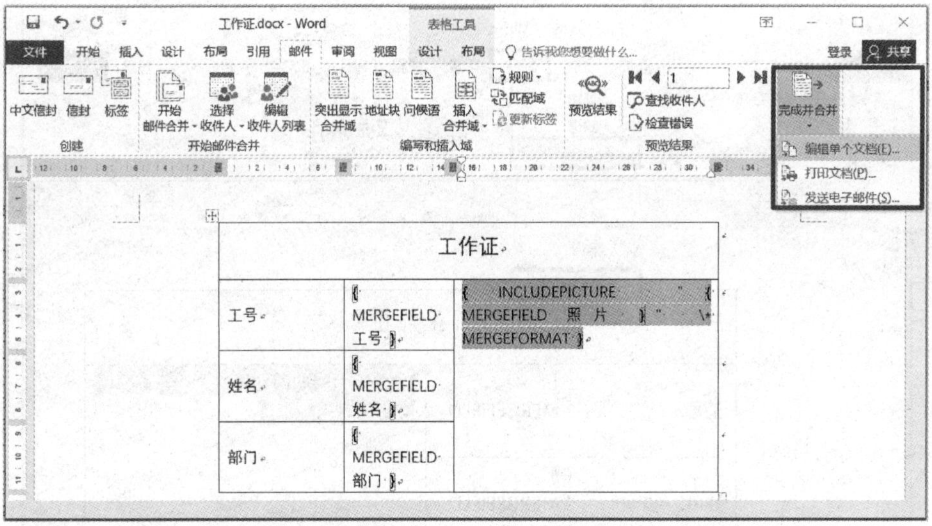

工作证.docx - Word 表格工具

文件 开始 插入 设计 布局 引用 邮件 审阅 视图 设计 布局 告诉我您想要做什么... 登录 共享

中文信封 信封 标签 开始邮件合并 选择收件人 编辑收件人列表 突出显示合并域 地址块 问候语 插入合并域 规则 匹配域 更新标签 预览结果 查找收件人 检查错误 完成并合并

创建 开始邮件合并 编写和插入域 预览结果

编辑单个文档(E)...
打印文档(P)...
发送电子邮件(S)...

工作证		
工号	{ MERGEFIELD 工号 }	{ INCLUDEPICTURE " { MERGEFIELD 照片 } " * MERGEFORMAT }
姓名	{ MERGEFIELD 姓名 }	
部门	{ MERGEFIELD 部门 }	

图 2-71(a) 完成并合并

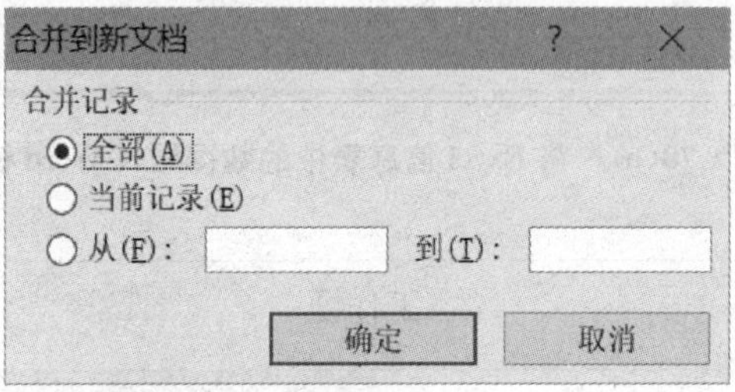

合并到新文档 ? ×

合并记录

◉ 全部(A)

○ 当前记录(E)

○ 从(F): 到(T):

确定 取消

图 2-71(b) 【合并到新文档】对话框

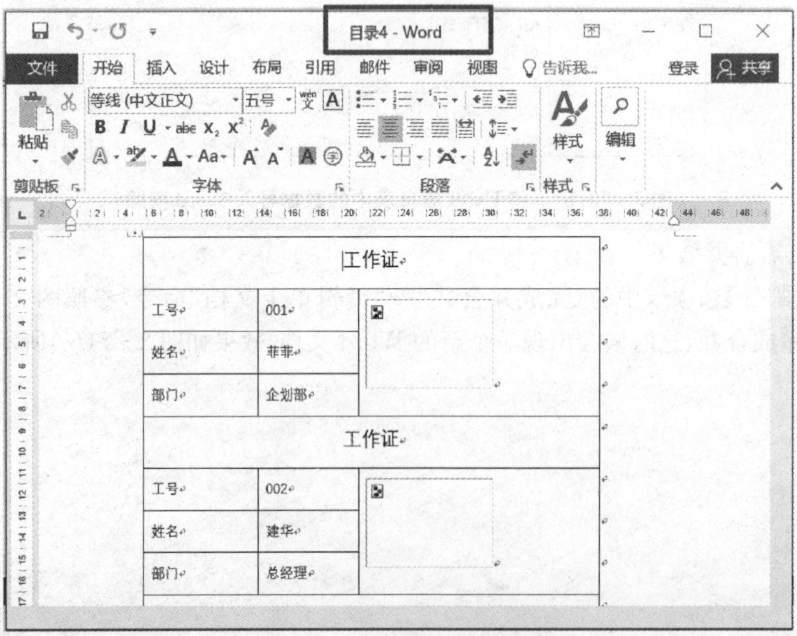

目录4 - Word

文件 开始 插入 设计 布局 引用 邮件 审阅 视图 告诉我... 登录 共享

粘贴 等线 (中文正文) 五号 样式 编辑

剪贴板 字体 段落 样式

工作证		
工号	001	
姓名	菲菲	
部门	企划部	

工作证		
工号	002	
姓名	建华	
部门	总经理	

图 2-71(c) 刷新前的合并效果

在新文档中按“Ctrl＋A”组合键，选中所有项，然后按 F9 键进行刷新，就可以看到图 2－71(d)所示的效果。

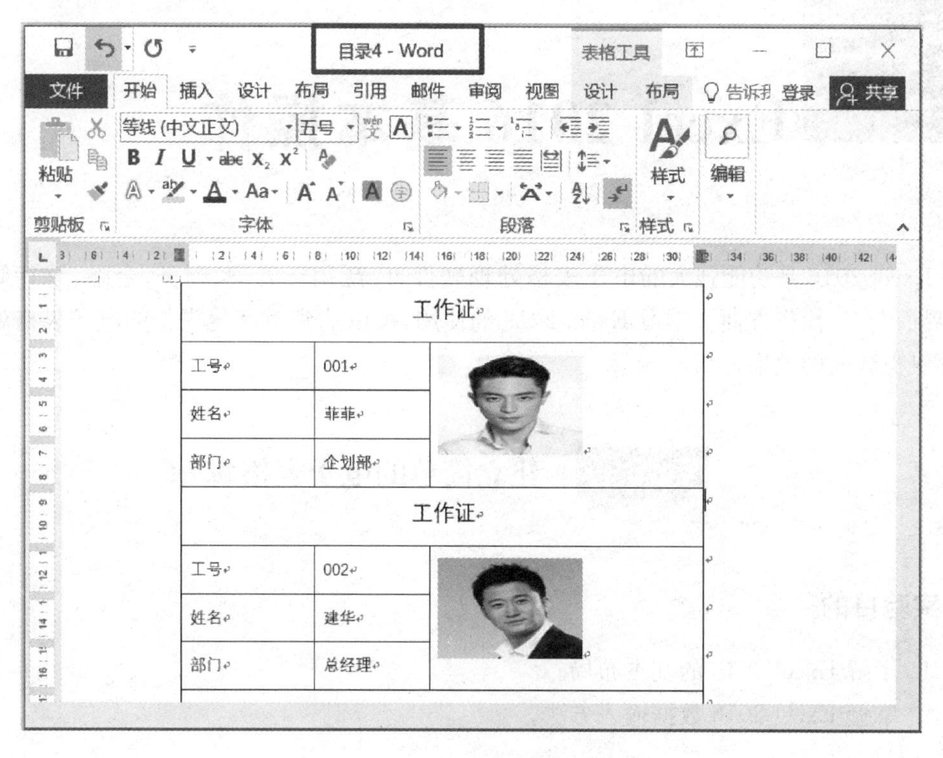

图 2－71(d)　刷新后的合并效果

三、实验任务

利用邮件合并，为全班每个同学设计一个准考证，准考证的样式如图 2－72 所示。

2020 年 滨江市高校艺术类加试

准考证

准考证号				
姓　名		性　别		
考试时间	2020 年 12 月 5 日			
考试地点	滨江艺术学院美术楼 201			
考试科类一	色彩 9:00~12:00		考试科类二	素描 14:00~17:00

图 2－72　准考证样式

单元三 Excel 2016 基本操作

Excel 2016 是功能强大的电子表格处理软件,广泛用于管理、财务、金融、统计等行业,界面友好,操作方便。学习 Excel 2016 的使用,可以达到对其他类似的电子表格处理软件触类旁通的效果。

实验一 建立简单的电子表格

一、实验目的

1. 了解 Excel 2016 的基本布局。
2. 掌握 Excel 2016 数据输入方法。

二、操作指导

1. 基本界面

启动 Excel 2016 后的初始界面如图 3-1 所示。与 Word 2016 相似,顶端的标题栏给出了默认的文件名,左上端有【快速访问】工具栏,常用的操作都以选项卡的方式放在标题栏下,功能一目了然。

Excel 2016 新建的文件称为工作簿(扩展名为.xlsx),一个工作簿通常由一张或多张工作表(Sheet)组成。

2. 工作表的增加、删除、移动及重命名

默认情况下,新建的工作簿文件中包含“Sheet1”“Sheet2”和“Sheet3”三张工作表,单击“插入工作表”按钮可以增加新的工作表。

双击工作表标签(如 Sheet1)使其反色显示,可以为该工作表重新命名。

在工作表标签(如 Sheet1)上按下鼠标左键向左或向右拖动,可以改变工作表标签的位置。

拖动工作表(如 Sheet1)同时按下 Ctrl 键,可为该工作表创建一个副本(如 Sheet1(2)……)。

此外,用鼠标右键单击工作表标签,在弹出的快捷菜单中执行相应的命令,可以实现工作表的移动、复制、删除、隐藏、改变标签颜色等操作。

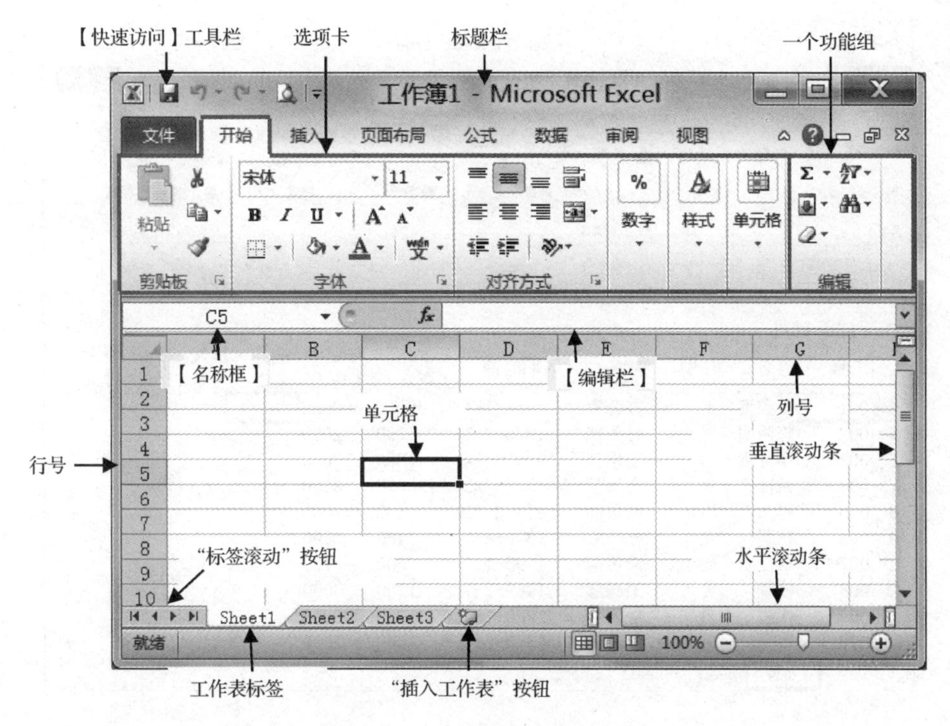

图 3-1　Excel 2016 主界面布局

3. 数据类型和数据输入方法

单元格是工作表存放信息的基本单位。单元格用行号和列号来表示，如最左上角的单元格是“A1”单元格，“A”是该单元格的列号，“1”是该单元格的行号，“A1”又称为该单元格的地址。选中某单元格，【名称框】会列出该单元格的名称(地址)，【编辑栏】会显示该单元格的内容(或公式)，用户也可以直接在【编辑栏】中输入单元格的内容(或公式)。

Excel 单元格中可以输入多种类型的数据，如文本、数值、日期、时间等，不同类型数据的输入方法不同，默认的显示形式也不相同，熟练掌握这些操作方法是电子表格应用的基本要求。图 3-2 所示的表中输入了不同类型的数据，将该工作表命名为“工资表”，并将对应的工作簿文件保存为“工资表制作. xlsx”。

(1) 文本数据的输入

文本数据包括汉字、英文字母和空格等，通常它们可直接输入，输入后在单元格中默认左对齐。

比较特殊的是全数字的文本内容，如表中的“工号”，若直接输入“001”，Excel 会把它按数值型数据处理，只显示“1”。可按以下方法将全数字的文本以文本格式展示：

方法一：先输一个英文单引号，再输入具体的数字。如在 A4 单元格中输入：“’001”，Excel 会按文本型数据处理，显示为：“001”并在单元格中靠左对齐。

方法二：在【开始】选项卡的【数字】功能组中将 A4 的单元格格式设置为“文本”(图 3-2)，然后再在 A4 单元格中直接输入“001”。

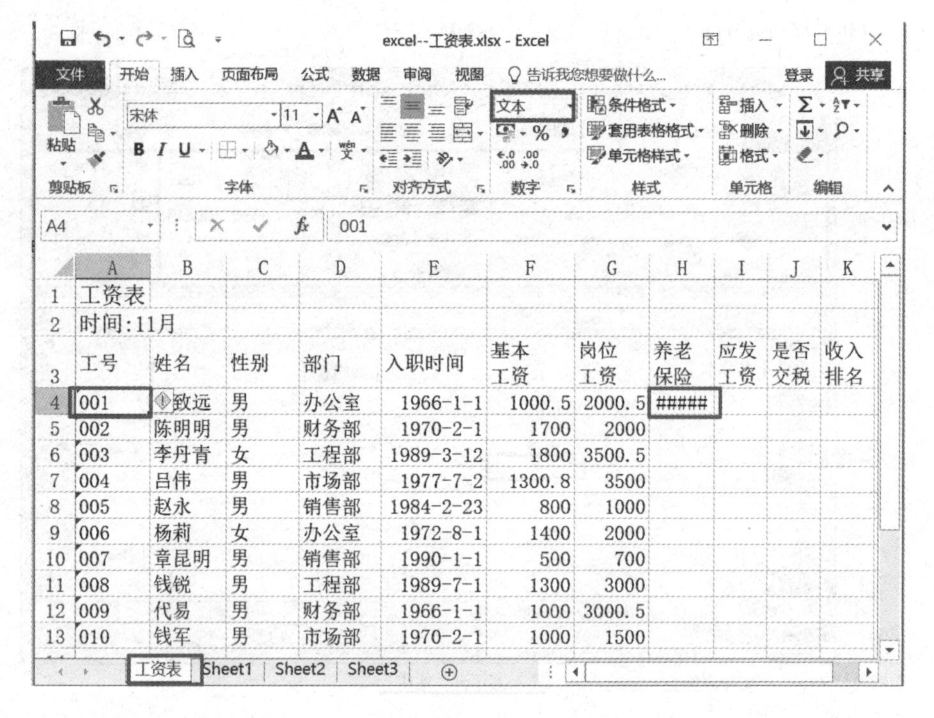

	A	B	C	D	E	F	G	H	I	J	K
1	工资表										
2	时间:11月										
3	工号	姓名	性别	部门	入职时间	基本 工资	岗位 工资	养老 保险	应发 工资	是否 交税	收入 排名
4	001	致远	男	办公室	1966-1-1	1000.5	2000.5	#####			
5	002	陈明明	男	财务部	1970-2-1	1700	2000				
6	003	李丹青	女	工程部	1989-3-12	1800	3500.5				
7	004	吕伟	男	市场部	1977-7-2	1300.8	3500				
8	005	赵永	男	销售部	1984-2-23	800	1000				
9	006	杨莉	女	办公室	1972-8-1	1400	2000				
10	007	章昆明	男	销售部	1990-1-1	500	700				
11	008	钱锐	男	工程部	1989-7-1	1300	3000				
12	009	代易	男	财务部	1966-1-1	1000	3000.5				
13	010	钱军	男	市场部	1970-2-1	1000	1500				

图 3-2 工作表示例

提示:在单元格中按下 Enter(回车键)不能在单元格内实现换行,需要将光标放在要换行的位置,同时按下 Alt+Enter 键才可在单元格内换行。如图 3-2 中的 F3 单元格,先将光标放在“基本工资”的中间位置,再按下 Alt+Enter 键即可实现图示的换行效果。

(2) 数值的输入

在 Excel 中,数值型数据是指包括 0—9 的数字以及含有正号、负号、货币符号和百分号等任一种符号的数据,数值型数据在单元格中默认右对齐。在输入过程中,有以下几种比较特殊的情况要注意:

① 负数:在单元格中输入“-100”或“(100)”,在单元格中都会显示“-100”。

② 分数:需先输入一个“0”和一个空格,再输入分数。如在单元格中输入“0 1/4”会显示分数“1/4”;若直接输入分数“1/4”,Excel 会把分数当作日期处理,显示为“1 月 4 日”。

③ 纯小数:输入时可省略“0”,如“0.25”可直接输入“.25”。

当输入的数值较大,单元格的宽度不够显示时,单元格中的数值会显示为“#####”,如图 3-2 所示的 H4 单元格,此时只需增加 H 列的宽度即可。

(3) 日期和时间的输入

日期型数据在单元格中默认右对齐。输入时要注意以下几点:

① 输入日期时,年、月、日之间要用“/”号或“-”号隔开,如“2014-8-16”或“2014/8/16”。

② 输入时间时,时、分、秒之间要用冒号隔开,如“07:11:12”。

③ 若要在单元格中同时输入日期和时间,日期和时间之间应该用空格隔开。

4. 数据的快速输入

使用 Excel 输入数据时，若多个连续单元格的数据一样，或者有规律，则可以利用 Excel 提供的智能输入方法，如自动填充等差数列、等比数列或用户自定义的数据序列，来提高数据输入的速度。

(1) 重复输入相同的数据

在单元格中输入数据后，向下(或向右)拖动该单元格右下角填充柄，即可使单元格中的内容向下(或向右)重复输入(图 3－3)。

	A	B
1	1000	
2		
3		
4		
5		
6		
7		

图 3－3(a)　输入相同数据(1)

	A	B
1	1000	
2	1000	
3	1000	
4	1000	
5	1000	
6	1000	
7		

图 3－3(b)　输入相同数据(2)

(2) 填充等差数列

在相邻单元格输入等差数列的前两个值，然后用鼠标同时选中这两个单元格，向下(或向右)拖动右下角的填充柄即可(图 3－4)。

	A	B
1	1000	
2	1002	
3		
4		
5		
6		
7		

图 3－4(a)　输入等差数列(1)

	A	B
1	1000	
2	1002	
3	1004	
4	1006	
5	1008	
6	1010	
7	1012	

图 3－4(b)　输入等差数列(2)

(3) 填充等比数列

在单元格输入数据后，选中该单元格，单击【开始】选项卡【编辑】功能组的“填充”→“系列”按钮，在弹出的【序列】对话框中设置“类型”“步长值”和“终止值”，单击“确定”按钮即可(图 3－5)。

图 3－5(a)　输入等比数(1)

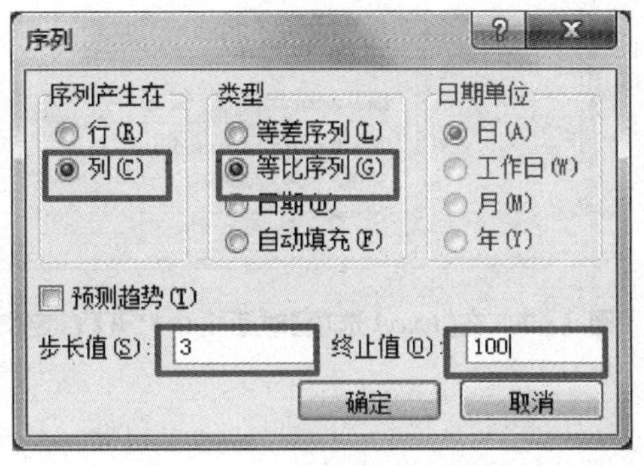

图 3－5(b)　输入等比数(2)

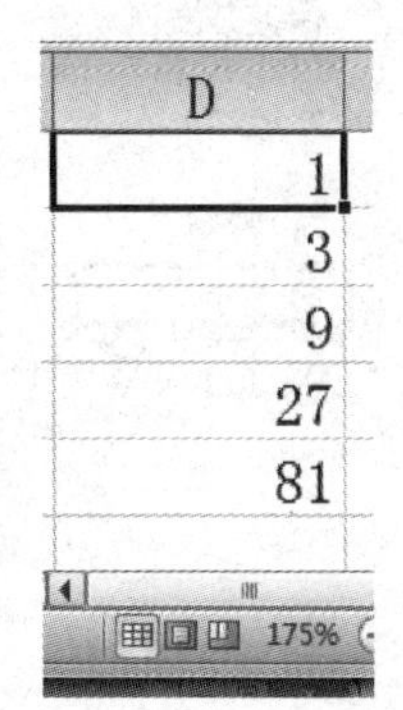

图 3－5(c)　输入等比数(3)

(4) 填充序号

带有数字编码的序号,也可以用自动填充的方式来快速实现。在单元格中输入序号后,向下(或向右)拖动该单元格右下角填充柄,即可使单元格中的内容向下(或向右)产生自增序号(图 3-6)。

	A	B
1	ABC1	
2		
3		
4		
5		

图 3-6(a) 填充序号(1)

	A	B
1	ABC1	
2	ABC2	
3	ABC3	
4	ABC4	
5	ABC5	

图 3-6(b) 填充序号(2)

(5) 填充自定义序列

除了可以填充等差、等比数列,Excel 中还包含了星期、月份、季度、农历月份等常用序列,在【自定义序列】对话框中可以看到 Excel 中已定义的常用序列。

在【文件】菜单下单击"选项"命令,弹出【Excel 选项】对话框(图 3-7);在对话框的左侧单击"高级"命令,拖动右侧的滚动条,并单击"编辑自定义列表"按钮,即可弹出【自定义序列】对话框(图 3-8)。

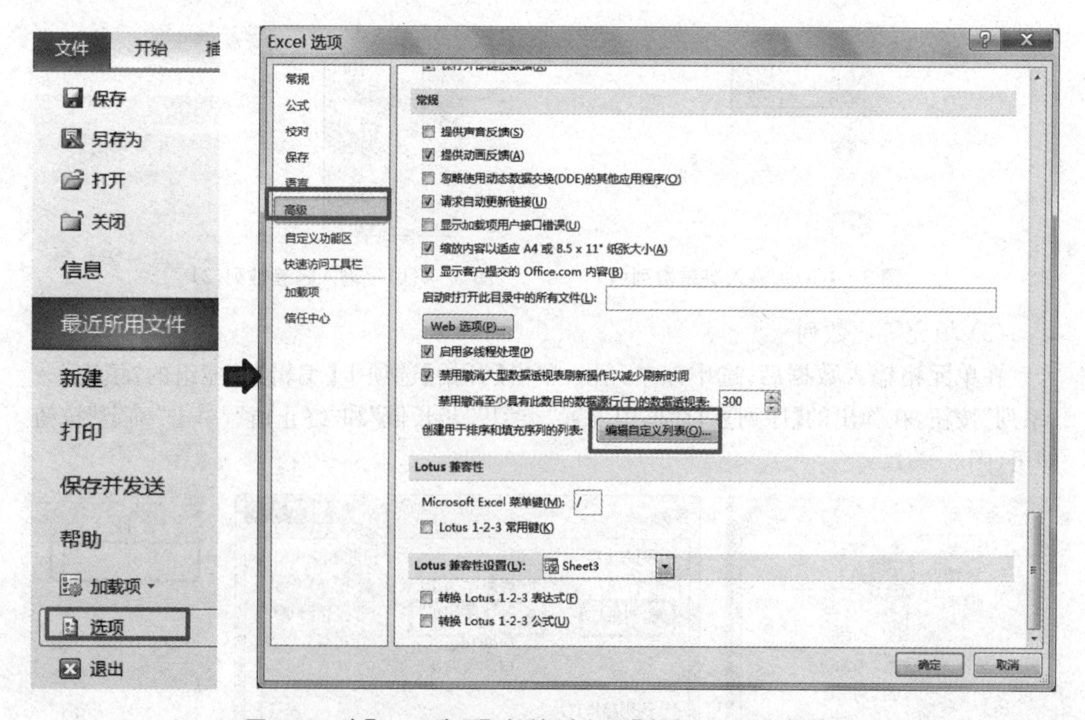

图 3-7 在【Excel 选项】对话框中打开【自定义序列】对话框

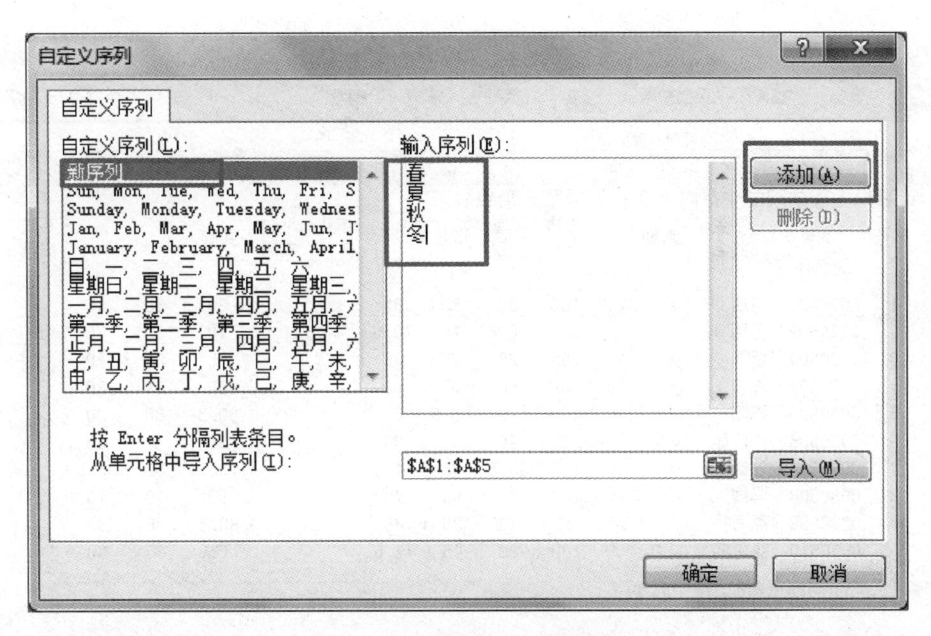

图 3-8 【自定义序列】对话框

对话框左侧的"自定义序列"列表中列出了 Excel 已定义的常用序列，这些序列可在输入时直接使用。如要输入"甲、乙、丙、丁……"序列，可以先在指定单元格输入"甲"，然后向下(或向右)拖动该单元格右下角填充柄，即可自动完成"乙、丙、丁……"序列的填充(图 3-9)。

	A	B
1	甲	
2		
3		
4		
5		
6		
7		
8		
9		

图 3-9(a)　填充自定义序列(1)

	A	B
1	甲	
2	乙	
3	丙	
4	丁	
5	戊	
6	己	
7	庚	
8	辛	
9		

图 3-9(b)　填充自定义序列(2)

用户也可以在其中增加自定义序列。在对话框左侧的"自定义序列"列表中选中"新序列"，然后在右侧"输入序列"区域输入要加入的序列，如"春，夏，秋，冬"，单击"确定"按钮，即可将"春，夏，秋，冬"序列加入左侧，使其变成一个可直接使用的自定义序列(图 3-8)。

三、实验任务

参照图 3-10，在 Excel 工作表中输入学生平时成绩，将工作表命名为"平时成绩"，完成后的文件存盘并命名为"学号_姓名_学生成绩单. xlsx"，下一实验任务仍将使用此文件。

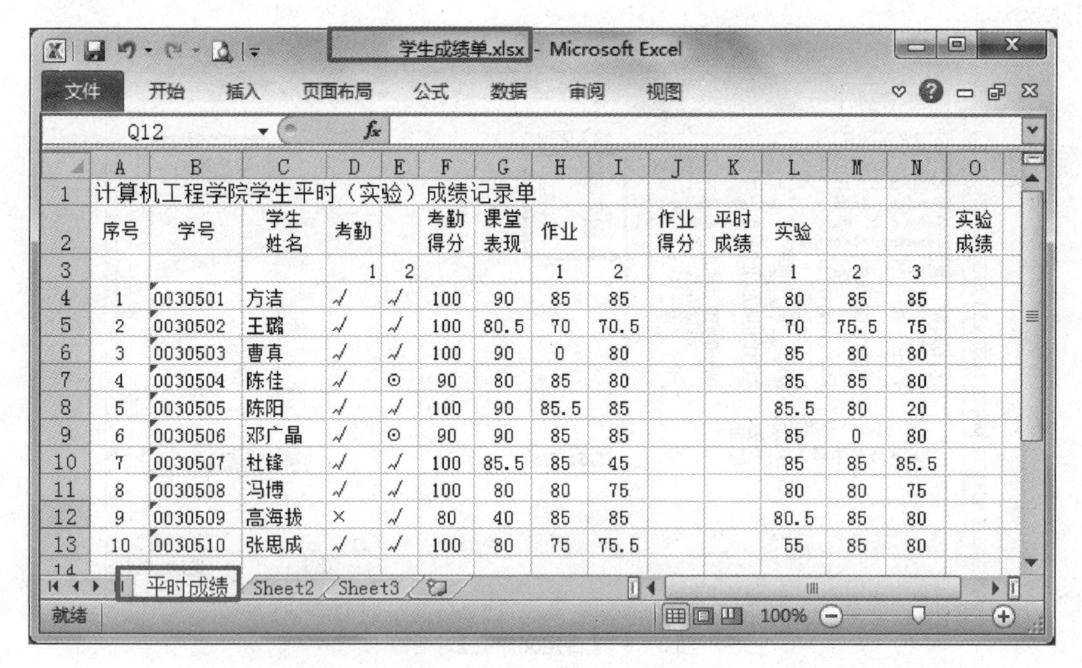

	A	B	C	D	E	F	G	H	I	J	K	L	M	N	O
1	计算机工程学院学生平时（实验）成绩记录单														
2	序号	学号	学生姓名	考勤		考勤得分	课堂表现	作业		作业得分	平时成绩	实验			实验成绩
3				1	2			1	2			1	2	3	
4	1	0030501	方洁	√	√	100	90	85	85			80	85	85	
5	2	0030502	王璐	√	√	100	80.5	70	70.5			70	75.5	75	
6	3	0030503	曹真	√	√	100	90	0	80			85	80	80	
7	4	0030504	陈佳	√	⊙	90	80	85	80			85	85	80	
8	5	0030505	陈阳	√	√	100	90	85.5	85			85.5	80	20	
9	6	0030506	邓广晶	√	⊙	90	90	85	85			85	0	80	
10	7	0030507	杜锋	√	√	100	85.5	85	45			85	85	85.5	
11	8	0030508	冯博	√	√	100	80	80	75			80	80	75	
12	9	0030509	高海拔	×	√	80	40	85	85			80.5	85	80	
13	10	0030510	张思成	√	√	100	80	75	75.5			55	85	80	

图 3-10 实验任务(一)效果图

提示:学号和序号利用自动填充的方式录入,"√"和"⊙"符号可以使用某一输入法的软键盘来输入。

实验二 表格编辑及格式设置

一、实验目的

1. 掌握 Excel 2016 表格样式的设置方法。
2. 掌握 Excel 2016 条件格式的使用方法。

二、操作指导

在表格中输入数据后，还需要对表格进行编辑和格式设置。表格的编辑包括：单元格、行、列的增减，单元格的合并，行高、列宽的调整设置；表格的格式设置包括：字体、对齐方式、数字格式、边框底纹及样式的设置。图 3－11 给出了“工资表”经过格式设置后的效果。

	A	B	C	D	E	F	G	H	I	J	K
1	工资表										
2	时间：11月										
3	工号	姓名	性别	部门	入职时间	基本工资	岗位工资	养老保险	应发工资	是否交税	收入排名
4	001	王致远	男	办公室	1966年1月	1000.50	2000.50				
5	002	陈明明	男	财务部	1970年2月	1700.00	2000.00				
6	003	李丹青	女	工程部	1989年3月	1800.00	3500.50				
7	004	吕伟	男	市场部	1977年7月	1300.80	3500.00				
8	005	赵永	男	销售部	1984年2月	800.00	1000.00				
9	006	杨莉	女	办公室	1972年8月	1400.00	2000.00				
10	007	章昆明	男	销售部	1990年1月	500.00	700.00				
11	008	钱锐	男	工程部	1989年7月	1300.00	3000.00				
12	009	代易	男	财务部	1966年1月	1000.00	3000.50				
13	010	钱军	男	市场部	1970年2月	1000.00	1500.00				

图 3－11 格式设置后的工资表

1. *表格编辑*

表格的编辑操作大多可利用【开始】选项卡中的命令完成(图 3－12)。

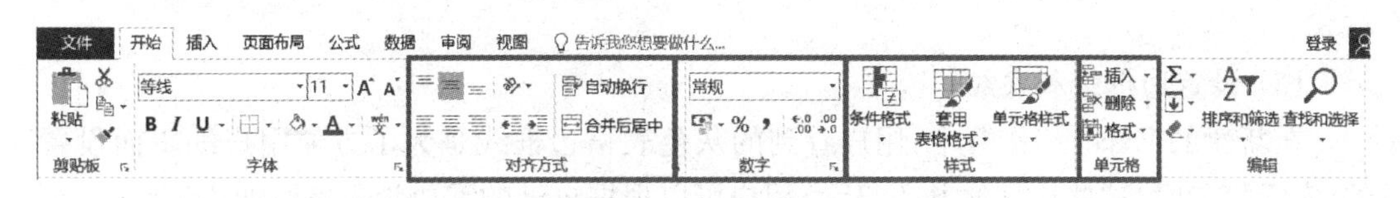

图 3－12 【开始】选项卡

(1) 调整行高和列宽

介绍三种方法：

① 将鼠标移到列标题(A、B、C、D…)或行序号(1、2、3…)交界处，成双向拖拉箭头状时，按住左键向右或向左拖拉，即可调整列宽或行高。

② 在列标题或行序号交界处双击鼠标左键,可快速将列宽或行高调整为“最合适的值”。

③ 选中列,单击鼠标右键,在快捷菜单选择“列宽”命令,在弹出的【列宽】对话框中输入列宽值,可精确调整列宽(图3-13)。

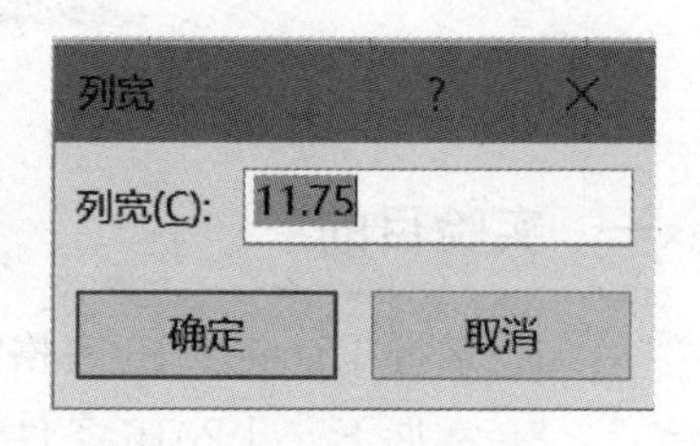

图3-13 【列宽】对话框

可以用类似的方法来调整行高。

(2) 增删行、列和单元格

选中表格中的某一单元格,单击鼠标右键,利用快捷菜单中的命令,或者利用【单元格】功能组中的“插入”或“删除”按钮可方便地在表格中增删行、列和单元格。

2. 设置表格样式

(1) 调整对齐方式

使用【开始】选项卡【对齐方式】功能组(图3-12)中的命令可以调整文字在单元格水平和垂直方向的对齐方式。

当单元格中的文本超过列宽时,选中单元格后单击“自动换行”按钮,可以使单元格中的文字在列宽位置处换行;如果自己指定换行位置,需将光标移到该位置,并按下Alt+Enter键进行手动换行,图3-11中的F3∶K3区域的单元格都是这样实现的。

(2) 调整数字格式

使用【开始】选项卡【数字】功能组中的命令可以调整单元格数字的格式:增减小数点位数、将数据转换用百分数、分数、科学记数等形式表示。

在“工资表”工作表中选中F4:G13区域的数据(左上角为F4单元格,右下角为G13单元格的矩形区域),单击[←.0 .00]和[.00 →.0]按钮,可增减数值的小数位数,使它们统一保留小数点后2位。单击[%]按钮可将数值以百分数形式显示。

单击【数字】功能组最上端的下拉列表,可以展开一个面板,对单元格中的数据类型进行快速设置(图3-14)。

单击【数字】功能组右下角的“对话框启动”按钮,可弹出【设置单元格格式】对话框,在对话框的【数字】标签中可对数字格式进行更详细的设置(图3-15)。在“工资表”工作表中选中E4:E13区域的日期数据,在对话框中将日期设置为“XXXX年X月”格式。

(3) 设置边框线和底纹

在新建的Excel工作簿中,用户看到的灰色表格边框线是为了方便用户编辑而设置的,实际打印时,这些边框线并不显示,用户可以根据自己的需要为表格添加边框线。

在【边框】标签中可以为选中的单元格设置边框(图3-16)。

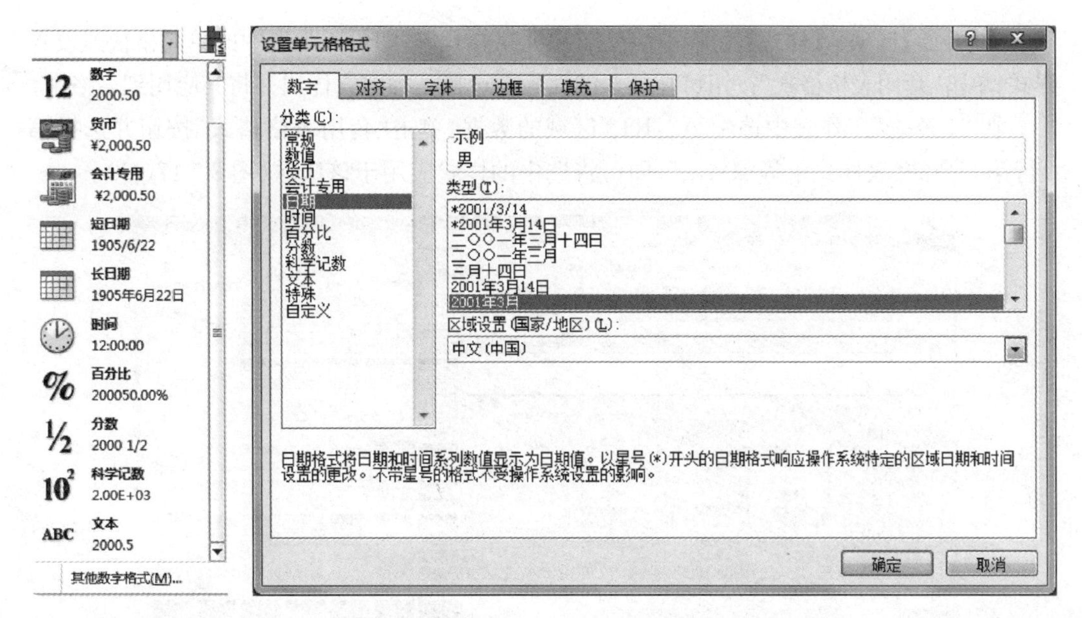

图 3－14　【数字】功能组下拉列表

图 3－15　【设置单元格格式】对话框

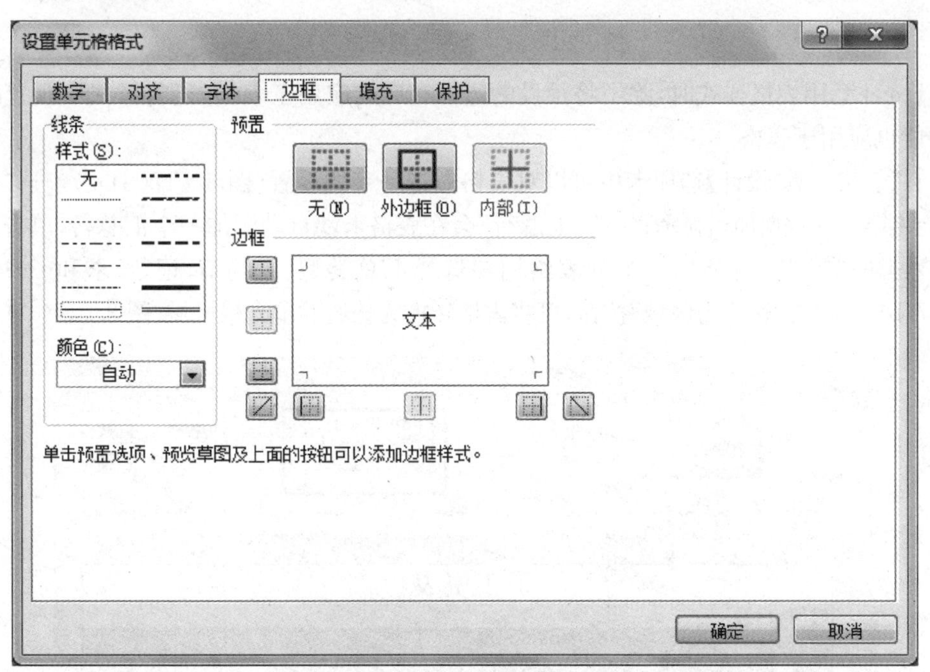

图 3－16　设置表格边框线

提示：设置边框线时，一定要先选择线条样式和颜色，后加边框线。

在【填充】标签中，可以为表格设置底纹，大家可以自己尝试一下，这里不再赘述。

(4) 套用表格样式

为了方便用户快速设置表格样式，Excel 2016 内置了很多表格样式和单元格样式。

在【开始】选项卡【样式】功能组中单击"单元格样式"按钮可以为选中的单元格快速设置样式;单击"套用表格格式"按钮可在展开的面板中选择一种内置样式并将其应用到表格中。

在"工资表"工作表中选中 A3:K13 区域的数据,单击"套用表格格式"按钮并选择第4行第2列的"表样式中等深浅2",即可将选中的样式应用于该区域(图3-17(a))。

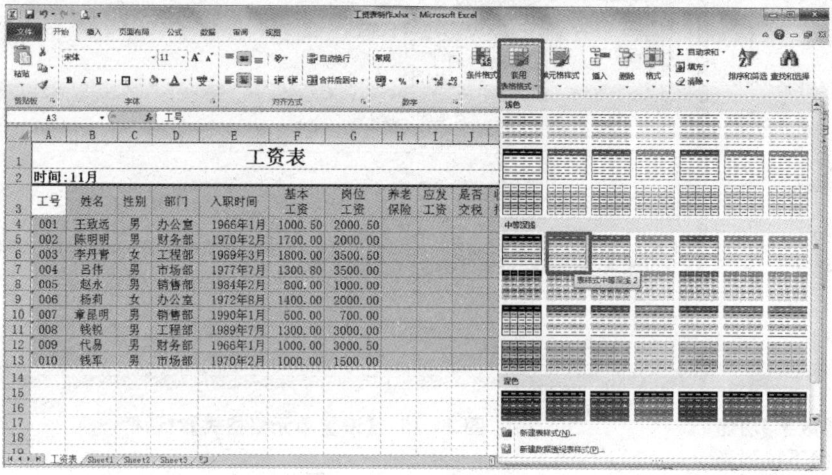

图3-17(a) 套用表格样式(1)

Excel 套用表格样式时,除了将预设的边框和底纹应用于表格,还将样式中预置的计算功能也应用于表格。

在【表格工具|设计】选项卡中可以对表格做进一步的设置(图3-17(b))。勾选"第一列"会将第一列数据加粗显示;勾选"汇总行"会在表格末端自动添加一个汇总行,单击需要汇总数据的单元格,可弹出一个列表给用户选择汇总类型(平均值、记数、求和……)(图3-17(b))。单击"转换为区域"按钮,可将表格转换为普通的单元格区域(图3-17(c))。

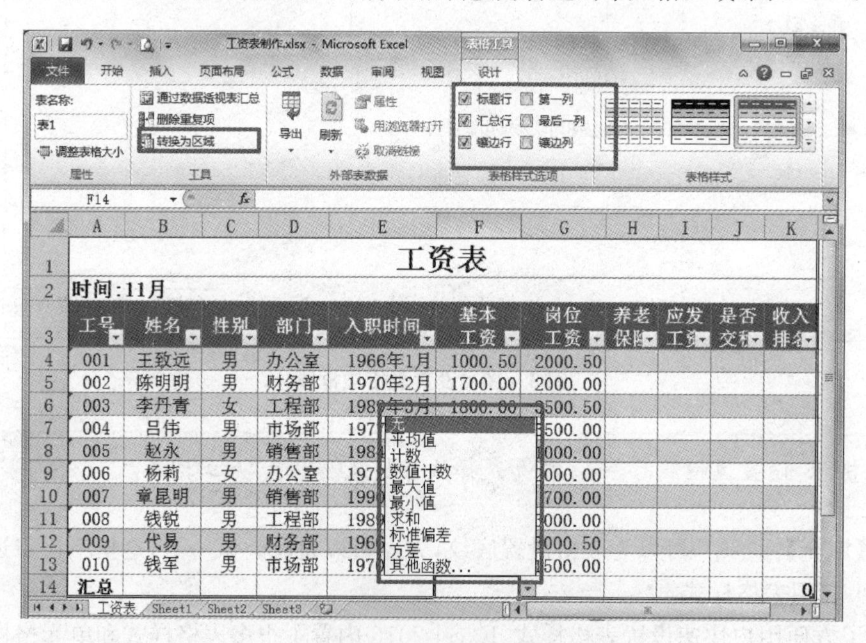

图3-17(b) 套用表格样式(2)

	A	B	C	D	E	F	G	H	I	J	K
1	工资表										
2	时间:11月										
3	工号	姓名	性别	部门	入职时间	基本工资	岗位工资	养老保险	应发工资	是否交税	收入排名
4	001	王致远	男	办公室	1966年1月	1000.50	2000.50				
5	002	陈明明	男	财务部	1970年2月	1700.00	2000.00				
6	003	李丹青	女	工程部	1989年3月	1800.00	3500.50				
7	004	吕伟	男	市场部	1977年7月	1300.80	3500.00				
8	005	赵永	男	销售部	1984年2月	800.00	1000.00				
9	006	杨莉	女	办公室	1972年8月	1400.00	2000.00				
10	007	章昆明	男	销售部	1990年1月	500.00	700.00				
11	008	钱锐	男	工程部	1989年7月	1300.00	3000.00				
12	009	代易	男	财务部	1966年1月	1000.00	3000.50				
13	010	钱军	男	市场部	1970年2月	1000.00	1500.00				

图 3－17(c)　套用表格样式(3)

3. 条件格式

有时为了获取和分辨信息，需要将满足一定条件的数据用特定的格式表示出来，如：将所有不及格的成绩用红色表示，将所有高于平均分的成绩用蓝色背景表示等。Excel 的条件格式功能可以快速完成这些操作。

设定条件格式时，首先需选中要设置条件格式的单元格或区域，然后单击【开始】选项卡中的"条件格式"按钮(图 3－18)，在展开的选项中，有五种类型的条件格式，每一类中又有更细的条件。各种条件格式的含义如下：

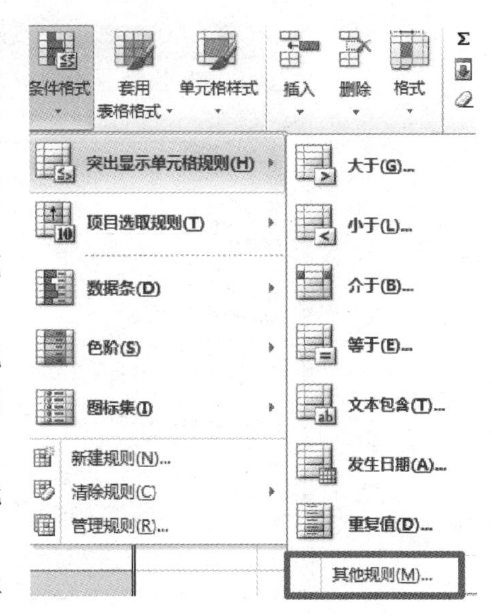

图 3－18　条件格式设置

➢ 突出显示单元格规则：设置大于/小于或包含某一个(单元格)值的规则。
➢ 项目选取规则：设置具有统计条件的规则，如大于/小于平均值、超过或小于 10% 等等。
➢ 数据条：用不同长度的数据条填充单元格，数值越大，数据条的长度越长。
➢ 色阶：用不同颜色的底纹填充单元格，单元格的值相同则填充的底纹色相同。
➢ 图标集：在单元格中标注不同的图标，单元格的值相同则标注的图标相同。

在"工资表"工作表中，若要将基本工资大于或等于 1 500 的用"蓝色、粗体、倾斜"字体显示，基本工资低于 1 000 的用"50%的灰色"图案样式填充，可以按下列步骤操作：

① 选中基本工资的数据区域 F4:F13，单击"条件格式"→"突出显示单元格规则"→"其他规则"命令(图 3－18)，弹出【新建格式规则】对话框中。

② 在【新建格式规则】对话框中，参照图 3－19 设定条件，并单击"格式"按钮，在弹出的

【设定单元格格式】对话框的【字体】选项卡(图3-20)中设置"蓝色、粗体、倾斜"的字体效果。

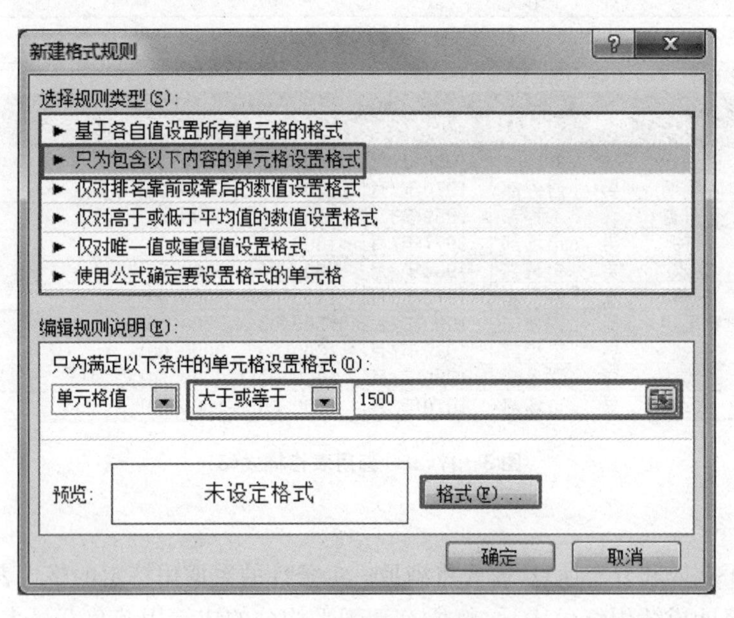

图3-19 【新建格式规则】对话框

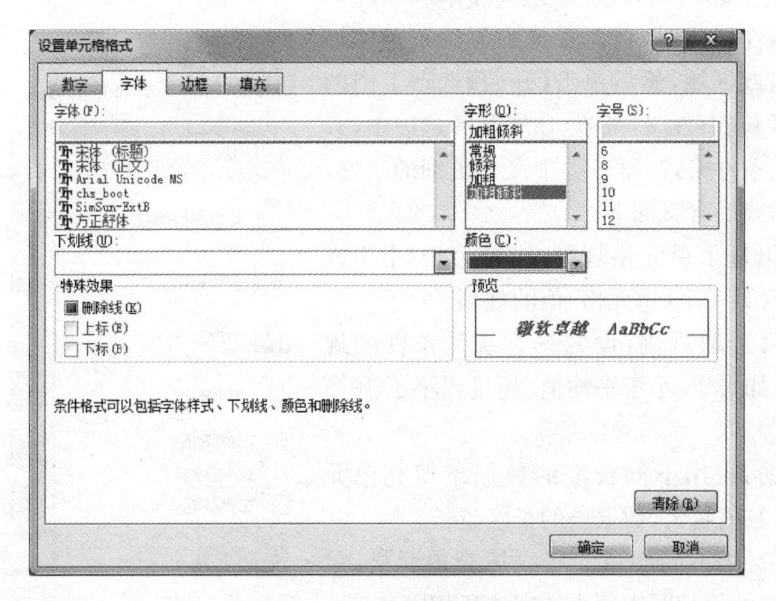

图3-20 设置字体效果

③ 单击"确定"按钮,即可将基本工资大于或等于1 500的用"蓝色、粗体、倾斜"字体显示。

④ 使用类似方法可将基本工资低于1 000的用"50%的灰色"图案样式填充。

设置完成后的效果如图3-21所示。

工资表										
时间:11月										
工号	姓名	性别	部门	入职时间	基本工资	岗位工资	养老保险	应发工资	是否交税	收入排名
001	王致远	男	办公室	1966年1月	1000.50	2000.50				
002	陈明明	男	财务部	1970年2月	*1700.00*	2000.00				
003	李丹青	女	工程部	1989年3月	*1800.00*	3500.50				
004	吕伟	男	市场部	1977年7月	1300.80	3500.00				
005	赵永	男	销售部	1984年2月	800.00	1000.00				
006	杨莉	女	办公室	1972年8月	1400.00	2000.00				
007	章昆明	男	销售部	1990年1月	500.00	700.00				
008	钱锐	男	工程部	1989年7月	1300.00	3000.00				
009	代易	男	财务部	1966年1月	1000.00	3000.50				
010	钱军	男	市场部	1970年2月	1000.00	1500.00				

图 3-21　条件格式设置效果示例

三、实验任务

打开实验一保存的“学号_姓名_学生成绩单.xlsx”工作簿文件，在“平时成绩”工作表中，完成下列任务：

1. 将第一行的 A1:O1 区域合并，设置字体为：宋体、20 号、加粗，并在水平和垂直方向都居中显示；设置第二、三行字体为：宋体、16 号、加粗；其余各行字体为：宋体、16 号。
2. 所有的成绩保留一位小数。
3. 为表格添加边框线，外边框：双实线、蓝色，内边框：单实线，黑色。
4. 使用条件格式，使所有不及格成绩自动用“红色、加粗、倾斜”效果显示。
5. 将“考勤”列的单元格样式设置为“40%－着色 1”。
6. 保存文件，下一实验任务中将再次使用该文件。

设置后的效果如图 3-22 所示。

计算机工程学院学生平时（实验）成绩记录单														
序号	学号	学生姓名	考勤		考勤得分	课堂表现	作业		作业得分	平时成绩	实验			实验成绩
			1	2			1	2			1	2	3	
1	0030501	方洁	√	√	100.0	90.0	85.0	85.0			80.0	85.0	85.0	
2	0030502	王璐	√	√	100.0	80.5	70.0	70.5			70.0	75.5	75.0	
3	0030503	曹真	√	√	100.0	90.0	*0.0*	80.0			85.0	80.0	80.0	
4	0030504	陈佳	√	⊙	90.0	80.0	85.0	80.0			85.0	85.0	80.0	
5	0030505	陈阳	√	√	100.0	90.0	85.5	85.0			85.5	80.0	*20.0*	
6	0030506	邓广晶	√	⊙	90.0	90.0	85.0	85.0			85.0	*0.0*	80.0	
7	0030507	杜锋	√	√	100.0	85.5	85.0	*45.0*			85.0	85.0	85.5	
8	0030508	冯博	√	√	100.0	80.0	80.0	75.0			80.0	80.0	75.0	
9	0030509	高海拔	×	√	80.0	*40.0*	85.0	85.0			80.5	85.0	80.0	
10	0030510	张思成	√	√	100.0	80.0	75.0	75.5			*55.0*	85.0	80.0	

平时成绩

图 3-22　实验任务(二)效果图

实验三 公式及单元格的引用

一、实验目的

1. 掌握 Excel 公式的基本概念和使用方法。
2. 掌握绝对引用、相对引用和混合引用的基本概念和使用方法。

二、操作指导

1. 公式的基本形式

Excel 提供了强大且方便的计算功能，其中最基础的是公式，公式的计算结果会随着单元格内容的变动而自动更新。

公式以“＝”开头，表达式写在等号右边。在“工资表”工作表中，养老保险＝(基本工资＋岗位工资)＊5％；计算时先选中 H4 单元格，然后在单元格(或编辑栏中)中输入公式“＝(F4＋G4)＊5％”，按回车键(或单击编辑栏左侧的✔按钮)即可(图 3－23)。

IF =(F4+G4)*5%

	A	B	C	D	E	F	G	H	I	J	K
1	工资表										
2	时间:11月										
3	工号	姓名	性别	部门	入职时间	基本工资	岗位工资	养老保险	应发工资	是否交税	收入排名
4	001	王致远	男	办公室	1966年1月	1000.50	2000.50	=(F4+G4)*5%			
5	002	陈明明	男	财务部	1970年2月	1700.00	2000.00				
6	003	李丹青	女	工程部	1989年3月	1800.00	3500.50				
7	004	吕伟	男	市场部	1977年7月	1300.80	3500.00				
8	005	赵永	男	销售部	1984年2月	800.00	1000.00				
9	006	杨莉	女	办公室	1972年8月	1400.00	2000.00				
10	007	章昆明	男	销售部	1990年1月	500.00	700.00				
11	008	钱锐	男	工程部	1989年7月	1300.00	3000.00				
12	009	代易	男	财务部	1966年1月	1000.00	3000.50				
13	010	钱军	男	市场部	1970年2月	1000.00	1500.00				

图 3－23 算术运算公式的输入

(1) 公式中的运算符

公式中可以包含各种运算符、常量、变量、函数及被引用的单元格。常用的符号有以下几种：

- 算术运算符：“＋”(加)、“－”(减)、“＊”(乘)、“/”(除)、“％”(百分比)、“^”(乘方)。
- 比较运算符：“＞”(大于)、“＝”(等于)、“＜”(小于)、“＞＝”(大于等于)、“＜＝”(小于等于)、“＜＞”(不等于)，运算结果为“TRUE”或者“FALSE”。
- 文本转接运算符：“&”。

提示：在公式中的标点符号(如逗号、双引号等)一定要用英文输入法下的符号。

(2) 单元格地址和单元格引用

单元格可以用行号和列号来标识，如“A1”单元格，A1 又称为该单元格的地址。

单元格地址有三种表示方法，如 A1 单元格的三种地址格式分别是：

➢ 相对地址：A1，只用行号和列号来表示。

➢ 绝对地址：$A$1，行号和列号前都加 $ 符号。

➢ 混合地址：$A1 或 A$1，在行号或列号前加 $ 符号。

用单元格地址来代替单元格中的具体数据进行计算，称为单元格引用。

根据公式中单元格地址的形式，引用可分为三种：

➢ 相对引用：在公式中用相对地址来表示单元格，如公式“=(F4+G4) * 5%”中的 F4、G4 都属于相对引用。

➢ 绝对引用：在公式中用绝对地址来表示单元格，如公式“=($F$4+ $G$4) * 5%”中的 $F$4、$G$4，都属于绝对引用。

➢ 混合引用：在公式中用混合地址来表示单元格，如公式“=($F4+G$4) * 5%”中的 $F4、G$4，都属于混合引用。

提示：输入时，公式中的单元格地址可直接用键盘输入，也可用鼠标单击对应的单元格获得。若公式中有绝对地址和混合地址，可先输入相对地址，然后将光标放在相对地址处，按下键盘上的F4 键，可实现三种地址格式的转换。

公式中引用的单元格可以位于当前工作表，也可以位于其他工作表，甚至还可以位于其他工作簿。完整的单元格地址表示为：“[工作簿名]工作表名！列号行号”。下面是几个引用的示例：

① 在“book1. xlsx”工作簿的 Sheet2 工作表的 C3 单元格中，计算 Sheet1 工作表中的 A1、B2 单元格的和值。

在 Sheet2 的 C3 单元格输入“=”，再用鼠标单击 Sheet1 工作表中的 A1 单元格，然后输入“+”，再用鼠标单击 Sheet1 工作表中的 B2 单元格，按下 Enter 键(或单击编辑栏左侧的✓按钮)，即可完成输入(图 3-24)。

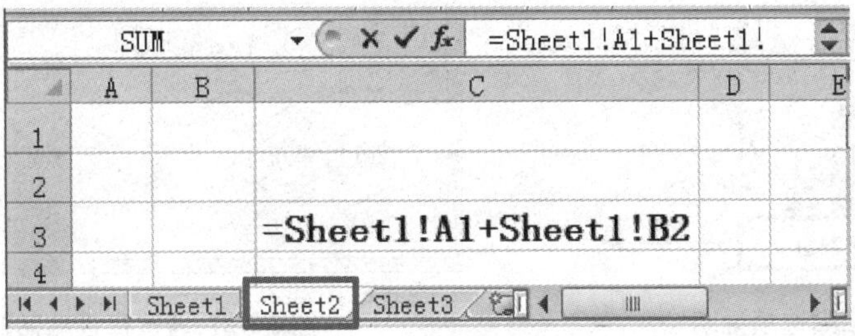

图 3-24 跨表格引用示例

② 在“book1. xlsx”工作簿的Sheet2工作表的C3单元格中,计算工作簿“book2. xlsx”工作簿的Sheet1工作表中的A1、B2单元格的和值。

首先要同时打开工作簿“book1. xlsx”和工作簿“book2. xlsx”。

输入时,可先在要存放结果的单元格中输入“=”,再用鼠标单击工作簿“book2. xlsx”的sheet1工作表中的A1单元格,然后输入“+”,再用鼠标单击工作簿“book2. xlsx”的sheet1工作表中的B2单元格,然后按Enter键(或单击编辑栏左侧的✓按钮),即可完成输入(图2-25)。

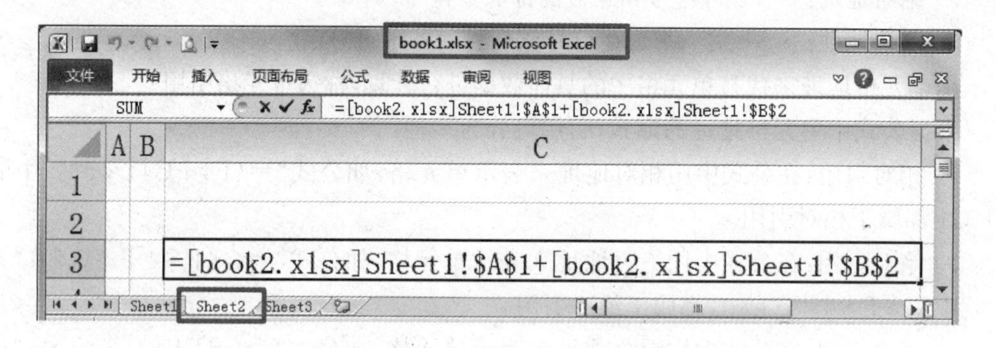

图3-25 跨工作簿引用示例

2. 公式复制

在Excel中,用户不仅可以复制单元格的内容,还可以复制单元格中的格式和公式。

(1) 粘贴和选择性粘贴

选中单元格执行“复制”命令后,执行“粘贴”命令时,会有多个粘贴选项(图3-26),单击不同的按钮,可以粘贴不同的内容。也可以单击底部的“选择性粘贴”命令,弹出【选择性粘贴】对话框(图3-27),对粘贴项做更详细的选择。

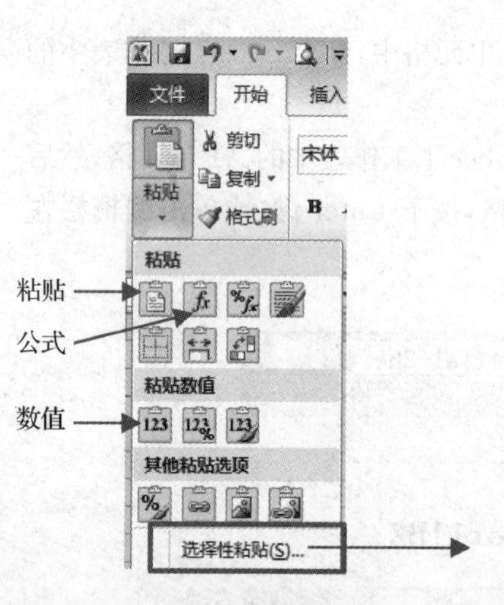

图3-26 粘贴选项说明

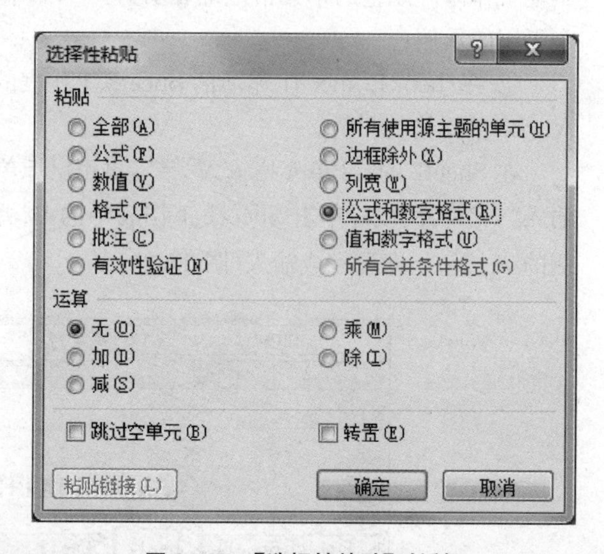

图3-27 【选择性粘贴】对话框

此外,在单元格中输入公式后,向下(或向右)拖动该单元格右下角填充柄,可同时该单元格的复制公式和格式到填充的单元格。

(2) 公式复制时单元格地址的变化

复制公式时,公式中对单元格的三种引用方式,会产生不同的复制效果。

图 3-28 的各图中的 C1 单元格分别用相对地址、绝对地址和混合地址公式计算 A1 和 B2 单元格的和。拖动 C1 单元格右下角的填充柄将公式向下复制,可以看到,复制到 C2、C3 单元格的公式是不同的。

	A	B	C
1			=A1+B1
2			=A2+B2
3			=A3+B3

图 3-28(a) 相对地址的复制

	A	B	C
1			=$A$1+$B$1
2			=$A$1+$B$1
3			=$A$1+$B$1

图 3-28(b) 绝对地址的复制

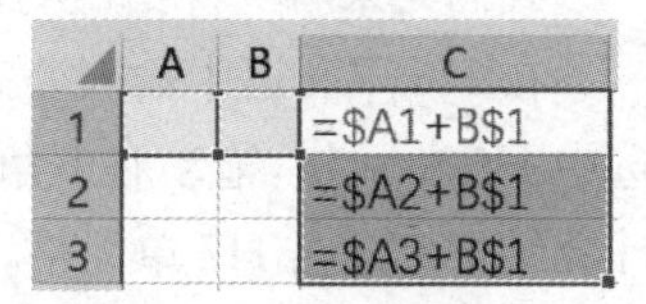

	A	B	C
1			=$A1+B$1
2			=$A2+B$1
3			=$A3+B$1

图 3-28(c) 混合地址的复制

① 图 3-28(a),公式中的相对地址会发生相对变化。

② 图 3-28(b),公式中的绝对地址一直保持不变。

③ 图 3-28(c),混合地址 $ A1 表示列号(A)固定,行号(1)相对,故向下复制时列号保持不变,行号发生相对变化;混合地址 B$1 表示列号(B)相对,行号(1)固定,故向下复制时行号保持不变。

(3) 公式复制示例

① 在"工资表"工作表中,利用公式复制计算所有人的养老保险。

在 H4 单元格中输入公式:"=(F4+G4) * 5%"后,选中 H4 单元格,拖动右下角的填充柄至 H13 单元格,则会自动将公式复制到 H5 至 H13 范围(H5:H13)内的所有单元格,并显示计算结果。

单击【公式】选项卡中的"显示公式"按钮,则会在 H4:H13 区域显示各单元格的计算公式(图 3-29(a))。

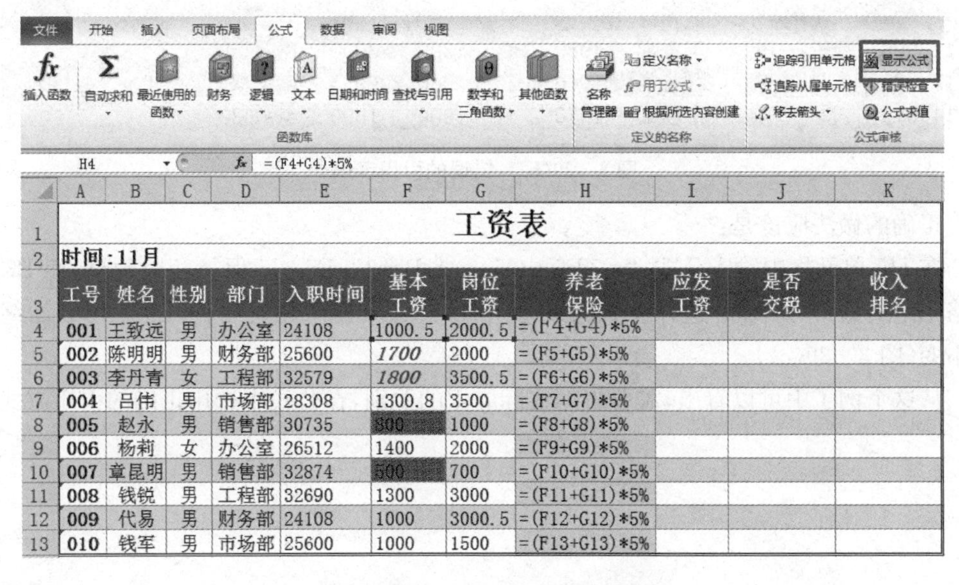

工资表

时间:11月

工号	姓名	性别	部门	入职时间	基本工资	岗位工资	养老保险	应发工资	是否交税	收入排名
001	王致远	男	办公室	24108	1000.5	2000.5	=(F4+G4)*5%			
002	陈明明	男	财务部	25600	1700	2000	=(F5+G5)*5%			
003	李丹青	女	工程部	32579	1800	3500.5	=(F6+G6)*5%			
004	吕伟	男	市场部	28308	1300.8	3500	=(F7+G7)*5%			
005	赵永	男	销售部	30735	800	1000	=(F8+G8)*5%			
006	杨莉	女	办公室	26512	1400	2000	=(F9+G9)*5%			
007	章昆明	男	销售部	32874	500	700	=(F10+G10)*5%			
008	钱锐	男	工程部	32690	1300	3000	=(F11+G11)*5%			
009	代易	男	财务部	24108	1000	3000.5	=(F12+G12)*5%			
010	钱军	男	市场部	25600	1000	1500	=(F13+G13)*5%			

图 3-29(a) 公式复制结果示例

从图中可以看到,由于H4中的公式采用了相对地址(＝F4＋G4)对左侧相邻的两个单元格进行计算,公式向下复制到H5时,公式中的单元格地址会发生相对变化,会用H5单元格左侧相邻的F5、G5单元格替换;复制到H6单元格时,会用H6单元格左侧相邻的F6、G6替换……其余单元格的变化方式一样。

② 将养老保险计算比例5%输入在B3单元格(图3-29(b)),引用B3单元格中的数据,重新计算所有人的养老保险。

我们先来看一种错误的计算方法:

在H5单元格中输入公式:"＝(F5＋G5)＊B3",可正确计算第一个人的养老保险。选中H5单元格,拖动右下角的填充柄至H14单元格,发现H6:H14区域出现了错误的计算结果。双击H7单元格,可以看到H7单元格中的公式是:"＝(F7＋G7)＊B5",B5单元格中是一个人的姓名,不是我们需要的比例数值。原因在于,公式:"＝(F5＋G5)＊B3"中的地址都是相对地址,向下复制时地址都发生可相对变化,F5、G5变成F7、G7是必要的,而B3变成B5是不必要的,我们期望的是,无论将公式复制到哪里,对B3的引用应该保持不变(图3-29(b))。

	A	B	C	D	E	F	G	H	I	J	K
1	工资表										
2	时间:11月										
3	比例	5%									
4	工号	姓名	性别	部门	入职时间	基本工资	岗位工资	养老保险	应发工资	是否交税	收入排名
5	001	王致远	男	办公室	1966-1-1	1000.5	2000.5	150.05			
6	002	陈明明	男	财务部	1970-2-1	1700	2000	#VALUE!			
7	003	李丹青	女	工程部	1989-3-12	1800	3500.5	=(F7+G7)*B5			
8	004	吕伟	男	市场部	1977-7-2	1300.8	3500	#VALUE!			
9	005	赵永	男	销售部	1984-2-23	800	1000	#VALUE!			
10	006	杨莉	女	办公室	1972-8-1	1400	2000	#VALUE!			
11	007	章昆明	男	销售部	1990-1-1	500	700	#VALUE!			
12	008	钱锐	男	工程部	1989-7-1	1300	3000	#VALUE!			
13	009	代易	男	财务部	1966-1-1	1000	3000.5	#VALUE!			
14	010	钱军	男	市场部	1970-2-1	1000	1500	#VALUE!			

图3-29(b) 错误的引用示例

正确的做法应该是:

在H5单元格中输入公式:"＝(F5＋G5)＊$B$3",F5、G5保持相对地址,而B3单元格用绝对地址$B$3,这样公式向下复制时,F5、G5发生相对变化,而$B$3始终保持不变(图3-29(c))。

从这个例子中可以看出,需要根据实际应用的差别,在公式中选用正确的引用方式。

	A	B	C	D	E	F	G	H	I	J	K
1	工资表										
2	时间:11月										
3	比例	5%									
4	工号	姓名	性别	部门	入职时间	基本工资	岗位工资	养老保险	应发工资	是否交税	收入排名
5	001	王致远	男	办公室	1966-1-1	1000.5	2000.5	150.05			
6	002	陈明明	男	财务部	1970-2-1	1700	2000	185			
7	003	李丹青	女	工程部	1989-3-12	1800	3500.5	=(F7+G7)*$B$3			
8	004	吕伟	男	市场部	1977-7-2	1300.8	3500	240.04			
9	005	赵永	男	销售部	1984-2-23	800	1000	90			
10	006	杨莉	女	办公室	1972-8-1	1400	2000	170			
11	007	章昆明	男	销售部	1990-1-1	500	700	60			
12	008	钱锐	男	工程部	1989-7-1	1300	3000	215			
13	009	代易	男	财务部	1966-1-1	1000	3000.5	200.025			
14	010	钱军	男	市场部	1970-2-1	1000	1500	125			

图 3-29(c)　正确的引用示例

三、实验任务

1. 打开 实验二保存的“学号_姓名_学生成绩单.xlsx”工作簿文件，在“平时成绩”工作表中，完成下列任务：

(1) 用公式:作业得分=(作业 1+作业 2)/2,计算每个同学的作业得分。

(2) 用公式:平时成绩=(考勤得分+课堂表现+作业得分)/3,计算每个同学的平时成绩。

(3) 用公式:实验成绩=(实验 1+实验 2+实验 3)/3,计算每个同学的实验成绩，计算后的效果如图 3-30(a)所示。

	A	B	C	D	E	F	G	H	I	J	K	L	M	N	O
1	计算机工程学院学生平时（实验）成绩记录单														
2	序号	学号	学生姓名	考勤		考勤得分	课堂表现	作业		作业得分	平时成绩	实验			实验成绩
3				1	2			1	2			1	2	3	
4	1	0030501	方洁	√	√	100.0	90.0	85.0	85.0	85.0	91.7	80.0	85.0	85.0	83.3
5	2	0030502	王璐	√	√	100.0	80.5	70.0	70.5	70.3	83.6	70.0	75.5	75.0	73.5
6	3	0030503	曹真	√	√	100.0	90.0	*0.0*	80.0	*40.0*	76.7	85.0	80.0	80.0	81.7
7	4	0030504	陈佳	√	⊙	90.0	80.0	85.0	80.0	82.5	84.2	85.0	85.0	80.0	83.3
8	5	0030505	陈阳	√	√	100.0	90.0	85.5	85.0	85.3	91.8	85.5	80.0	*20.0*	61.8
9	6	0030506	邓广晶	√	⊙	90.0	90.0	85.0	85.0	85.0	88.3	85.0	*0.0*	80.0	*55.0*
10	7	0030507	杜锋	√	√	100.0	85.5	85.0	*45.0*	65.0	83.5	85.0	85.0	85.5	85.2
11	8	0030508	冯博	√	√	100.0	80.0	80.0	75.0	77.5	85.8	80.0	80.0	75.0	78.3
12	9	0030509	高海拔	×	√	80.0	*40.0*	85.0	85.0	85.0	68.3	80.5	85.0	80.0	81.8
13	10	0030510	张思成	√	√	100.0	80.0	75.0	75.5	75.3	85.1	*55.0*	85.0	80.0	73.3
14															

平时成绩

图 3-30(a)　实验任务(三)效果(1)

2. 新建“期末成绩”工作表，参照“平时成绩”工作表设置格式，并完成下列任务：

(1) 在“期末成绩”工作表中的“期末考试”列中依次输入数据:80、89、67.5、71、43、63、71.5、13、74.5、71(图 3-30(b))。

A5 =平时成绩!A4

	A	B	C	D	E	F	G	H	I
1	计算机工程学院学生成绩记录单								
2					课程	C语言	班级	软件131	
3	平时占比：	30%	期末占比：	70%					
4	序号	学号	学生姓名	平时成绩	实验成绩	平时总评	期末考试	总评	是否补考
5	1						80		
6							89		
7							67.5		
8							71		
9							43		
10							63		
11							71.5		
12							13		
13							74.5		
14							71		

先向右，后向下拖动
填充柄到D14单元格

平时成绩 | 期末成绩

图3-30(b) 实验任务(三)效果(2)

(2) 在“期末成绩”工作表的“序号”“学号”“学生姓名”“平时成绩”和“实验成绩”列中，引用“平时成绩”工作表中对应字段的值。

提示：引用可以使“期末成绩表”中的数据与“平时成绩”表中的数据同步变化，而复制不可以。引用的操作方法如下：

① 在“期末成绩”工作表的A5单元格输入“＝”，然后单击“平时成绩”工作表中的A4单元格，并按回车键，则在A5单元格出现公式“＝平时成绩！A4”。拖动A5单元格右下角的填充柄至C14单元格，则可完成“序号”“学号”“学生姓名”三个字段值的引用(图3-30(b))。

② 在“期末成绩”工作表的D5单元格输入“＝”，然后单击“平时成绩”工作表中的K4单元格，并按回车键，则在D5单元格出现公式“＝平时成绩！K4”，拖动D5单元格右下角的填充柄至D14单元格，则可完成“平时成绩”字段值的引用。

③ 参照上述方法完成“期末成绩”工作表中“实验成绩”字段的引用。

④ 在“平时成绩”工作表中将最后一个学员的姓名“张思成”改成“张思晨”，观察“期末成绩”工作表中对应的数据是否发生变化。

(3) 在“期末成绩”工作表中用公式：期末占比＝1－平时占比，计算期末占比。(30%单独输入在B3单元格)

(4) 在“期末成绩”工作表中用公式：平时总评＝(平时成绩＋实验成绩)/2，计算每个人的平时总评。

(5) 在“期末成绩”工作表中用公式：总评＝平时总评 * 平时占比＋期末考试 * 期末占比，计算每个人的总评成绩。计算后的结果如图3-30(c)所示。

I5　　=C5*$C$3+H5*$E$3

	B	C	D	E	F	G	H	I
1	计算机工程学院学生成绩记录单							
2					课程	C语言	班级	软件131
3	平时占比:	30%	期末占比:	70%				
4	序号	学号	学生姓名	平时成绩	实验成绩	平时总评	期末考试	总评
5	1	0030501	方洁	91.7	83.3	87.5	80.0	82.3
6	2	0030502	王璐	83.6	73.5	78.5	89.0	85.9
7	3	0030503	曹真	76.7	81.7	79.2	67.5	71.0
8	4	0030504	陈佳	84.2	83.3	83.8	71.0	74.8
9	5	0030505	陈阳	91.8	61.8	76.8	*43.0*	*53.1*
10	6	0030506	邓广晶	88.3	*55.0*	71.7	63.0	65.6
11	7	0030507	杜锋	83.5	85.2	84.3	71.5	75.4
12	8	0030508	冯博	85.8	78.3	82.1	*13.0*	*33.7*
13	9	0030509	高海拔	68.3	81.8	75.1	74.5	74.7
14	10	0030510	张思成	85.1	73.3	79.2	71.0	73.5

平时成绩　期末成绩

图 3-30(c)　实验任务(三)效果(3)

3. 将“平时占比”改为 40%，观察总评成绩是否正确，如果不正确，请找出原因。保存文件，下一实验任务中将再次使用此文件。

实验四 常用函数的应用

一、实验目的

1. 掌握 Excel 函数的基本概念。
2. 掌握 Excel 基本函数的使用方法。

二、操作指导

1. 函数简介

函数是 Excel 提供给用户的事先设计好的公式,如对 A1:B2 区域和 C3:C4 区域的数据求和,可以用公式:"=A1+B1+A2+B2+C3+C4",也可以用 Excel 提供的求和函数:"=SUM(A1:B2,C3:C4)"实现。函数是一种特殊的公式,它们都必须以"="开始,公式中可以包含函数。

D4 fx =SUM(A1:B2,C3:C4)

	A	B	C	D
1	1	2		
2	2	4		
3			5	=A1+B1+A2+B2+C3+C4
4			6	=SUM(A1:B2,C3:C4)

图 3-31 函数和公式示例

函数的基本形式是:函数名(参数)。如在函数 SUM(A1:B2,C3:C4)中,SUM 是求和函数的函数名,括号中的 A1:B2 和 C3:C4 是它的参数,也是参加求和的数据对象。

函数参数中常用到下列运算符:

➢ ":"区域运算符。如"A1:B2",表示以 A1 为左上角,B2 为右下角的矩形区域。

➢ ","联合运算符。将多个引用合并为一个引用,如"A1:B2,C3:C4",表示从 A1 到 B2 的矩形区域以及 C3 到 C4 的矩形区域。

➢ ""(空格)交叉运算符。指几个单元格区域所共有的单元格,如"A5:F5 C3:C7"的共有单元格为 C5。

2. 函数输入

Excel【公式】选项卡的【函数库】功能组分类列出了各类函数(图 3-32)。

图 3-32 【公式】选项卡【函数库】功能组

若要在 D4 单元格中输入公式"＝SUM(A1:B2,C3:C4)"可按下列步骤操作：

① 将光标放在 D4 单元格，在"自动求和"类别下单击"求和"命令，D4 单元格中会插入 SUM 函数。

② 用鼠标选中 A1:B2 区域，参数 A1:B2 会替换函数中的原有参数。

③ 输入逗号","(英文输入法)。

④ 用鼠标选中 C3:C4 区域，参数 C3:C4 加入函数成为第 2 个参数。

⑤ 按 Enter 键(或单击编辑栏左侧的✔按钮)，即可完成输入。

提示：输入过程中如果发生错误，按 Esc 键(或单击编辑栏左侧的✘按钮)即可取消输入。

还可以单击【公式】选项卡中的"插入函数"按钮，在弹出的【插入函数】对话框中选择函数(图 3-33)。

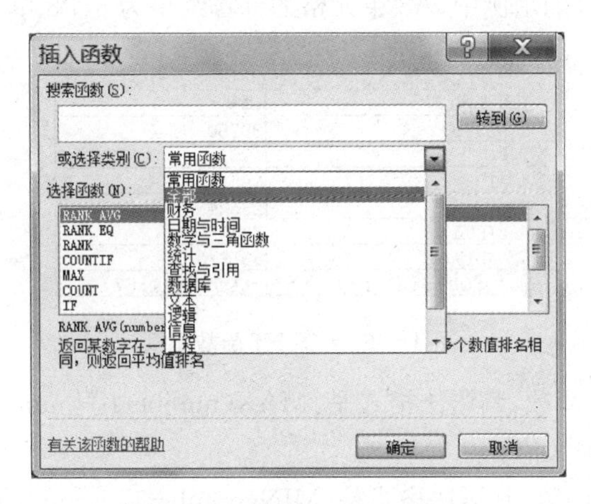

图 3-33 【插入函数】对话框

在"选择类别"列表中选择类别后，"选择函数"列表中会列出该类别下的所有函数，双击要插入的函数名，则可打开【函数参数】对话框(图 3-34)。

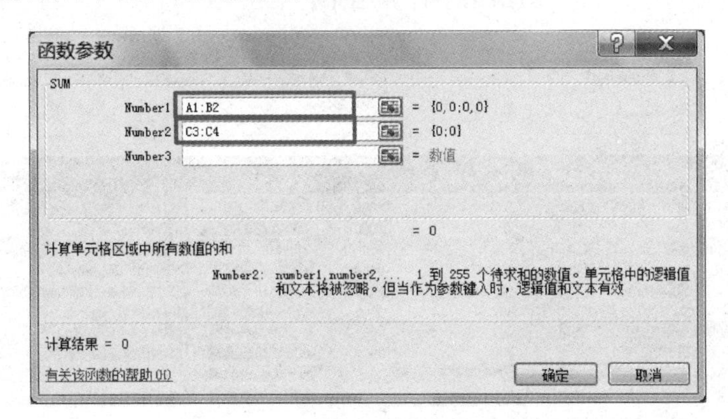

图 3-34 【函数参数】对话框

【函数参数】对话框主要用来输入函数参数。函数不同，参数框的含义和个数也不相同;将光标放在参数框中,再用鼠标选择单元格或单元格区域即可将它们放入参数框。

3. 常用函数

Excel 函数非常多,下面我们只介绍一些常用的函数。在【插入函数】对话框(图 3-33)的下方,可点击查看每个函数的帮助文档。

(1) SUM、AVERAGE、COUNT、MAX 和 MIN 函数

SUM 是常用的求和函数,语法格式是:SUM(number1,[number2],…),其基本功能是对括号中的参数进行求和运算,参数从 number1、number2… number255,最多可以有 255 个参数,用方括号[]标出的参数表示是可选参数,有或没有均可。

AVERAGE 是求平均值函数,其语法格式是:AVERAGE(number1, [number2], …),其基本功能是对括号中的参数进行平均值运算。

COUNT 是数字计数函数,其语法格式是:COUNT(value1, [value2], …),其基本功能是统计参数中包含的数字类型数据的个数。需要注意的是:数字、日期类参数都参加个数统计。在图 3-35 的示例中,A8 单元格的计算结果为 3,B8 单元格的计算结果为 2。

	A	B
1	销售	销售
2	39790	39790
3		
4	19	19
5	22.24	22.24
6	TRUE	TRUE
7	#DIV/0!	#DIV/0!
8	**=COUNT(A1:A7)**	**=COUNT(B4:B7)**

图 3-35 COUNT 函数示例

MAX 是求最大值函数,其语法格式是:MAX(number1, [number2], …),其基本功能是求括号中参数的最大值。

MIN 是求最小值函数,其语法格式是:MIN(number1, [number2], …),其基本功能是求括号中参数的最小值。

"工资表"工作表中,应发工资=基本工资+岗位工资-养老保险,图 3-36(a)给出了各计算项的公式,图 3-36(b)给出了计算结果。

	A	B	C	D	E	F	G	H	I	J	K
1						工资表					
2	时间:11月										
3	比例	0.05									
4	工号	姓名	性别	部门	入职时间	基本工资	岗位工资	养老保险	应发工资	是否交税	收入排名
5	001	王致远	男	办公室	24108	1000.5	2000.5	=(F5+G5)*$B$3	=SUM(F5:G5)-H5		
6	002	陈明明	男	财务部	25600	1700	2000	=(F6+G6)*$B$3	=SUM(F6:G6)-H6		
7	003	李丹青	女	工程部	32579	1800	3500.5	=(F7+G7)*$B$3	=SUM(F7:G7)-H7		
8	004	吕伟	男	市场部	28308	1300.8	3500	=(F8+G8)*$B$3	=SUM(F8:G8)-H8		
9	005	赵水	男	销售部	30735	800	1000	=(F9+G9)*$B$3	=SUM(F9:G9)-H9		
10	006	杨莉	女	办公室	26512	1400	2000	=(F10+G10)*$B$3	=SUM(F10:G10)-H10		
11	007	章昆明	男	销售部	32874	500	700	=(F11+G11)*$B$3	=SUM(F11:G11)-H11		
12	008	钱锐	男	工程部	32690	1300	3000	=(F12+G12)*$B$3	=SUM(F12:G12)-H12		
13	009	代易	男	财务部	24108	1000	3000.5	=(F13+G13)*$B$3	=SUM(F13:G13)-H13		
14	010	钱军	男	市场部	25600	1000	1500	=(F14+G14)*$B$3	=SUM(F14:G14)-H14		
15			最高值			=MAX(F5:F14)					
16			最低值			=MIN(F5:F14)					
17			平均数			=AVERAGE(F5:F14)					
18			总人数			=COUNT(F5:F14)					

图 3-36(a) 工资表的计算公式示例

	A	B	C	D	E	F	G	H	I	J	K
1	工资表										
2	时间:11月										
3	比例	5%									
4	工号	姓名	性别	部门	入职时间	基本工资	岗位工资	养老保险	应发工资	是否交税	收入排名
5	001	王致远	男	办公室	1966-1-1	1000.50	2000.50	150.05	2850.95		
6	002	陈明明	男	财务部	1970-2-1	*1700.00*	2000.00	185.00	3515.00		
7	003	李丹青	女	工程部	1989-3-12	*1800.00*	3500.50	265.03	5035.48		
8	004	吕伟	男	市场部	1977-7-2	1300.80	3500.00	240.04	4560.76		
9	005	赵永	男	销售部	1984-2-23	800.00	1000.00	90.00	1710.00		
10	006	杨莉	女	办公室	1972-8-1	1400.00	2000.00	170.00	3230.00		
11	007	章昆明	男	销售部	1990-1-1	500.00	700.00	60.00	1140.00		
12	008	钱锐	男	工程部	1989-7-1	1300.00	3000.00	215.00	4085.00		
13	009	代易	男	财务部	1966-1-1	1000.00	3000.50	200.03	3800.48		
14	010	钱军	男	市场部	1970-2-1	1000.00	1500.00	125.00	2375.00		
15	最高值					1800.00	3500.50	265.03	5035.48		
16	最低值					500.00	700.00	60.00	1140.00		
17	平均数					1180.13	2220.15	170.01	3230.27		
18	总人数					10					

图 3-36(b) 工资表的计算结果示例

(2) IF 函数

有时需要根据是否满足某个条件分别给出不同的结果。如在“工资表”工作表中，员工的“应发工资”大于等于 3500 时，“是否交税”列的值为“是”，否则为空。

这种根据某个条件是否成立来给出不同结果的计算要用到 IF 函数。IF 函数的语法格式是：IF(logical_test, [value_if_true], [value_if_false])，第一个参数 logical_test 是一个条件表达式，第二个参数 value_if_true 是当条件表达式成立时的结果，第三个参数 value_if_false 是当条件表达式不成立时对应的结果。

如要在“工资表”工作表中用函数来判断某人是否需要缴税，可按下列步骤操作：

① 将光标放在 J5 单元格，在【公式】选项卡的“逻辑”类别下单击“IF”函数，则会弹出图 3-37 所示的【函数参数】对话框。

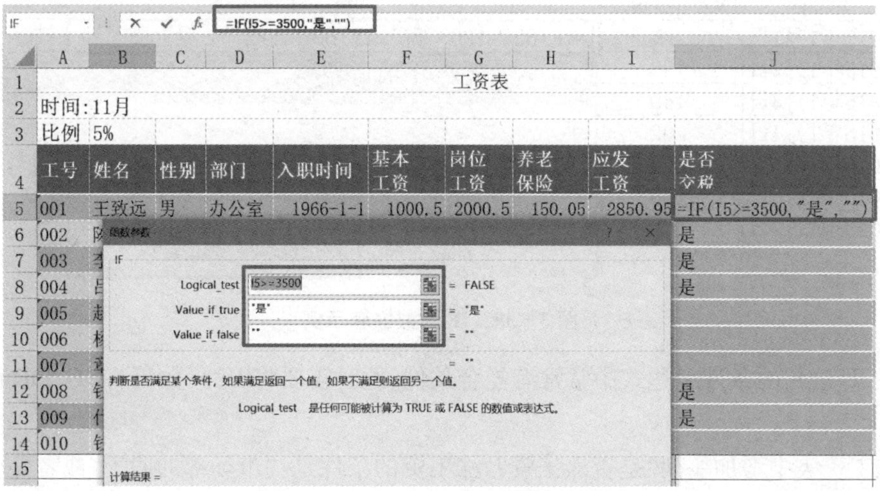

IF =IF(I5>=3500,"是","")

	A	B	C	D	E	F	G	H	I	J
1	工资表									
2	时间:11月									
3	比例	5%								
4	工号	姓名	性别	部门	入职时间	基本工资	岗位工资	养老保险	应发工资	是否交税
5	001	王致远	男	办公室	1966-1-1	1000.5	2000.5	150.05	2850.95	=IF(I5>=3500,"是","")
6	002									是
7	003									是
8	004									是
9	005									
10	006									
11	007									
12	008									是
13	009									是
14	010									
15										

函数参数

IF

Logical_test I5>=3500 = FALSE

Value_if_true "是" = "是"

Value_if_false "" = ""

= ""

判断是否满足某个条件，如果满足返回一个值，如果不满足则返回另一个值。

Logical_test 是任何可能被计算为 TRUE 或 FALSE 的数值或表达式。

计算结果 =

图 3-37 IF 函数输入及使用示例

② 将光标放到 logical_test 参数框内,输入:I5＞＝3500(＞＝符号在英文输入法下输入)。

③ 将光标放到 value_if_true 参数框,输入:"是"。

④ 将光标放到 value_if_false 参数框,输入:""(只有英文的双引号)。

⑤ 按 Enter 键(或单击编辑栏左侧的✔按钮)。

⑥ 选中 J5 单元格,向下拖动右下角的填充柄,复制公式完成其他人员的计算。

若遇到的问题结果超过两个,就需要用IF 语句的嵌套来判断并给出结果。

假设按照表 3－1 来划分空气质量等级,在图 3－38 所示的表格中,根据 PM2.5 指数,用函数计算相应的空气质量等级。

表 3－1　PM2.5 指数与空气等级关系表

PM2.5 指数	空气等级
小于等于 100	好
101 和 200 之间	一般
大于等于 201	差

首先将光标放在 C2 单元格,在【公式】选项卡的"逻辑"类别下单击"IF"函数,弹出【函数参数】对话框。当"B2＜＝100"的条件满足时,对应的值为"好";当条件不成立时,会有两种可能,需进一步用新的 IF 函数判断,这样在 value_if_false 参数中又包含了另一个 IF 函数,称为函数的嵌套。单击"确定"按钮。即可完成输入。

嵌套的 if 函数需用户在"函数参数"对话框中手动输入,所有的符号(逗号、双引号、小于号、等于号)都要在英文输入法下输入(图 3－38)。

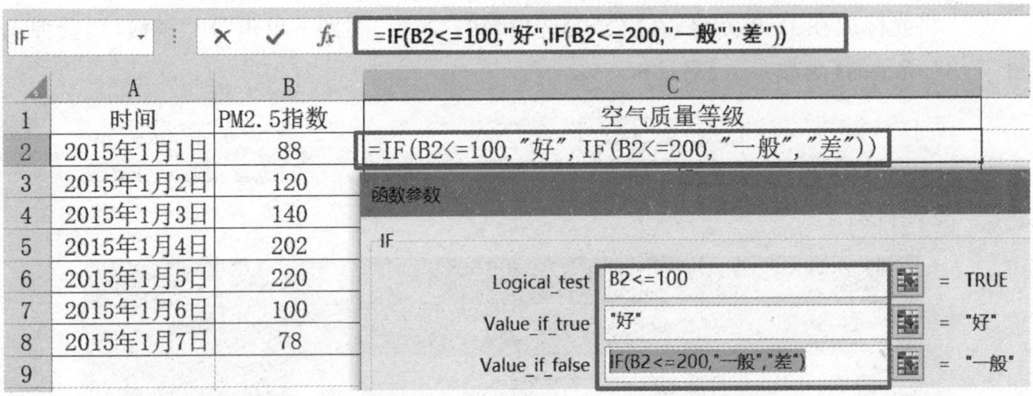

图 3－38　IF 函数嵌套示例

在 IF 语句的条件表达式中常常有复合条件,此时需要将 IF 函数与 AND、OR 函数连用。

在工资表中增加一列"是否涨工资",涨工资的条件是:"市场部的职工,或者是应发工资低于 3 000 的职工",此时的条件表达式需要用 OR 函数来描述:OR(D5＝"市场部",I5＜3000);;如果该条件满足,IF 函数的结果为"yes",否则为空(图 3－39)。

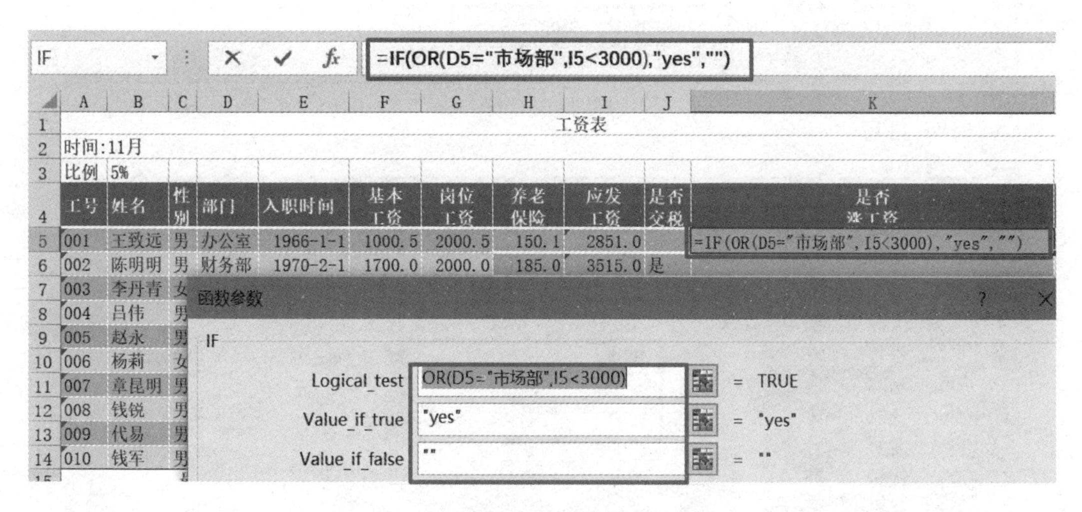

图 3－39　IF 与 OR 函数连用示例

若涨工资的条件是:“1980 年以前入职的,并且工资低于 3 000 的职工”,此时的条件表达式需要用 AND 函数来描述:AND(E5＜Date(1980,1,1),I5＜3000),由于涉及日期的比较,需要用 DATE 函数将数字转换为日期 DATE(1980,1,1)(图 3－40)。

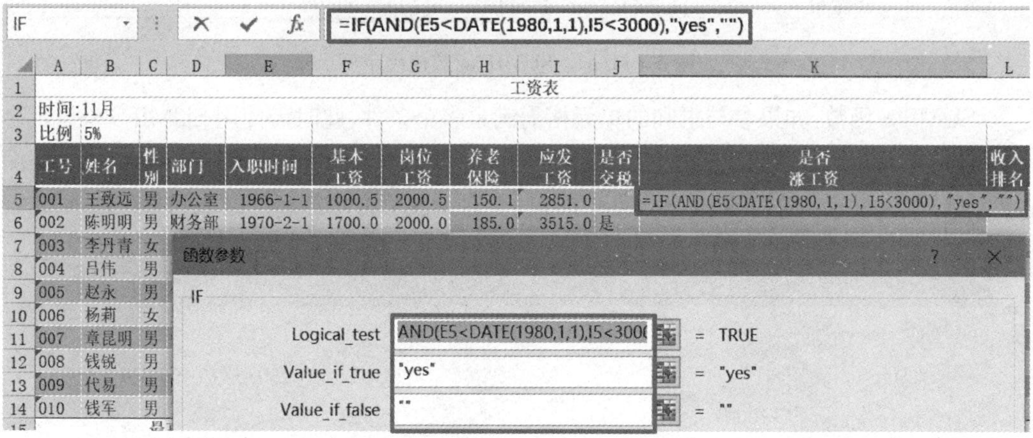

图 3－40　IF 与 AND 函数连用示例

(3) SUMIF、SUMIFS 和 COUNTIF、COUNTIFS 函数

SUMIF 函数对区域中符合指定条件的值求和,语法格式是:SUMIF(range, criteria,[sum_range])。第一个参数 range 是需要求和的数据区域,第二个参数 criteria 是必须满足的条件,第三个参数 sum_range 常省略不用。如对“F5:F14”区域数值超过 1 000 的数据求和”,可以用公式“＝SUMIF(F5:F14,"＞1000")”。

如规定应发工资超过 3500 时需要缴税,在 F20 单元格统计所有需缴税人员应发工资的总和参照图 3－41(a)填写函数参数即可完成计算。

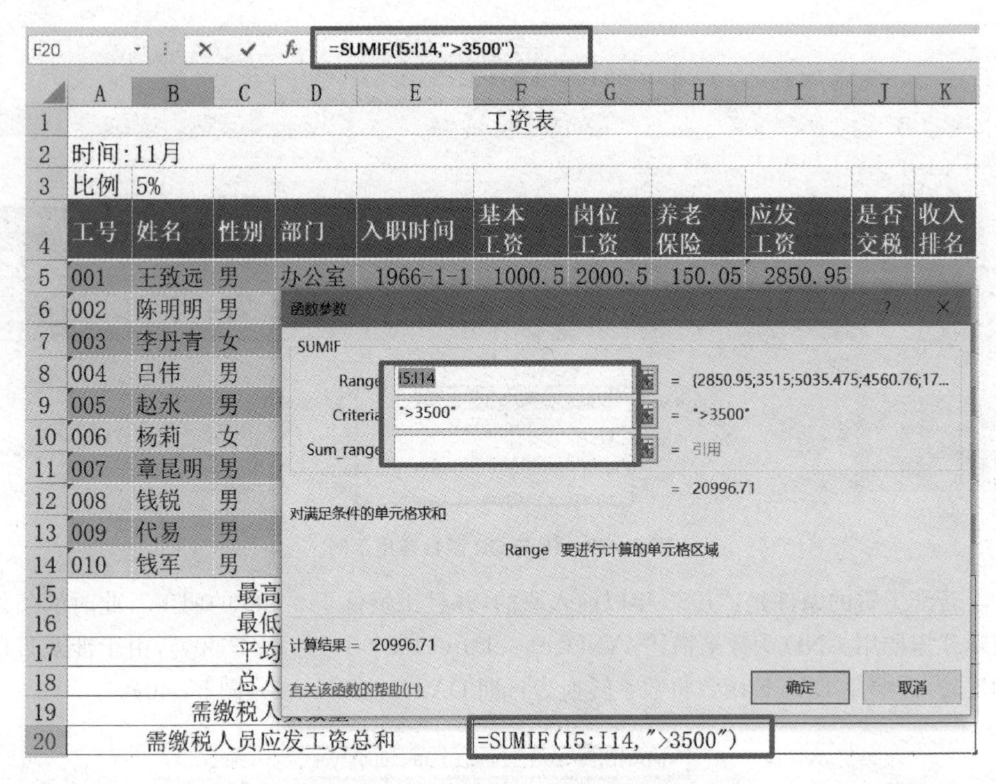

图 3-41(a) SUMIF 函数使用示例

SUMIFS 函数:如果参与求和的单元格需满足多个条件,此时需使用 SUMIFS 来设定多个条件的单元格。如果要统计应发工资大于 3 000 且小于 5 000 的人员工资总和,可参照图 3-41(b)完成设置(输入第一个区域和条件后会自动在下方增加新的区域和条件输入框)。

函数参数

SUMIFS

Sum_range I5:I14 = {2850.95;3515;5035.475;4560.76;...

Criteria_range1 ">3000" = ">3000"

Criteria1 I5:I14 = I5:I14

Criteria_range2 "<5000" = "<5000"

Criteria2 = 任意

=

对一组给定条件指定的单元格求和

Criteria2: 是数字、表达式或文本形式的条件,它定义了单元格求和的范围

计算结果 =

有关该函数的帮助(H) 确定 取消

图 3-41(b) SUMIFS 函数使用示例

COUNTIF 函数统计区域中符合指定条件的单元格数量。

如在 F19 单元格中统计需缴税人员的个数，实际上就是统计“是否交税”字段(J5:J14 区域的数据)值为“是”的个数，参照图 3-42 填写函数参数即可完成计算。

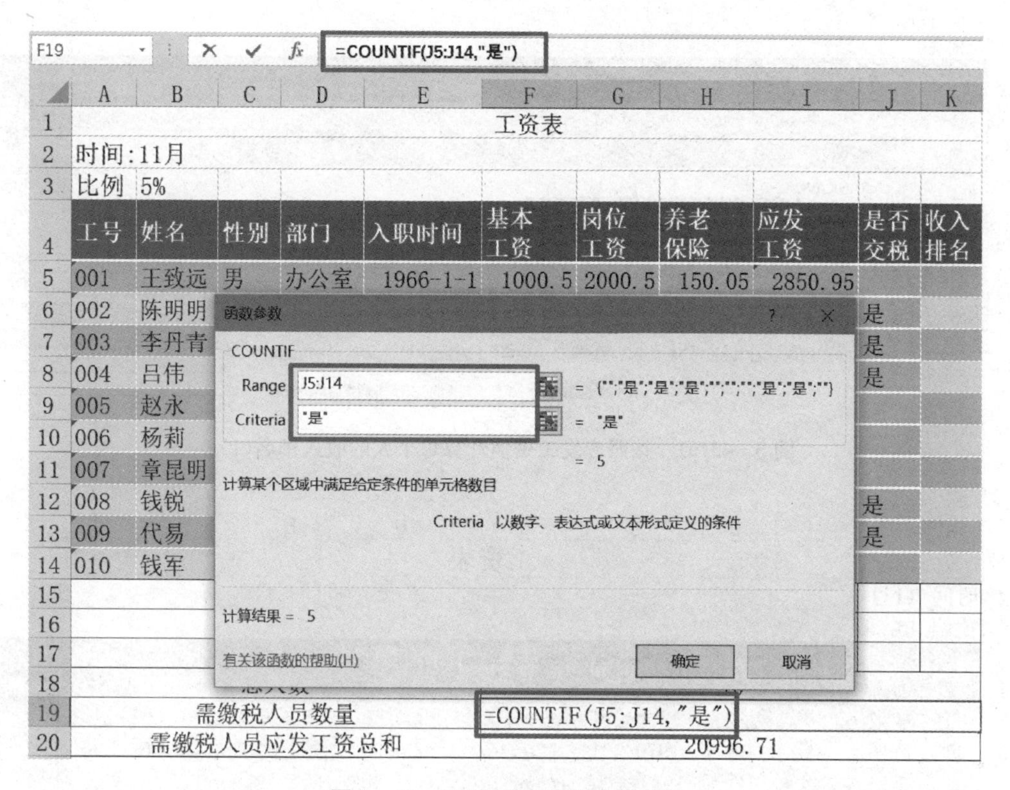

图 3-42 COUNTIF 函数使用示例

COUNTIFS 函数：如果要计数的单元格需满足多个条件，此时需使用 COUNTIFS 来设定多个条件的单元格，与 SUMIFS 函数类似，可参照图 3-41(b)。

(4) RANK. AVG 函数

RANK. AVG 函数在早期版本中被称为 Rank 函数，用来计算某数字在数字列表中的排位。语法格式是：RANK. AVG(number, ref, [order])，第一个参数 number 是要计算排位的数字；第二个参数 ref 是数字要比较的数字列表；第三个参数 order 是一个可选数字，若 order 为 0(零)或省略，则按从大到小顺序(降序)确定数字的排位，若 order 不为零，则按从小到大顺序(升序)确定排序数字的排位。

如在“工资表”工作表的“收入排名”字段，根据每个人的应发工资值计算收入排名，收入高的排名在前面，收入低的排名在后面(降序排)，可按下列方式操作：

将光标放在 K5 单元格，在【公式】选项卡的“其他函数”→“统计”类别下单击“RANK. AVG”函数，弹出【函数参数】对话框，参照图 3-43(a)在对话框中输入参数。I5 是要计算排位的数字，$I$5:$I$14(绝对地址)是要比较的数字列表，计算结果如图 3-43(b)所示。

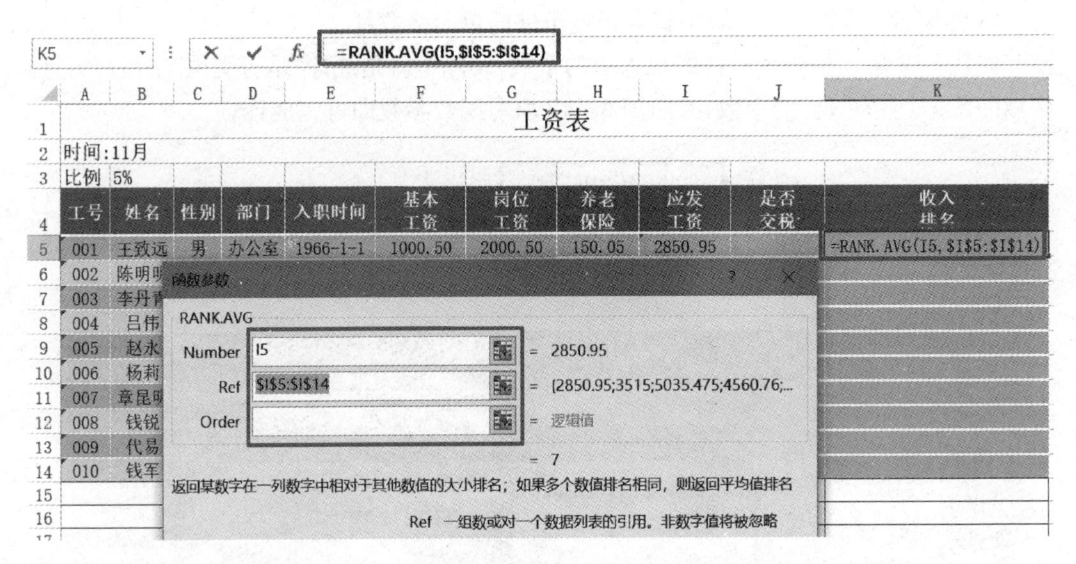

图 3-43(a) 按照应发工资值计算每个人的收入排名(1)

	A	B	C	D	E	F	G	H	I	J	K
1	工资表										
2	时间:11月										
3	比例	5%									
4	工号	姓名	性别	部门	入职时间	基本工资	岗位工资	养老保险	应发工资	是否交税	收入排名
5	001	王致远	男	办公室	1966-1-1	1000.50	2000.50	150.05	2850.95		7
6	002	陈明明	男	财务部	1970-2-1	*1700.00*	2000.00	185.00	3515.00	是	5
7	003	李丹青	女	工程部	1989-3-12	*1800.00*	3500.50	265.03	5035.48	是	1
8	004	吕伟	男	市场部	1977-7-2	1300.80	3500.00	240.04	4560.76	是	2
9	005	赵永	男	销售部	1984-2-23	800.00	1000.00	90.00	1710.00		9
10	006	杨莉	女	办公室	1972-8-1	1400.00	2000.00	170.00	3230.00		6
11	007	章昆明	男	销售部	1990-1-1	500.00	700.00	60.00	1140.00		10
12	008	钱锐	男	工程部	1989-7-1	1300.00	3000.00	215.00	4085.00	是	3
13	009	代易	男	财务部	1966-1-1	1000.00	3000.50	200.03	3800.48	是	4
14	010	钱军	男	市场部	1970-2-1	1000.00	1500.00	125.00	2375.00		8
15	最高值					1800.00	3500.50	265.03	5035.48		
16	最低值					500.00	700.00	60.00	1140.00		
17	平均数					1180.13	2220.15	170.01	3230.27		
18	总人数					10					
19	需缴税人员数量					5					
20	需缴税人员应发工资总和					20996.71					

图 3-43(b) 按照应发工资值计算每个人的收入排名(2)

注意:公式向下复制时,$I$4:$I$13 区域地址要保持不变,故一定要用绝对地址。

(5) VLOOKUP 函数

VLOOKUP 是一个查找函数,给定一个查找目标,它能在指定查找范围中查找并返回要查找到的值。它的基本语法为:VLOOKUP(查找目标,查找范围,返回值在查找范围中的列数,精确 OR 模糊查找)。

图 3-44 的左侧是一个"职工表",其中有职工的所有信息。现需要在"值班表"中根

据每个人的姓名，从“职工表”中查找相应的部门和性别填入表中。

	A	B	C	D	E	F	G	H	I	J
1	职工表						值班表			
2	工号	姓名	性别	部门	入职时间		姓名	值班日	部门	性别
3	001	王致远	男	办公室	1966年1月		陈明明	周一	=VLOOKUP(G3, $B$3:$D$12, 3, FALSE)	=VLOOKUP(G3, $B$3:$D$12, 2, FALSE)
4	002	陈明明	男	财务部	1970年2月		吕伟	周二		
5	003	李丹青	女	工程部	1989年3月		杨莉	周三		
6	004	吕伟	男	市场部	1977年7月		钱锐	周四		
7	005	赵永	男	销售部	1984年2月		钱军	周五		
8	006	杨莉	女	办公室	1972年8月					
9	007	章昆明	男	销售部	1990年1月					
10	008	钱锐	男	工程部	1989年7月					
11	009	代易	男	财务部	1966年1月					
12	010	钱军	男	市场部	1970年2月					

图 3-44　VLOOKUP 函数使用示例

分析：

① 由于两个表中的关联字段是“姓名”，在“值班表”中填写第一个人所在部门时，需要根据该人的姓名在“职工表”中进行查找，所以第一个参数“查找目标”就是“值班表”中此人的姓名“陈明明”(G3 单元格中的内容)。

② 查找范围应该在“职工表”中。由于**查找目标“姓名”一定要在查找范围的第 1 列**，同时要包含需要返回的“部门”列和“性别”列，所以查找范围定为 B3:D12 区域。为了使公式复制时，区域地址始终保持不变，第二个参数“查找区域”用绝对地址＄B＄3：＄D＄12 表示。

③ 第三个参数“返回值在查找范围中的列数”是一个整数值，若要返回的是“部门”，它在查找范围＄B＄3：＄D＄12 的第 3 列；要返回的是“性别”，它在查找范围＄B＄3：＄D＄12 的第 2 列。

注意：列数不是在工作表中的列数，而是在查找范围区域的第几列。

④ 第四个参数“精确 OR 模糊查找”，指定在查找时是要求精确匹配，还是大致匹配。如果为 FALSE，大致匹配；如果为 TRUE 或忽略，精确匹配。

操作步骤如下：

① 在 I3 单元格中输入公式：=VLOOKUP(G3，＄B＄3：＄D＄12，3，FALSE)，其含义是 B3:D12 区域查找 G3 单元格的值(“陈明明”)，若找到，则返回查找区域 B3:D12 中第 3 列相应的值(要查找的“部门”在查找区域 B3:D12 的第 3 列)。

② 在 J3 单元格中输入公式：=VLOOKUP(G3，＄B＄3：＄D＄12，2，FALSE)，由于要查找的“性别”在查找区域 B3:D12 的第 2 列，所以公式中的第三个参数改为“2”，其余不变。

③ 分别拖动 I3 和 J3 单元格右下角的填充柄将公式向下复制，可完成其他人员部门和性别的查找。

三、实验任务

1. 打开实验三保存的“学号_姓名_生成绩单.xlsx”工作簿文件，在“期末成绩”工作表中，完成下列任务：

(1) 在“总评”后增加一列“是否补考”，然后用函数根据**总评成绩**计算该列的值(小于

60的需补考)。

(2) 在表格后面添加按期末考试成绩进行汇总的数据,用函数计算:均分、最高分、按分数段统计的人数和及格率,设置后的效果如图3-45所示。

B19 =COUNTIFS(G5:G14,">=80",G5:G14,"<90")

	A	B	C	D	E	F	G	H	I
1	计算机工程学院学生成绩记录单								
2					课程	C语言	班级	软件131	
3	平时占比	30%	期末占比	70%					
4	序号	学号	学生姓名	平时成绩	实验成绩	平时总评	期末考试	总评	是否补考
5	1	0030501	方洁	91.7	83.3	87.5	80.0	82.3	
6	2	0030502	王璐	83.6	73.5	78.5	89.0	85.9	
7	3	0030503	曹真	76.7	81.7	79.2	67.5	71.0	
8	4	0030504	陈佳	84.2	83.3	83.8	71.0	74.8	
9	5	0030505	陈阳	91.8	61.8	76.8	43.0	53.1	补考
10	6	0030506	邓广晶	88.3	55.0	71.7	63.0	65.6	
11	7	0030507	杜锋	83.5	85.2	84.3	71.5	75.4	
12	8	0030508	冯博	85.8	78.3	82.1	13.0	33.7	补考
13	9	0030509	高海拔	68.3	81.8	75.1	74.5	74.7	
14	10	0030510	张思成	85.1	73.3	79.2	71.0	73.5	
15									
16	均分	64.4							
17	最高分	89.0							
18	90~100分人数(含90及100)	0							
19	80~90分人数(含80,不含90)	=COUNTIFS(G5:G14,">=80",G5:G14,"<90")							
20	70~80分人数(含70,不含80)	4							
21	60~70分人数(含60,不含70)	2							
22	不及格人数:	2							
23	及格率:	80%							

平时成绩 | 期末成绩

图3-45 实验任务(四)效果

2. 在"平时成绩"工作表的考勤记录中,"✓"代表出勤;"⊙"代表迟到,一次扣10分;"×"代表缺勤,一次扣20分。请用公式和函数重新计算每个同学的"考勤得分"。

> **提示:**第一个同学F4单元格的计算公式可以是:=100-COUNTIF(D4:E4,"×")*20-COUNTIF(D4:E4,"⊙")*10。

3. 图3-45所示的"期末考试"字段中的成绩是用户手动输入的,现提供一个"期末成绩汇总.xlsx"工作簿文件,其中的"成绩汇总"工作表给出了所有班级C语言的期末考试成绩。要求完成以下任务:

(1) 在"学生成绩单.xlsx"工作簿中新建一个工作表"C原始成绩",将"期末成绩汇总.xlsx"工作簿文件"成绩汇总"工作表中的C语言成绩复制到"C原始成绩"工作表中(图3-46(a))。

(2) 在"期末成绩"表中清除"期末考试"字段中的成绩,重新用VLOOKUP函数,从"C原始成绩"工作表自动获取每个同学的期末成绩(图3-46(b))。

	A	B	C	D	E
1	C语言机考成绩				
2	班级	学号	姓名	成绩	
3	软件131	0030510	张思成	71	
4	汽车131	0040311	严耀文	79	
5	交控132	0050208	夏泽林	67	
6	交控132	0050230	吴辉	49	
7	软件131	0030502	王璐	89	
8	车辆131	0040109	王璐	89	
9	交控131	0050104	金涛	74	
10	交控131	0050123	龚成	74	
11	软件131	0030509	高海拔	74	
12	车辆132	0040201	洑素	63	
13	软件131	0030508	冯博	13	
14	软件131	0030501	方洁	80	
15	软件131	0030507	杜锋	71	
16	软件131	0030506	邓广晶	63	
17	车辆132	0040211	崔松	76	
18	软件131	0030505	陈阳	43	
19	软件131	0030504	陈佳	71	
20	车辆131	0040131	陈兵	54	
21	软件131	0030503	曹真	67	
22	暖通131	0060111	曹雪	64	
23	暖通131	0060121	柏天	76	

平时成绩 | 期末成绩 | C原始成绩

图 3-46(a) "C原始成绩"工作表

G5 =VLOOKUP(B5,C原始成绩!$B$3:$D$23,3,FALSE)

	A	B	C	D	E	F	G	H	I
1	计算机工程学院学生成绩记录单								
2					课程	C语言	班级	软件131	
3	平时占比	30%	期末占比	70%					
4	序号	学号	学生姓名	平时成绩	实验成绩	平时总评	期末考试	总评	是否补考
5	1	0030501	方洁	91.7		=VLOOKUP(B5,C原始成绩!$B$3:$D$23,3,FALSE)			
6	2	0030502	王璐	83.6	73.5	78.5	89.0	85.9	
7	3	0030503	曹真	76.7	81.7	79.2	67.0	70.7	
8	4	0030504	陈佳	84.2	83.3	83.8	71.0	74.8	
9	5	0030505	陈阳	91.8	61.8	76.8	43.0	53.1	补考
10	6	0030506	邓广晶	88.3	55.0	71.7	63.0	65.6	
11	7	0030507	杜锋	83.5	85.2	84.3	71.0	75.0	
12	8	0030508	冯博	85.8	78.3	82.1	13.0	33.7	补考
13	9	0030509	高海拔	68.3	81.8	75.1	74.0	74.3	
14	10	0030510	张思成	85.1	73.3	79.2	71.0	73.5	
15									
16	均分	64.2							
17	最高分	89.0							
18	90~100分人数(含90及	0							
19	80~90分人数(含80,不	2							
20	70~80分人数(含70,不	4							
21	60~70分人数(含60,不	2							
22	不及格人数:	2							
23	及格率:	80%							

平时成绩 | 期末成绩 | C原始成绩

图 3-46(b) 用 VLOOPUP 函数查找"期末考试"值

保存文件,下一实验任务中将再次使用该文件。

实验五 数据管理和分析

一、实验目的

1. 掌握 Excel 排序的基本概念和操作方法。
2. 掌握 Excel 自动筛选和高级筛选的操作方法。
3. 掌握在 Excel 中用分类汇总分析数据的方法。
4. 掌握在 Excel 中用数据透视表分析数据的方法。

二、操作指导

利用 Excel 的数据排序、筛选、分类汇总及数据透视表功能,用户可以对工作表中的数据进行高效分析和管理。

在介绍相关操作前,首先打开“工资表制作.xlsx”工作簿文件,新建四个工作表,分别命名为“排序表”“筛选表”“分类汇总表”和“数据透视表”,并将“工资表”工作表 A4:K14 区域中的数据复制到四个工作表中,后面介绍的操作将分别在这四个工作表中完成。

注意:由于只复制了“工资表”工作表中的部分数据,一些计算列引用的单元格(如 B3 单元格)未被复制,若单击“粘贴”按钮,计算列引用的单元格的值不存在或有偏差,会使计算结果不正确或直接给出报错信息;所以,粘贴时应单击“值”或“值和数字格式”按钮,只将计算结果粘贴到四个新建的工作表中。

1. 排序

Excel 不仅可以按一个字段(关键字)进行排序,还可以按多个字段(关键字)进行排序。按多个关键字排序时,当第一关键字的值相同时,则比较第二关键字;若第二关键字的值仍相同,则比较第三关键字……依次往下比较。

Excel 不仅可以按字段的值“升序”或“降序”排序,还可以按“自定义序列”排序。

(1) 按一个字段(关键字)排序

选中该字段中的任意一个单元格,单击【数据】选项卡中的 A↓Z(升序)或 Z↓A(降序)按钮即可。图 3-47 给出了按“部门”升序排序后的结果。

	A	B	C	D	E	F	G	H	I	J	K
1	工号	姓名	性别	部门	入职时间	基本工资	岗位工资	养老保险	应发工资	是否交税	收入排名
2	001	王致远	男	办公室	1966-1-1	1000.50	2000.50	150.05	2850.95		7
3	006	杨莉	女	办公室	1972-8-1	1400.00	2000.00	170.00	3230.00		6
4	002	陈明明	男	财务部	1970-2-1	1700.00	2000.00	185.00	3515.00	是	5
5	009	代易	男	财务部	1966-1-1	1000.00	3000.50	200.03	3800.48	是	4
6	003	李丹青	女	工程部	1989-3-12	1800.00	3500.50	265.03	5035.48	是	1
7	008	钱锐	男	工程部	1989-7-1	1300.00	3000.00	215.00	4085.00	是	3
8	004	吕伟	男	市场部	1977-7-2	1300.80	3500.00	240.04	4560.76	是	2
9	010	钱军	男	市场部	1970-2-1	1000.00	1500.00	125.00	2375.00		8
10	005	赵永	男	销售部	1984-2-23	800.00	1000.00	90.00	1710.00		9
11	007	章昆明	男	销售部	1990-1-1	500.00	700.00	60.00	1140.00		10

图 3－47　按“部门”字段升序排序后的数据

若排序前选中了“部门”字段中的多个单元格，单击A↓Z或Z↓A按钮时，则会弹出【排序提醒】对话框（图 3－48）。若在对话框中选中“以当前选定区域排序”，则只会对“部门”字段进行排序，原有数据各列之间的对应关系会被打乱；若选中“扩展选定区域”，则会把所有数据同步调整顺序。

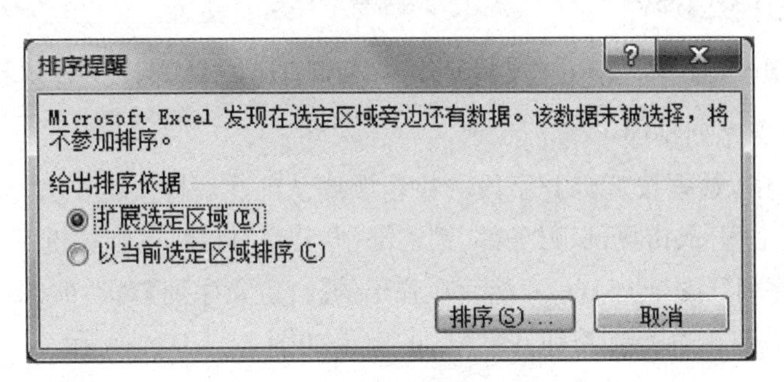

图 3－48　【排序提醒】对话框

(2) 按多个关键字排序

若在“排序表”工作表中，不仅要求同部门的人员排在一起，而且要求同部门基本工资低的排在前面；若部门和基本工资都相同，则岗位工资低的排在前面。

在数据区域中选中任意一个单元格，然后单击【数据】选项卡中的“排序”按钮，打开【排序】对话框参照图 3－49 设置关键字，排序的结果如图 3－50 所示。

图 3-49 【排序】对话框

	A	B	C	D	E	F	G	H	I	J	K
1	工号	姓名	性别	部门	入职时间	基本工资	岗位工资	养老保险	应发工资	是否交税	收入排名
2	001	王致远	男	办公室	1966-1-1	1000.50	2000.50	150.05	2850.95		7
3	006	杨莉	女	办公室	1972-8-1	1400.00	2000.00	170.00	3230.00		6
4	009	代易	男	财务部	1966-1-1	1000.00	3000.50	200.03	3800.48	是	4
5	002	陈明明	男	财务部	1970-2-1	1700.00	2000.00	185.00	3515.00	是	5
6	008	钱锐	男	工程部	1989-7-1	1300.00	3000.00	215.00	4085.00	是	3
7	003	李丹青	女	工程部	1989-3-12	1800.00	3500.50	265.03	5035.48	是	1
8	010	钱军	男	市场部	1970-2-1	1000.00	1500.00	125.00	2375.00		8
9	004	吕伟	男	市场部	1977-7-2	1300.80	3500.00	240.04	4560.76	是	2
10	007	章昆明	男	销售部	1990-1-1	500.00	700.00	60.00	1140.00		10
11	005	赵永	男	销售部	1984-2-23	800.00	1000.00	90.00	1710.00		9

工资表 | 排序表 | 筛选表 | 分类汇总表 | 数据透视表 ...

图 3-50 按“部门”、“基本工资”和“岗位工资”关键字升序排序效果

(3) 按自定义序列排序

在图 3-50 中,数据按“部门”字段的拼音顺序从前往后排。若要求“部门”字段按用户自定义的顺序:“工程部、市场部、财务部、销售部、办公室”排序,则在关键字的“次序”列表中要选择“自定义序列”(图 3-51(a)),然后在弹出的【自定义序列】对话框(图 3-51(b))中输入自定义序列,并单击“确定”按钮,排序后的效果如图 3-51(c)所示。

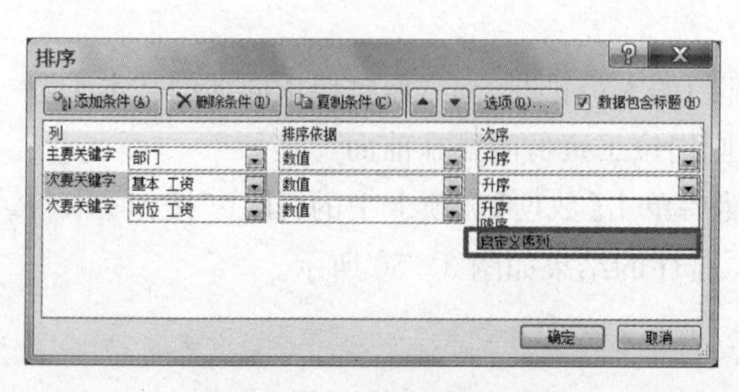

图 3-51(a) 【排序】对话框

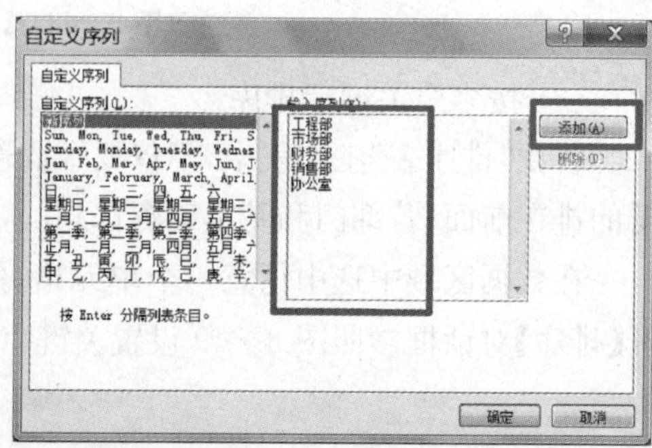

图 3-51(b) 【自定义序列】对话框

工号	姓名	性别	部门	入职时间	基本工资	岗位工资	养老保险	应发工资	是否交税	收入排名
008	钱锐	男	工程部	1989-7-1	1300.00	3000.00	215.00	4085.00	是	3
003	李丹青	女	工程部	1989-3-12	1800.00	3500.50	265.03	5035.48	是	1
010	钱军	男	市场部	1970-2-1	1000.00	1500.00	125.00	2375.00		8
004	吕伟	男	市场部	1977-7-2	1300.80	3500.00	240.04	4560.76	是	2
009	代易	男	财务部	1966-1-1	1000.00	3000.50	200.03	3800.48	是	4
002	陈明明	男	财务部	1970-2-1	1700.00	2000.00	185.00	3515.00	是	5
007	章昆明	男	销售部	1990-1-1	500.00	700.00	60.00	1140.00		10
005	赵永	男	销售部	1984-2-23	800.00	1000.00	90.00	1710.00		9
001	王致远	男	办公室	1966-1-1	1000.50	2000.50	150.05	2850.95		7
006	杨莉	女	办公室	1972-8-1	1400.00	2000.00	170.00	3230.00		6

图 3-51(c) "部门"字段按自定义顺序排序后的效果

2. 筛选

利用 Excel 的筛选功能可以隐藏不满足条件的数据，仅显示满足条件的数据，方便用户快速查找数据。Excel 提供了两种筛选操作：自动筛选和高级筛选。

(1) 自动筛选

在"筛选表"工作表中选中任一单元格，单击【数据】选项卡中的"筛选"按钮，则在每个字段名的右侧出现一个下拉按钮▾，利用该下拉按钮可以设置列的过滤条件。下面介绍几个筛选示例。

① 只显示"市场部"和"销售部"的员工信息。

单击"部门"字段右侧的下拉按钮，在展开的筛选器中，勾选"市场部"和"销售部"，单击"确定"按钮即可(图 3-52(a))。

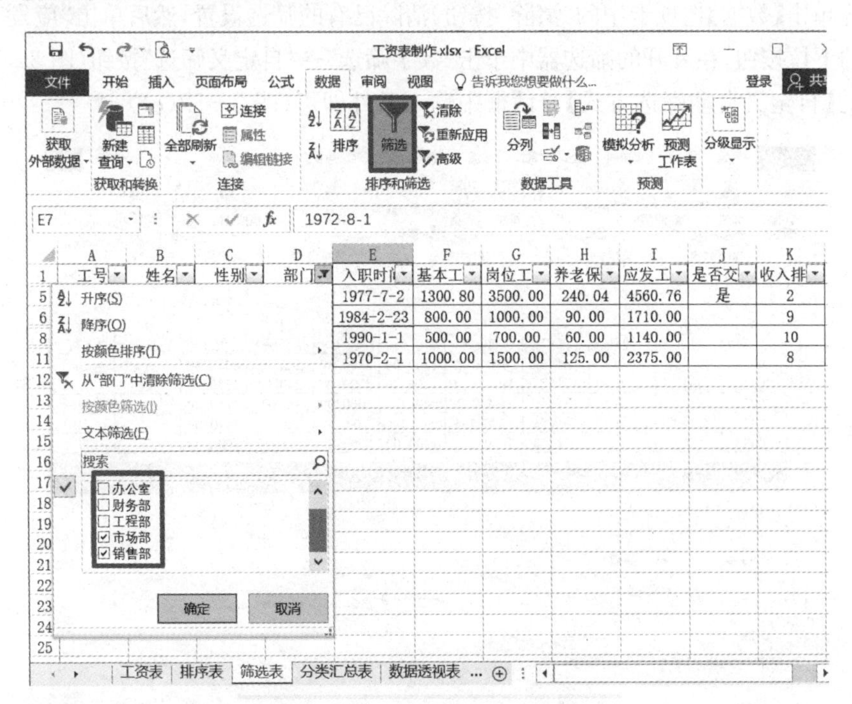

图 3-52(a) 自动筛选示例(1)

② 只显示应发工资超平均数的员工信息。

首先单击【数据】选项卡的"清除"按钮，清除已有的筛选设置，然后单击"应发工资"字段右侧的下拉按钮,在展开的筛选器中单击“数字筛选”→“高于平均值”按钮即可(图3-52(b))。

文件 开始 插入 页面布局 公式 数据 审阅 视图 告诉我您想要做什么... 登录 共享
获取外部数据 新建查询 全部刷新 连接 属性 编辑链接 排序 筛选 清除 重新应用 高级 分列 模拟分析 预测工作表 分级显示
获取和转换 连接 排序和筛选 数据工具 预测
O3

	A	B	C	D	E	F	G	H	I	J	K
1	工号	姓名	性别	部门	入职时间	基本工	岗位工	养老保	应发工	是否交	收入排
3	002	陈明明	男	财务部	1970-2-1					是	5
4	003	李丹青	女	工程部	1989-3-12					是	1
5	004	吕伟	男	市场部	1977-7-2					是	2
9	008	钱锐	男	工程部	1989-7-1					是	3
10	009	代易	男	财务部	1966-1-1					是	4

升序(S)
降序(O)
按颜色排序(T)
从“应发 工资”中清除筛选(C)
按颜色筛选(I)
数字筛选(F)
搜索
(全选)
1140.00
1710.00
2375.00
2850.95
3230.00
确定 取消

等于(E)...
不等于(N)...
大于(G)...
大于或等于(O)...
小于(L)...
小于或等于(Q)...
介于(W)...
前10项(T)...
高于平均值(A)
低于平均值(O)
自定义筛选(F)...

图3-52(b) 自动筛选示例(2)

③ 只显示应发工资超过4000或不足2000的员工信息。

首先单击【数据】选项卡中的“清除”按钮,清除已有的筛选设置,然后单击“应发工资”字段右侧的下拉按钮,在展开的筛选器中单击“数字筛选”→“自定义筛选”按钮(图3-52(b)),在弹出的【自定义自动筛选方式】对话框中输入条件即可(图3-52(c))。

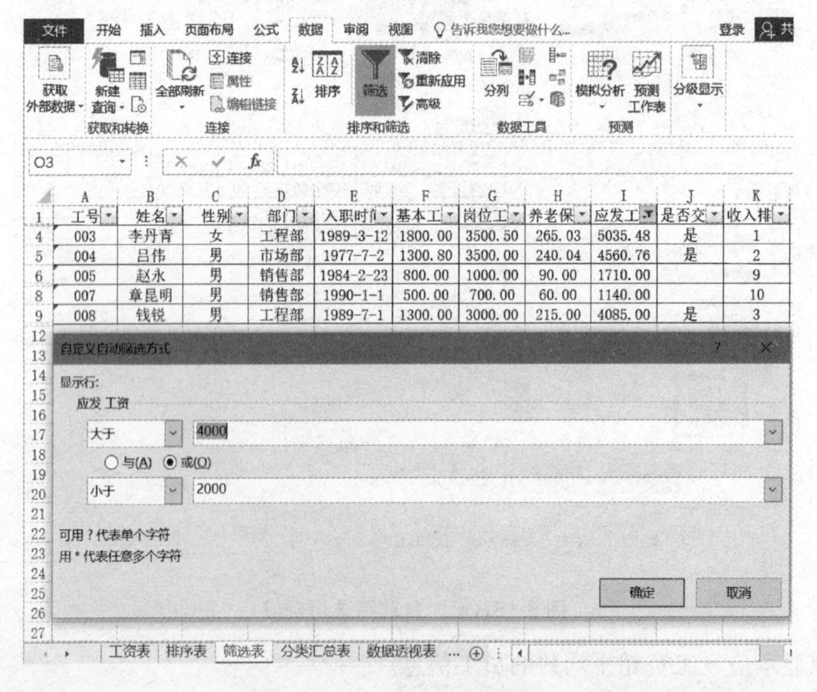

	A	B	C	D	E	F	G	H	I	J	K
1	工号	姓名	性别	部门	入职时间	基本工	岗位工	养老保	应发工	是否交	收入排
4	003	李丹青	女	工程部	1989-3-12	1800.00	3500.50	265.03	5035.48	是	1
5	004	吕伟	男	市场部	1977-7-2	1300.80	3500.00	240.04	4560.76	是	2
6	005	赵永	男	销售部	1984-2-23	800.00	1000.00	90.00	1710.00		9
8	007	章昆明	男	销售部	1990-1-1	500.00	700.00	60.00	1140.00		10
9	008	钱锐	男	工程部	1989-7-1	1300.00	3000.00	215.00	4085.00	是	3

图3-52(c) 自动筛选示例(3)

④ 只显示市场部需要交税的男同志的信息。

首先单击【数据】选项卡中的“清除”按钮，清除已有的筛选设置，然后在“性别”字段的筛选器中勾选“男”；在“部门”字段的筛选器中勾选“市场部”；在“是否交税”字段的筛选器中勾选“是”即可。查询结果如图 3－52(d)所示。

	A	B	C	D	E	F	G	H	I	J	K
1	工号	姓名	性别	部门	入职时间	基本工资	岗位工资	养老保险	应发工资	是否交税	收入排名
5	004	吕伟	男	市场部	1977年7月	1300.80	3500.00	240.04	4560.76	是	2

工资表 排序表 筛选表

图 3－52(d)　自动筛选示例(4)

本例同时为“性别”“部门”和“是否交税”三个字段设置了查询条件，查询结果是三个字段同时满足时的结果，实现的是多字段条件“与”的查询。

上面四个例子都是通过下拉列表来设置筛选条件，被称作“自动筛选”。自动筛选可实现多字段条件“与”的组合查询，但不能实现多字段条件“或”的组合查询。

(2) 高级筛选

高级筛选不仅包含了所有自动筛选的操作，而且还有很多自动筛选望尘莫及的功能，如：多字段复杂条件的“与”“或”关系查询；将查询结果复制到其他工作表；实现条件的“模糊查询”等。高级筛选是数据分析必不可少的工具和手段。

如果要查询“基本工资大于等于 1500”或“岗位工资大于等于 3000”的员工，这种多个字段条件“或”的查询，无法通过自动筛选来实现，只能通过高级筛选完成，查询步骤如下：

① 创建条件区域。

高级筛选要用户自己定义筛选条件。自定义筛选条件就是在数据表的空白处设置一个带有标题的条件区域，该条件区域有三个注意要点：

➢ 条件区的字段名要与数据表的原有字段名完全一致；

➢ 多字段间的条件若为“与”关系，则写在一行；

➢ 多字段间的条件若为“或”关系，则写在不同行。

若查询条件为：“基本工资≥1500 或岗位工资≥3000”，则需在数据表的空白区域设置如图 3－53 所示的条件区域，两个查询条件写在不同行。

② 将光标放在数据区中任意单元格，点击【数据】选项卡中的 高级 按钮，弹出【高级筛选】对话框(图 3－53)。

③ 在对话框中，将光标放在“列表区域”文本框中，然后用鼠标选择要参加筛选的数据区域，即可将数据区域地址“$A$1:$K$11”填入文本框；再将光标放在对话框的“条件区域”文本框中，然后用鼠标选择带标题的条件区域，即可将条件区域的地址“筛选表！$F$14:$G$16”填入“条件区域”文本框(图 3－53)。筛选结果如图 3－54所示。

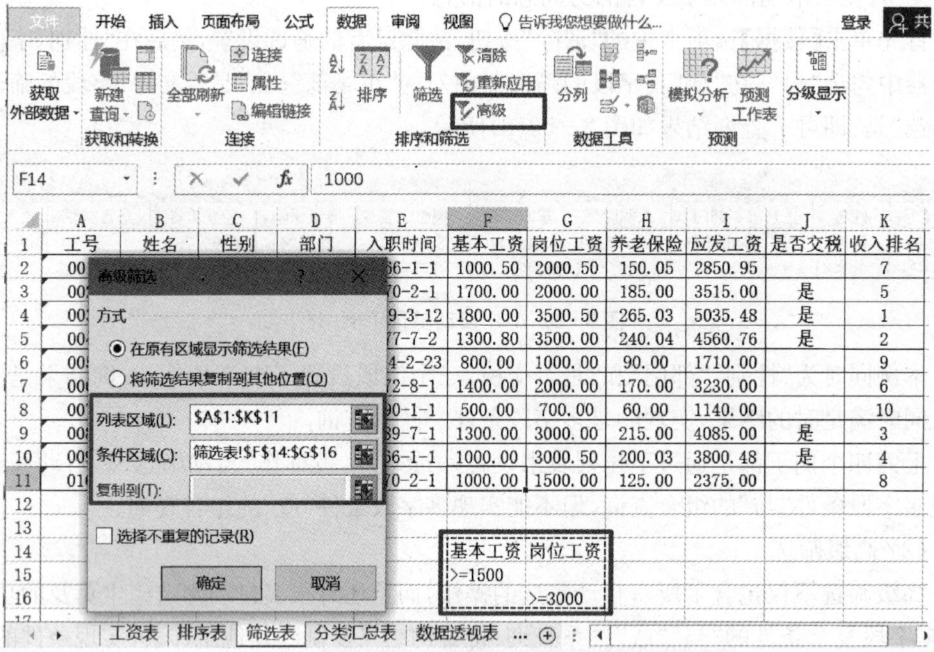

图 3-53 高级筛选条件区域的表示方法

	A	B	C	D	E	F	G	H	I	J	K
1	工号	姓名	性别	部门	入职时间	基本工资	岗位工资	养老保险	应发工资	是否交税	收入排名
3	002	陈明明	男	财务部	1970-2-1	1700.00	2000.00	185.00	3515.00	是	5
4	003	李丹青	女	工程部	1989-3-12	1800.00	3500.50	265.03	5035.48	是	1
5	004	吕伟	男	市场部	1977-7-2	1300.80	3500.00	240.04	4560.76	是	2
9	008	钱锐	男	工程部	1989-7-1	1300.00	3000.00	215.00	4085.00	是	3
10	009	代易	男	财务部	1966-1-1	1000.00	3000.50	200.03	3800.48	是	4
12											
13											
14						基本工资	岗位工资				
15						>=1500					
16							>=3000				
17											

图 3-54 在原数据区域显示高级筛选结果

3. 分类汇总

分类汇总是 Excel 最常用的功能之一，它能快速地以某个字段为分类项，对数据表中其他字段的数值进行各种统计计算，如求和、计数、平均值、最大值、最小值、乘积等。Excel 不仅可以实现一级分类汇总，还可以实现多级分类汇总，无论哪一种分类汇总都需要先将数据按分类字段进行排序。下面在“分类汇总表”工作表中用例子来说明分类汇总的功能和创建方法。

	A	B	C	D	E	F	G	H	I	J	K
1	工号	姓名	性别	部门	入职时间	基本工资	岗位工资	养老保险	应发工资	是否交税	收入排名
2	001	王致远	男	办公室	1966-1-1	1000.50	2000.50	150.05	2850.95		7
3	002	陈明明	男	财务部	1970-2-1	1700.00	2000.00	185.00	3515.00	是	5
4	003	李丹青	女	工程部	1989-3-12	1800.00	3500.50	265.03	5035.48	是	1
5	004	吕伟	男	市场部	1977-7-2	1300.80	3500.00	240.04	4560.76	是	2
6	005	赵永	男	销售部	1984-2-23	800.00	1000.00	90.00	1710.00		9
7	006	杨莉	女	办公室	1972-8-1	1400.00	2000.00	170.00	3230.00		6
8	007	章昆明	男	销售部	1990-1-1	500.00	700.00	60.00	1140.00		10
9	008	钱锐	男	工程部	1989-7-1	1300.00	3000.00	215.00	4085.00	是	3
10	009	代易	男	财务部	1966-1-1	1000.00	3000.50	200.03	3800.48	是	4
11	010	钱军	男	市场部	1970-2-1	1000.00	1500.00	125.00	2375.00		8

图 3-55 待分类汇总的数据

(1) 统计每个部门基本工资、岗位工资、养老保险和应发工资的平均值

这是一个一级分类汇总，分类字段是“部门”，需要汇总计算的字段是“基本工资”“岗位工资”“养老保险”和“应发工资”，汇总方式是计算“平均值”。

① 首先将数据按分类字段“部门”排序。将光标放在“部门”字段的任一单元格上，单击【数据】选项卡中的A↓Z(升序)或Z↓A(降序)按钮，使相同部门的数据排在一起(图 3-56)。

	A	B	C	D	E	F	G	H	I	J	K
1	工号	姓名	性别	部门	入职时间	基本工资	岗位工资	养老保险	应发工资	是否交税	收入排名
2	001	王致远	男	办公室	1966-1-1	1000.50	2000.50	150.05	2850.95		7
3	006	杨莉	女	办公室	1972-8-1	1400.00	2000.00	170.00	3230.00		6
4	002	陈明明	男	财务部	1970-2-1	1700.00	2000.00	185.00	3515.00	是	5
5	009	代易	男	财务部	1966-1-1	1000.00	3000.50	200.03	3800.48	是	4
6	003	李丹青	女	工程部	1989-3-12	1800.00	3500.50	265.03	5035.48	是	1
7	008	钱锐	男	工程部	1989-7-1	1300.00	3000.00	215.00	4085.00	是	3
8	004	吕伟	男	市场部	1977-7-2	1300.80	3500.00	240.04	4560.76	是	2
9	010	钱军	男	市场部	1970-2-1	1000.00	1500.00	125.00	2375.00		8
10	005	赵永	男	销售部	1984-2-23	800.00	1000.00	90.00	1710.00		9
11	007	章昆明	男	销售部	1990-1-1	500.00	700.00	60.00	1140.00		10

图 3-56 按“部门”字段升序排序后的数据

② 单击【数据】选项卡中的“分类汇总”按钮，弹出【分类汇总】对话框(图 3-57)，参照图设置分类字段、汇总方式和汇总项，单击“确定”按钮，即可得到图示的汇总数据。

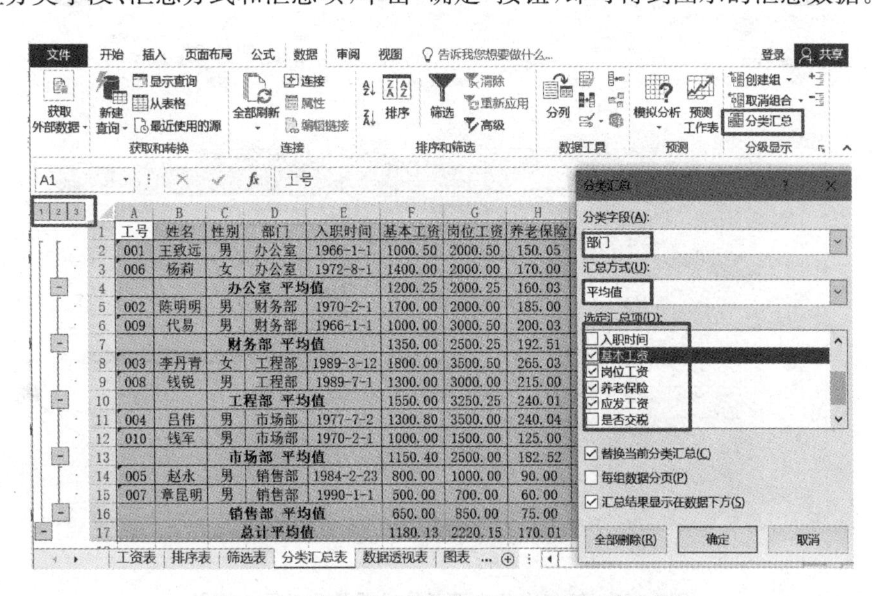

图 3-57 【分类汇总】对话框及分类后的数据

③ 在图3-57中单击左边的级别按钮“1、2、3……”或利用左侧的＋、－按钮，可分级查看汇总数据，显示和隐藏明细数据。

提示：在【分类汇总】对话框中单击“全部删除”按钮，可以删除汇总效果。

(2) 分类统计各部门男同志和女同志的基本工资、岗位工资、养老保险和应发工资的平均值

这是一个二级分类汇总，不仅要按部门统计，还要统计各部门男同志和女同志各项数据的平均值。分类字段是“部门”和“性别”，需要汇总计算的字段是“基本工资”“岗位工资”“养老保险”和“应发工资”，汇总方式是计算“平均值”。

① 首先将数据以“部门”和“性别”为关键字进行排序，参照图3-58完成。

图3-58 用【排序】对话框对数据排序

② 以“部门”为分类字段对数据分类汇总，操作方式和排序结果参照图3-57所示。

③ 在按“部门”分类汇总后的数据上，再次单击“分类汇总”按钮，并在【分类汇总】对话框中以“性别”为分类字段第二次对数据分类汇总，设置及分类后的数据如图3-59所示。

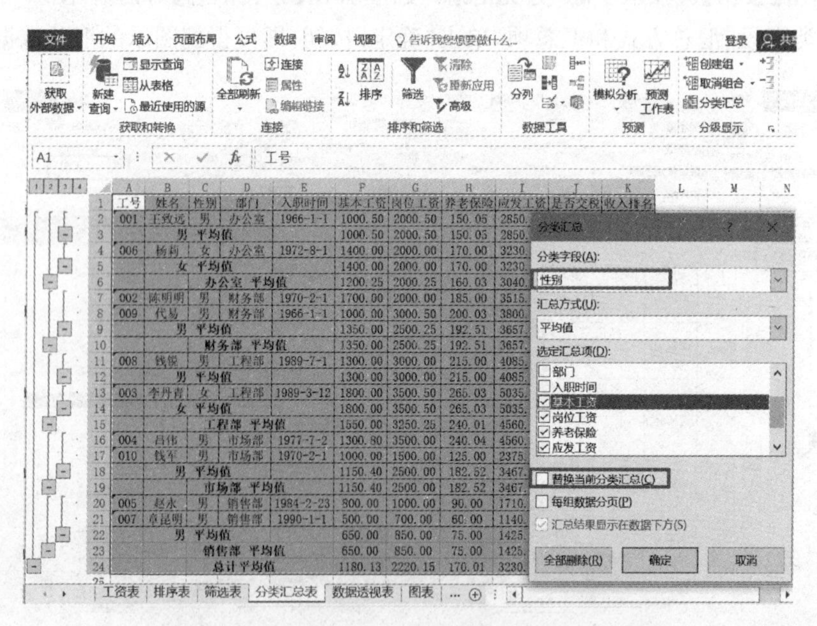

图3-59 第二次分类汇总的设置及分类后的效果

注意：以“性别”为分类字段第二次分类汇总时，一定要在对话框中取消勾选“替换当前分类汇总”。

> **提示**：做多级分类汇总时，首先要将数据按多个关键字(分类字段)进行排序，然后以主要关键字为分类字段第一次创建分类汇总，在此基础上再以次要关键字为分类字段创建汇总(注意在对话框中要取消勾选“替换当前分类汇总”选项)。

4. 数据透视表

数据透视表可以使用户通过简单的拖拽操作，完成复杂的数据分类汇总，是 Excel 最实用和最常用的功能。下面在“数据透视表”工作表中用例子来说明数据透视表的功能和创建方法。

在“数据透视表”工作表中增加一个字段“所在小组”，并输入数据(图 3－60)。

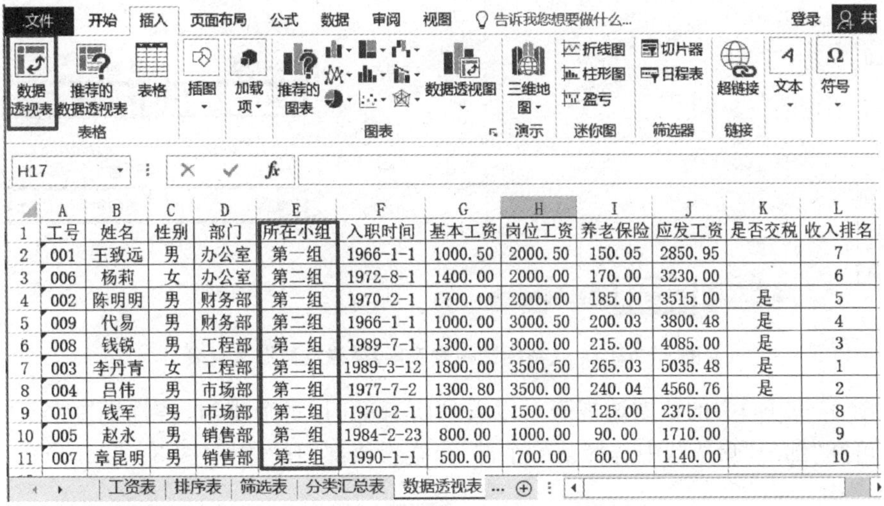

工号	姓名	性别	部门	所在小组	入职时间	基本工资	岗位工资	养老保险	应发工资	是否交税	收入排名
001	王致远	男	办公室	第一组	1966-1-1	1000.50	2000.50	150.05	2850.95		7
006	杨莉	女	办公室	第二组	1972-8-1	1400.00	2000.00	170.00	3230.00		6
002	陈明明	男	财务部	第一组	1970-2-1	1700.00	2000.00	185.00	3515.00	是	5
009	代易	男	财务部	第二组	1966-1-1	1000.00	3000.50	200.03	3800.48	是	4
008	钱锐	男	工程部	第一组	1989-7-1	1300.00	3000.00	215.00	4085.00	是	3
003	李丹青	女	工程部	第二组	1989-3-12	1800.00	3500.50	265.03	5035.48	是	1
004	吕伟	男	市场部	第一组	1977-7-2	1300.80	3500.00	240.04	4560.76	是	2
010	钱军	男	市场部	第二组	1970-2-1	1000.00	1500.00	125.00	2375.00		8
005	赵永	男	销售部	第一组	1984-2-23	800.00	1000.00	90.00	1710.00		9
007	章昆明	男	销售部	第二组	1990-1-1	500.00	700.00	60.00	1140.00		10

图 3－60　待创建透视表的数据

以“部门”为行标签、“性别”为列标签创建数据透视表，分类统计不同部门和不同性别“应发工资”的合计值。

① 将鼠标放在数据区域的任一单元格，单击【插入】选项卡中的“数据透视表”按钮(图 3－60)，弹出【创建数据透视表】对话框(图 3－61)。

② 用鼠标选择数据，选中区域的地址会自动填入对话框的“表/区域”文本框，选择将数据透视表放在新工作表(图 3－61)。

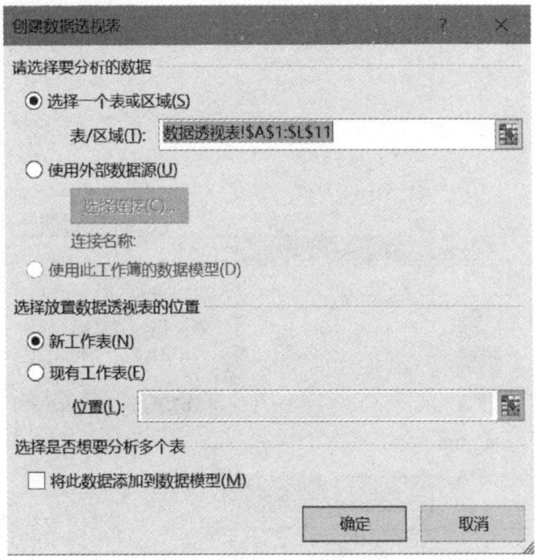

图 3－61　【创建数据透视表】对话框

注意：若选择将数据透视表放在现有工作表，则将光标放在“位置”文本框中，用鼠标选中空白区域的某个单元格(如 A14),该地址自动填入“位置”文本框,后面创建的数据透视表将放在 A14 开始的单元格。

③ 在对话框中单击“确定”按钮,在“数据透视表”工作表的旁边会新增一个“Sheet2”工作表,该工作表会出现一个数据透视表的框架,以及【数据透视表字段】窗格。从【数据透视表字段】窗格的上部列表中分别拖动“部门”“所在小组”“性别”和“应发工资”字段放入下部的“筛选器”“列”“行”和“Σ 值”区域。在拖动字段的同时,数据透视表的框架中同步给出相应的数据透视表效果(图 3-62(a))。

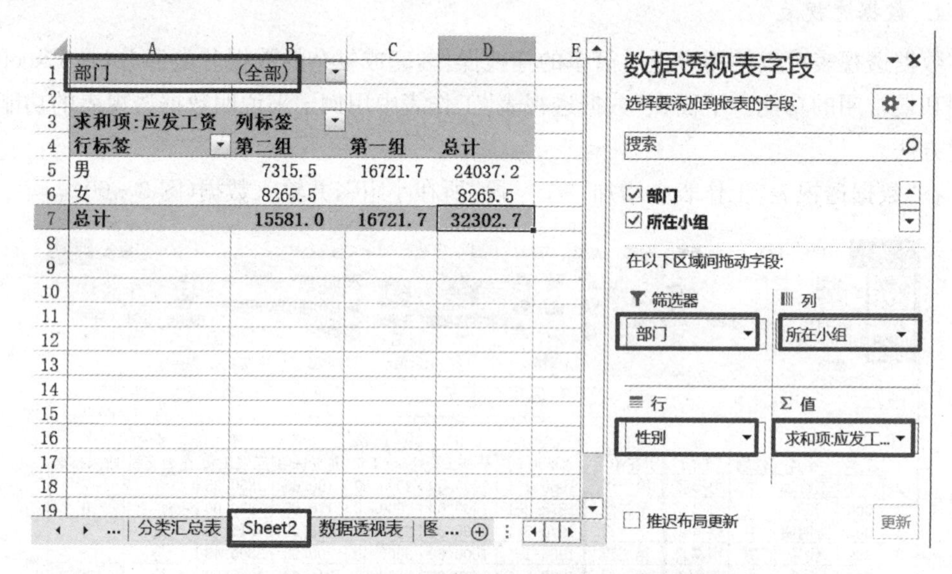

图 3-62(a) 【数据透视表字段】窗格及数据透视表

在图 3-62(a)中的数据透视表可以看到所有部门、每个小组、各性别“应发工资”的总和。可在“部门”筛选器中选择某一个部门,查看该部门的数据(图 3-62(b))。

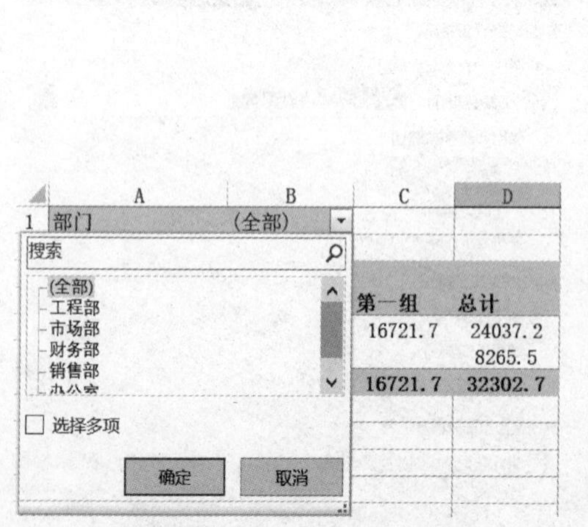

图 3-62(b) 数据透视表筛选器

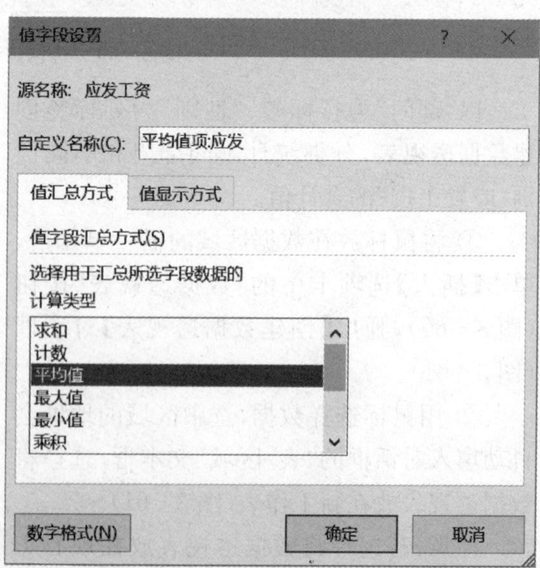

图 3-62(c) “值字段设置”对话框

在图 3-62(a)中单击右下角“Σ 值”区域的向下小箭头，在弹出的菜单中选择“值字段设置”命令，会弹出一个【值字段设置】对话框图 3-62(c)，在对话框中可以改变计算类型，如选择“平均值”，则数据透视表中会计算“应发工资”的均值。

三、实验任务

打开实验四保存的“学号_姓名_学生成绩单.xlsx”工作簿文件，完成下列任务：

1. 为“期末成绩”工作表新建两个副本，并将它们分别重新命名为“补考筛选表”和“高级筛选表”。

(1) 在“补考筛选表”中利用“自动筛选”功能筛选出需要补考的学生(图 3-63)。

	A	B	C	D	E	F	G	H	I
1	计算机工程学院学生成绩记录单								
2					课程	C语言	班级	软件131	
3	平时占比：	30%	期末占比：	70%					
4	序号	学号	学生姓名	平时成绩	实验成	平时总	期末考	总评	是否补
9	5	0030505	陈阳	91.8	61.8	76.8	43.0	53.1	补考
12	8	0030508	冯博	85.8	78.3	82.1	13.0	33.7	补考

平时成绩 / 期末成绩 / 补考筛选表 / 高级筛选表

图 3-63 用“自动筛选”功能筛选出需要补考的学生

(2) 在“高级筛选表”中利用“高级筛选”功能筛选出“平时总评”80 以上且“期末考试”70 以上的学生(图 3-64)。

	A	B	C	D	E	F	G	H	I
1	计算机工程学院学生成绩记录单								
2					课程	C语言	班级	软件131	
3	平时占比：	30%	期末占比：	70%					
4	序号	学号	学生姓名	平时成绩	实验成绩	平时总评	期末考试	总评	是否补考
5	1	0030501	方洁	91.7	83.3	87.5	80.0	82.3	
8	4	0030504	陈佳	84.2	83.3	83.8	71.0	74.8	
11	7	0030507	杜锋	83.5	85.2	84.3	71.5	75.4	
15									
16									
17					平时总评	期末考试			
18					>80	>70			

平时成绩 / 期末成绩 / 补考筛选表 / 高级筛选表

图 3-64 用“高级筛选”功能筛选学生成绩

2. 将“期末成绩”工作表 A4:I14 区域的数据复制到一张新建的工作表中(使用“选择性粘贴”命令)，将该工作表命名为“分类汇总表”。

(1) 在表中插入“性别”“系部”“班级”三个字段并输入相关数据(图 3-65)。

序号	学号	学生姓名	性别	系部	班级	平时成绩	实验成绩	平时总评	期末考试	总评	是否补考
1	0030501	方洁	男	环境	环1班	91.7	83.3	87.5	80.0	82.3	
2	0030502	王璐	女	环境	环2班	83.6	73.5	78.5	89.0	85.9	
3	0030503	曹真	男	设计	设计1班	76.7	81.7	79.2	67.5	71.0	
4	0030504	陈佳	女	设计	设计2班	84.2	83.3	83.8	71.0	74.8	
5	0030505	陈阳	男	环境	环2班	91.8	61.8	76.8	*43.0*	*53.1*	补考
6	0030506	邓广晶	女	设计	设计1班	88.3	*55.0*	71.7	63.0	65.6	
7	0030507	杜锋	男	设计	设计2班	83.5	85.2	84.3	71.5	75.4	
8	0030508	冯博	女	环境	环1班	85.8	78.3	82.1	*13.0*	*33.7*	补考
9	0030509	高海拔	男	设计	设计1班	68.3	81.8	75.1	74.5	74.7	
10	0030510	张思成	女	环境	环2班	85.1	73.3	79.2	71.0	73.5	

期末成绩 / 补考筛选表 / 高级筛选表 / 分类汇总表 / 数据透视表

图 3-65 “分类汇总表”工作表中的数据

(2) 新建“分类汇总表”工作表副本,并将它重新命名为“数据透视表”。

3. 在“分类汇总表”工作表中,完成下列操作。

(1) 以“系部”为分类字段,统计“总评”的平均值(图 3-66)。

序号	学号	学生姓名	性别	系部	班级	平时成绩	实验成绩	平时总评	期末考试	总评	是否补考
1	0030501	方洁	男	环境	环1班	91.7	83.3	87.5	80.0	82.3	
8	0030508	冯博	女	环境	环1班	85.8	78.3	82.1	*13.0*	*33.7*	补考
2	0030502	王璐	女	环境	环2班	83.6	73.5	78.5	89.0	85.9	
5	0030505	陈阳	男	环境	环2班	91.8	61.8	76.8	*43.0*	*53.1*	补考
10	0030510	张思成	女	环境	环2班	85.1	73.3	79.2	71.0	73.5	
				环境 平均值						65.7	
3	0030503	曹真	男	设计	设计1班	76.7	81.7	79.2	67.5	71.0	
6	0030506	邓广晶	女	设计	设计1班	88.3	*55.0*	71.7	63.0	65.6	
9	0030509	高海拔	男	设计	设计1班	68.3	81.8	75.1	74.5	74.7	
4	0030504	陈佳	女	设计	设计2班	84.2	83.3	83.8	71.0	74.8	
7	0030507	杜锋	男	设计	设计2班	83.5	85.2	84.3	71.5	75.4	
				设计 平均值						72.3	
				总计平均值						69.0	

平时成绩 / 期末成绩 / 补考筛选表 / 高级筛选表 / 分类汇总表 / 数据透视表

图 3-66 以“系部”为分类字段,统计“总评”的平均值

(2) 在图 3-66 汇总的基础上再以“班级”为分类字段,同时统计每个班级“总评”的平均值(图 3-67)。

	A	B	C	D	E	F	G	H	I	J	K	L
1	序号	学号	学生姓名	性别	系部	班级	平时成绩	实验成绩	平时总评	期末考试	总评	是否补考
2	1	0030501	方洁	男	环境	环1班	91.7	83.3	87.5	80.0	82.3	
3	8	0030508	冯博	女	环境	环1班	85.8	78.3	82.1	*13.0*	*33.7*	补考
4						**环1班 平均值**					*58.0*	
5	2	0030502	王璐	女	环境	环2班	83.6	73.5	78.5	89.0	85.9	
6	5	0030505	陈阳	男	环境	环2班	91.8	61.8	76.8	*43.0*	*53.1*	补考
7	10	0030510	张思成	女	环境	环2班	85.1	73.3	79.2	71.0	73.5	
8						**环2班 平均值**					70.8	
9					**环境 平均值**						65.7	
10	3	0030503	曹真	男	设计	设计1班	76.7	81.7	79.2	67.5	71.0	
11	6	0030506	邓广晶	女	设计	设计1班	88.3	*55.0*	71.7	63.0	65.6	
12	9	0030509	高海拔	男	设计	设计1班	68.3	81.8	75.1	74.5	74.7	
13						**设计1班 平均值**					70.4	
14	4	0030504	陈佳	女	设计	设计2班	84.2	83.3	83.8	71.0	74.8	
15	7	0030507	杜锋	男	设计	设计2班	83.5	85.2	84.3	71.5	75.4	
16						**设计2班 平均值**					75.1	
17					**设计 平均值**						72.3	
18					**总计平均值**						69.0	

平时成绩　期末成绩　补考筛选表　高级筛选表　分类汇总表　数据透视表

图 3-67　以“系部”、“班级”为分类字段，统计“总评”的平均值

4. 在“数据透视表”工作表中以“系部”为报表筛选字段、“班级”为列标签、“性别”为行标签分类统计“总评”的平均值(图 3-68)。

13	系部	(全部)				
14						
15	**平均值项:总评**	**列标签**				
16	**行标签**	**环1班**	**环2班**	**设计1班**	**设计2班**	**均值**
17	男	82.3	53.1	72.8	75.4	71.3
18	女	33.7	79.7	65.6	74.8	66.7
19	**均值**	**58.0**	**70.8**	**70.4**	**75.1**	**69.0**
20						

平时成绩　期末成绩　补考筛选表　高级筛选表　分类汇总表　数据透视表

图 3-68　数据透视表效果

保存文件，下一实验任务中将再次使用该文件。

实验六 图表的应用

一、实验目的

掌握 Excel 图表的基本操作方法,学会用图表表达数据。

二、操作指导

使用图表可以将数据图形化,使数据的比较或趋势变得一目了然。在 Excel 2016 中依据数据表能建立多种不同图表,如柱形图、拆线图、饼图等。

在 Excel 2016 中创建图表非常简单,首先要在表格中选择数据,单后利用【插入】选项卡【图表】功能组中的各个按钮来建立图表(图 3-69),或者单击功能组右下角的“对话框启动”按钮,在弹出的【插入图表】对话框中选择一种图表类型即可。

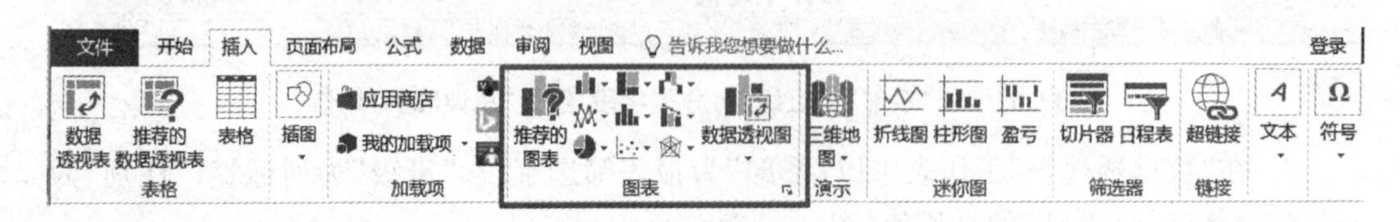

图 3-69 【插入】选项卡【图表】功能组

打开“工作表制作. xlsx”工作簿,新建一个“图表”工作表,将“工资表”工作表 A4:K14 区域中的数据复制到“图表”工作表中。下面将在该工作表中,利用几个例子来介绍 Excel 建立和编辑图表的方法。

(1) 建立柱形图,比较每个人的基本工资和岗位工资。

① 在“图表”工作表中选择“姓名”“基本工资”和“岗位工资”三个字段(图 3-70)(由于这三个字段不连续,先选中“姓名”区域的数据后,按下Ctrl 键后再选择“基本工资”和“岗位工资”区域的数据)。

	A	B	C	D	E	F	G	H	I	J	K
1	工号	姓名	性别	部门	入职时间	基本工资	岗位工资	养老保险	应发工资	是否交税	收入排名
2	001	王致远	男	办公室	1966-1-1	1000.50	2000.50	150.05	2850.95		7
3	002	陈明明	男	财务部	1970-2-1	1700.00	2000.00	185.00	3515.00	是	5
4	003	李丹青	女	工程部	1989-3-12	1800.00	3500.50	265.03	5035.48	是	1
5	004	吕伟	男	市场部	1977-7-2	1300.80	3500.00	240.04	4560.76	是	2
6	005	赵永	男	销售部	1984-2-23	800.00	1000.00	90.00	1710.00		9
7	006	杨莉	女	办公室	1972-8-1	1400.00	2000.00	170.00	3230.00		6
8	007	章昆明	男	销售部	1990-1-1	500.00	700.00	60.00	1140.00		10
9	008	钱锐	男	工程部	32690.00	1300.00	3000.00	215.00	4085.00	是	3
10	009	代易	男	财务部	1966-1-1	1000.00	3000.50	200.03	3800.48	是	4
11	010	钱军	男	市场部	25600.00	1000.00	1500.00	125.00	2375.00		8

图 3-70 选择数据

② 单击【图表】功能组右下角的“对话框启动”按钮，在弹出的【插入图表】对话框的“所有图表”选项卡中选择“簇状柱形图”，对话框中会有两种形状的柱状图。左图将行信息(姓名)用不同的色柱标识出来，重点在对比不同人员两种工资的差别，右图将列信息(基本工资和岗位工资)用不同的色柱标识出来，重点在对比两种工资不同人员的差别(图 3－71)。

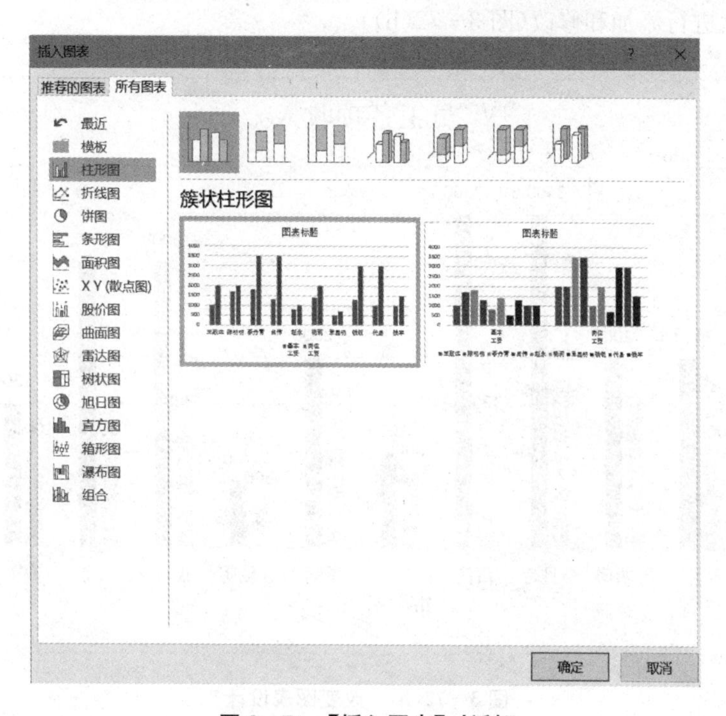

图 3－71　【插入图表】对话框

选择左侧的“簇状柱形图”，得到的柱状图如图 3－72(a)所示。

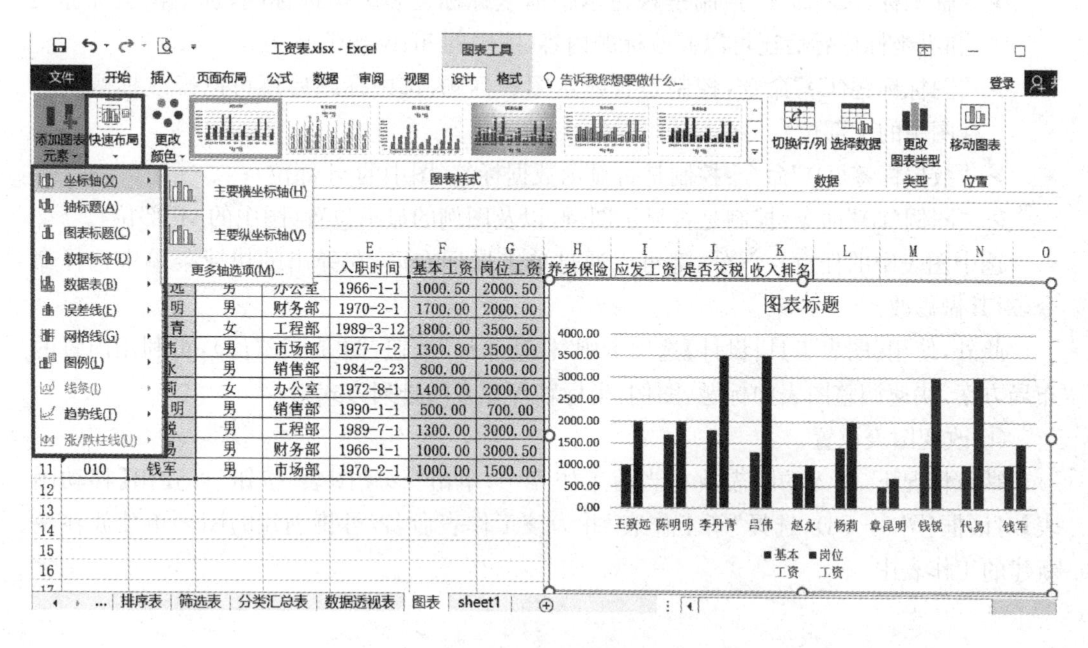

图 3－72(a)　创建图表

③ 用【图表工具|设计】选项卡改变图表设计。

将鼠标放在图表区域,在新增的【图表工具|设计】选项卡中可以对图表中的各个要素及布局进行修改。

单击最左侧的"添加图表元素"下拉按钮(图 3-72(a)),利用面板中的各种命令对图表中的各元素进行添加和修改(图 3-72(b))。

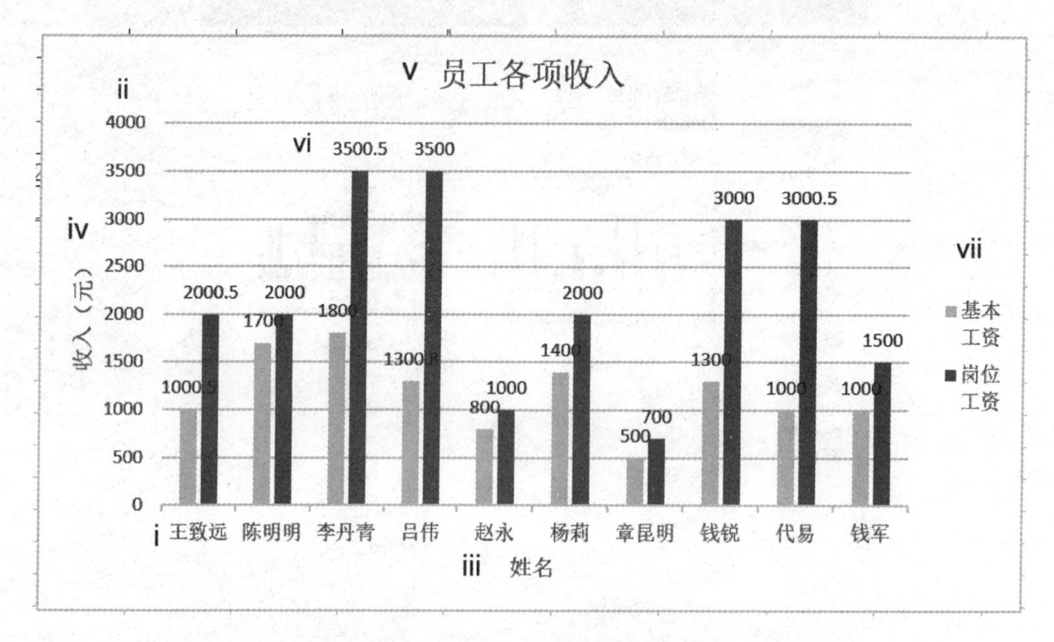

图 3-72(b) 改变图表设计

- "坐标轴(X)"命令:控制是否显示横坐和纵坐标(图中的 i、ii 部位);
- "轴坐标(A)"命令:控制是否显示轴横坐标标题和纵坐标标题,选中横坐标标题和纵坐标标题后还可以修改标题内容(图中的 iii、iv 部位);
- "图标标题(C)"命令:控制是否显示图表标题,选中标题后还可以修改标题内容(图中的 v 部位);
- "数据标签(D)"命令:控制是否显示数据标签(图中的 vi 部位);
- "图例(L)"命令:控制是否显示图例,以及图例的显示位置(图中的 vii 部位)。

选中图表中的任意一部分,都可以通过单击鼠标右键,在弹出的快捷菜单中选择命令,对其做修改。

此外,使用【图表工具|设计】选项卡中"快速布局"按钮(图 3-72(a)),可利用内置的布局方案,快速调整图表中标题、图例、坐标轴等元素的排列方式。

④ 改变图表位置。

默认情况下,插入的图表放在当前工作表中,单击"移动图表"按钮,可弹出【移动图表】对话框(图 3-73),选择"新工作表"并为该工作表命名,可将创建的图表单独放在该新建的工作表中。

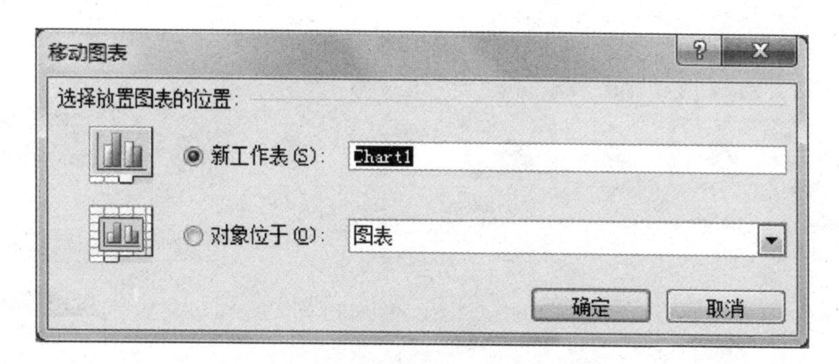

图 3-73 【移动图表】对话框

(2) 建立饼图,显示每个员工应发工资占应发工资总和的比例。

每种类型的图表都有自己的特点,饼图特别适合显示一个数据系列中各分项的值与总和值的比例。本例要结合"姓名"字段显示各人员"应发工资"占"应发工资总和"的比例。

① 先选中"姓名"字段,再按下 Ctrl 键选中"应发工资"字段,然后单击【图表】功能组右下角的"对话框启动"按钮,在弹出的【插入图表】对话框的"所有图表"选项卡中选择"饼图",则在工作表中插入图 3-74 所示的饼图。

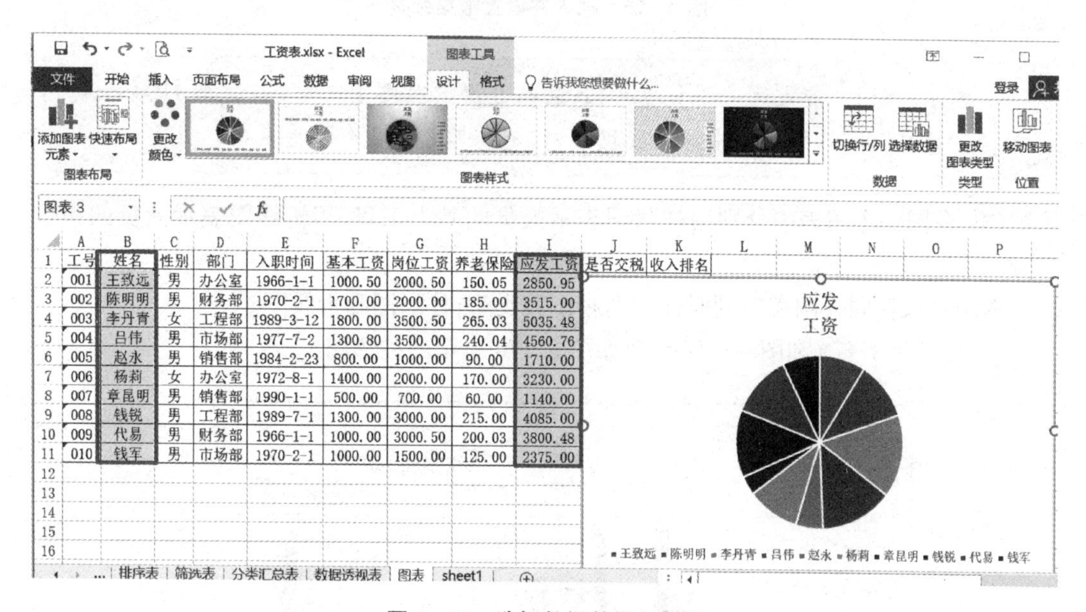

工号	姓名	性别	部门	入职时间	基本工资	岗位工资	养老保险	应发工资	是否交税	收入排名
001	王致远	男	办公室	1966-1-1	1000.50	2000.50	150.05	2850.95		
002	陈明明	男	财务部	1970-2-1	1700.00	2000.00	185.00	3515.00		
003	李丹青	女	工程部	1989-3-12	1800.00	3500.50	265.03	5035.48		
004	吕伟	男	市场部	1977-7-2	1300.80	3500.00	240.04	4560.76		
005	赵永	男	销售部	1984-2-23	800.00	1000.00	90.00	1710.00		
006	杨莉	女	办公室	1972-8-1	1400.00	2000.00	170.00	3230.00		
007	章昆明	男	销售部	1990-1-1	500.00	700.00	60.00	1140.00		
008	钱锐	男	工程部	1989-7-1	1300.00	3000.00	215.00	4085.00		
009	代易	男	财务部	1966-1-1	1000.00	3000.50	200.03	3800.48		
010	钱军	男	市场部	1970-2-1	1000.00	1500.00	125.00	2375.00		

图 3-74 选择数据并插入饼图

② 选中图表,单击【图表工具|设计】选项卡中执行"添加图表元素"→"数据标签(D)"→"其他数据标签选项(M)"按钮,会在文档的右侧出现"设置数据标签格式"窗格,参照图 3-75完成数据标签的设置。

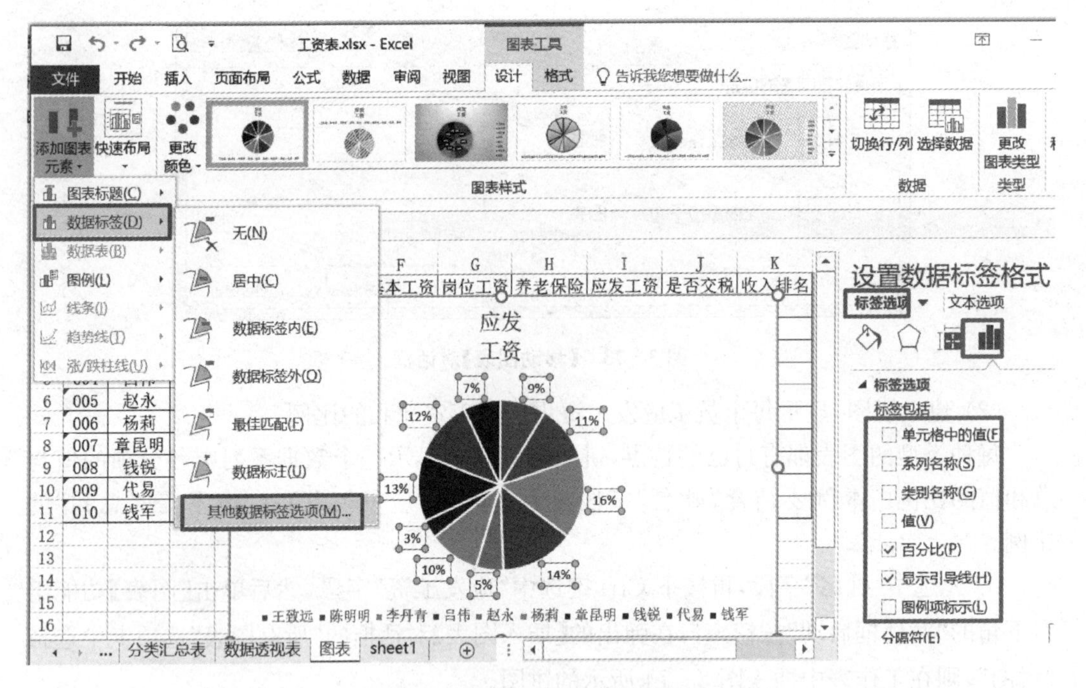

图 3-75 插入并设置数据标签

> **提示**:饼图只能表达一组数据系列,它的数据范围应该只包含一组数列,如上例中,除"姓名"外,只能再选中一个数据系列,不能再选中多个数据系列。

(3) 在同一个图表中分别用柱状图表示人员的基本工资,用折线图表示人员的岗位工资。

本例要求在同一图表中同时使用两种图表类型:柱形图和折线图。

① 参照图 3-70 和图 3-71 创建如图 3-76 所示的柱形图。

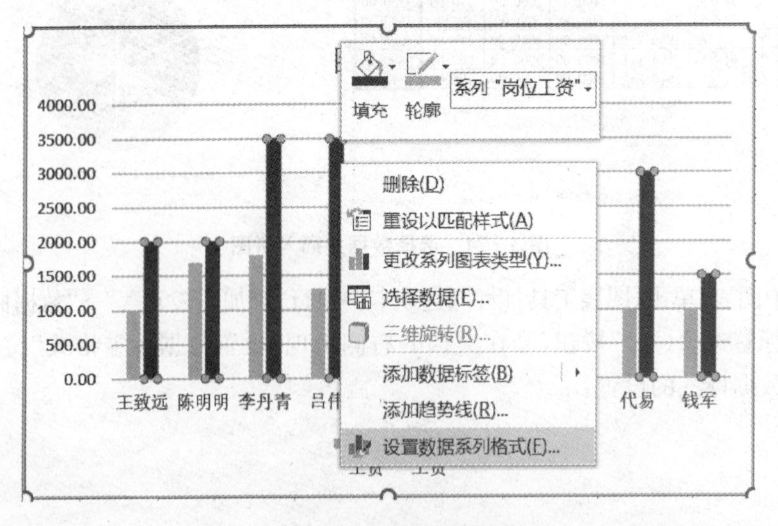

图 3-76 创建柱状图

② 为“岗位工资”建立次坐标。在图 3－76 中选中代表“岗位工资”的色柱图，单击鼠标右键，在快捷菜单中选择“设置数据系列格式”命令，在文档右侧出现的“设置数据系列格式”窗格的“系列选项”标签中选中“次坐标轴”，则会在图表右侧为“岗位工资”建立新的纵向坐标轴（图 3－77）。

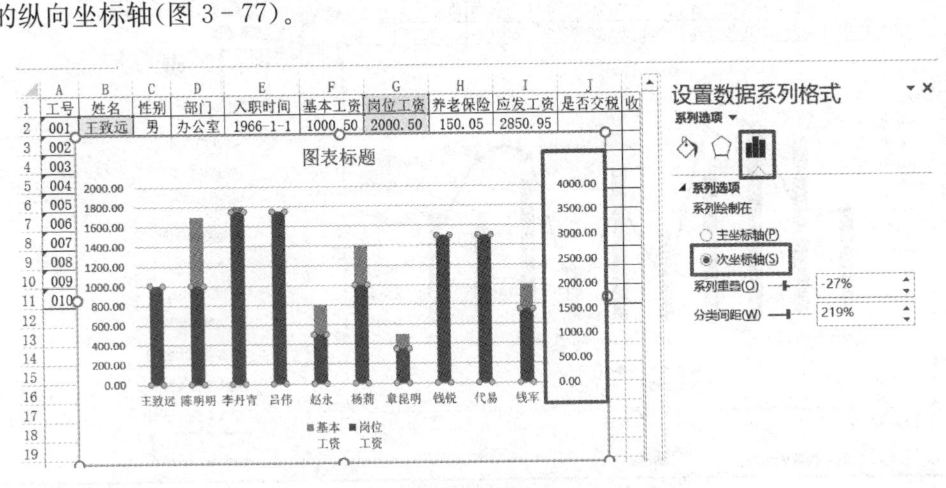

图 3－77　为选中的数据系列建立次坐标轴

当两个数据系列的数据值相差较大时，数值较小的数据系列在图表中几乎无法显示清楚，此时为某个系列设置“次坐标”非常有必要，若两个数据系列的数据相差不大，该步骤可以省略。

③ 将“岗位工资”系列用折线图表示。在图 3－77 中选择“岗位工资”系列，单击【图表工具|设计】选项卡中的“更改图表类型”按钮，在弹出的“更改图表类型”对话框中参照图 3－78 进行设置。

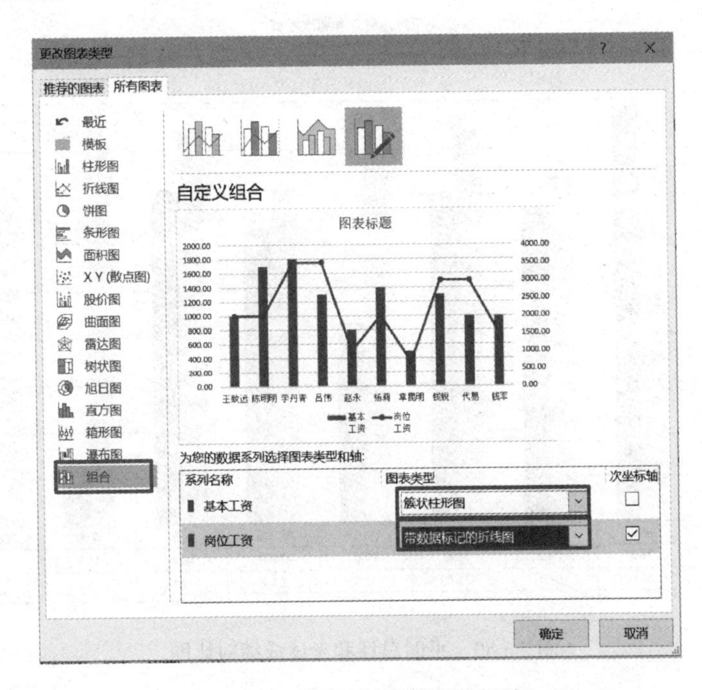

图 3－78　【更改图表类型】对话框

④ 设置折线图的平滑效果。选中折线图,在"设置数据系列格式"窗格的"填充与线条"◇标签中勾选"平滑线",可得到如图3-79所示的图表。

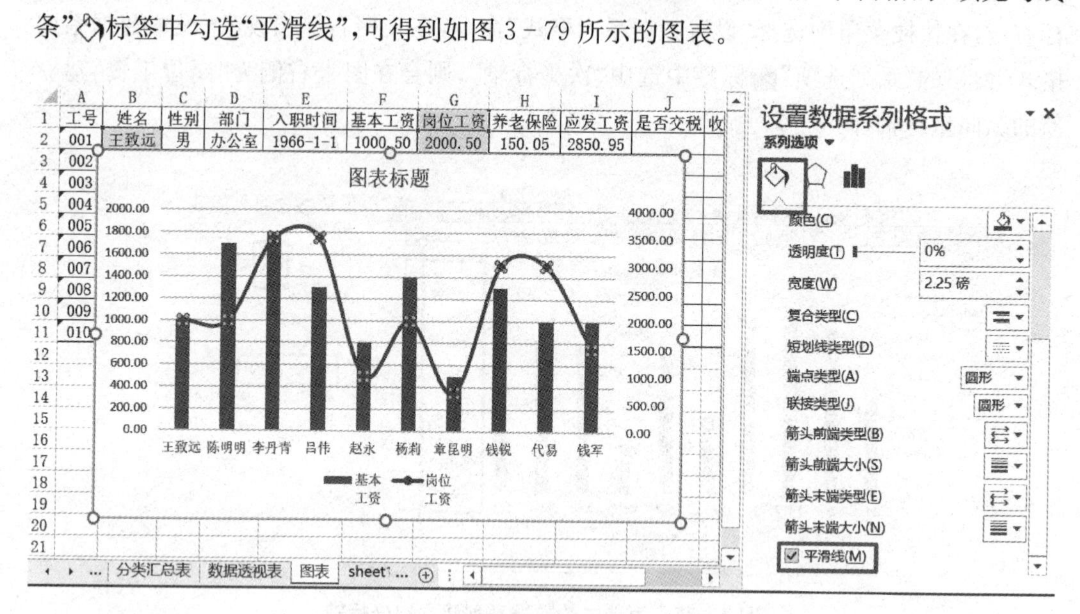

图3-79 设置平滑效果后的折线图

三、实验任务

1. 打开实验五保存的"学号_姓名_学生成绩单.xlsx"工作簿文件,创建如图3-80所示的柱状图。

平时总评和期末考试成绩对比图

■平时总评 ■期末考试

成绩

	方治	王璐	曹真	陈佳	陈阳	邓广晶	杜烨	冯博	高海波	张思成
■平时总评	87.5	78.5	79.2	83.8	76.8	71.7	84.3	82.1	75.1	79.2
■期末考试	80.0	89.0	67.5	71.0	43.0	63.0	71.5	13.0	74.5	71.0

图3-80 平时总评和考试成绩对比图

2. 新建一个“学号_姓名_销售. xlsx”工作簿，在工作簿中新建“销售数据”工作表，在工作表中输入各季度、各分公司的销售记录，并完成下列任务：

(1) 用饼图统计第三季度，各分公司销售量在公司三季度总销售量的占比(图 3 - 81(a))。

2014年大龙公司手机销售记录

季度 分公司	第一季度	第二季度	第三季度	第四季度
南京	10452	20321	38765	54321
上海	30001	40086	20001	60432
北京	25001	54387	37645	40005
西安	16000	19995	38900	31234
沈阳	8000	20138	10000	32134

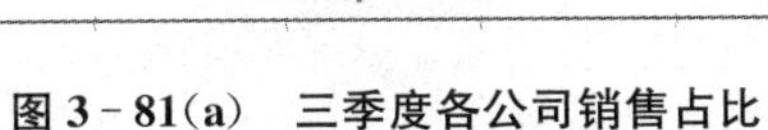

图 3 - 81(a)　三季度各公司销售占比

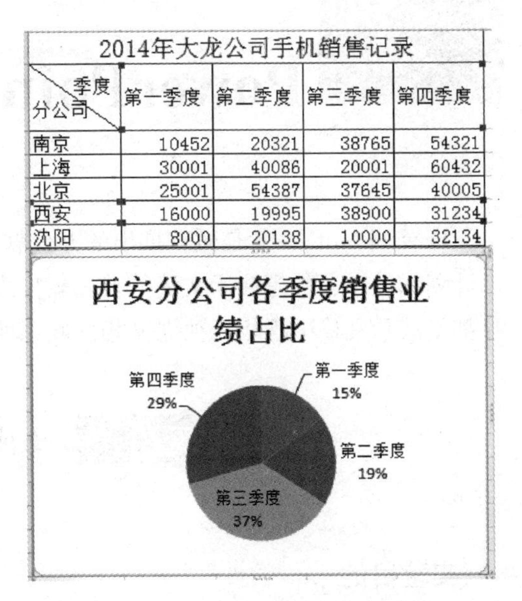

2014年大龙公司手机销售记录

季度 分公司	第一季度	第二季度	第三季度	第四季度
南京	10452	20321	38765	54321
上海	30001	40086	20001	60432
北京	25001	54387	37645	40005
西安	16000	19995	38900	31234
沈阳	8000	20138	10000	32134

图 3 - 81(b)　西安分公司各季度销售占比

(2) 用饼图统计西安分公司，各季度销售量在西安分公司全年销售总量的占比(图 3 - 81(b))。

PowerPoint 2016 基本操作

PowerPoint 2016 是微软推出的办公软件，是制作公司简介、会议报告、产品说明、培训计划和教学课件等演示文稿的首选软件之一。演示文稿由多张幻灯片组成，每张幻灯片都是演示文稿中既相互独立又相互联系的内容。

实验一　幻灯片的基本操作

一、实验目的

1. 了解 PowerPoint 2016 的基本布局。
2. 掌握新建演示文稿及幻灯片制作的基本方法。

二、操作指导

1. 基本界面

PowerPoint 2016 启动后的初始界面如图 4－1 所示。

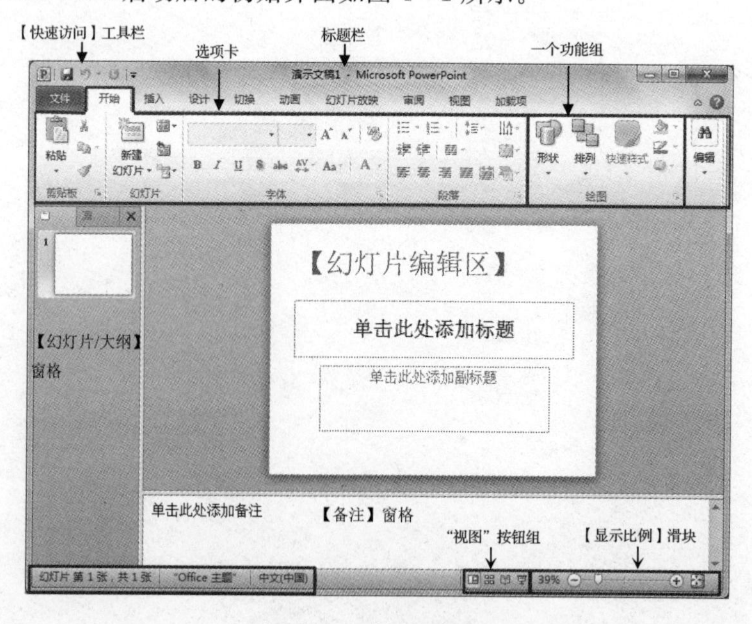

图 4－1　主界面布局

在左侧的【幻灯片/大纲】窗格中单击某张幻灯片的缩略图，该幻灯片的内容会显示在【幻灯片编辑区】，在编辑区内可以为幻灯片输入文字、插入图片以及设计动画等。

2. 幻灯片的基本操作

(1) 新建幻灯片

启动 PowerPoint 2016 后，将新建一个名为"演示文稿 1"的演示文稿(扩展名为.pptx)，文稿中自动包含一张幻灯片。

单击【开始】选项卡中的"新建幻灯片"按钮中的向下小箭头(图 4－2)，将展开多种版式的幻灯片供用户选择，不同版式上有不同的虚线框(占位符)，单击这些占位符可以方便地插入相应的内容。

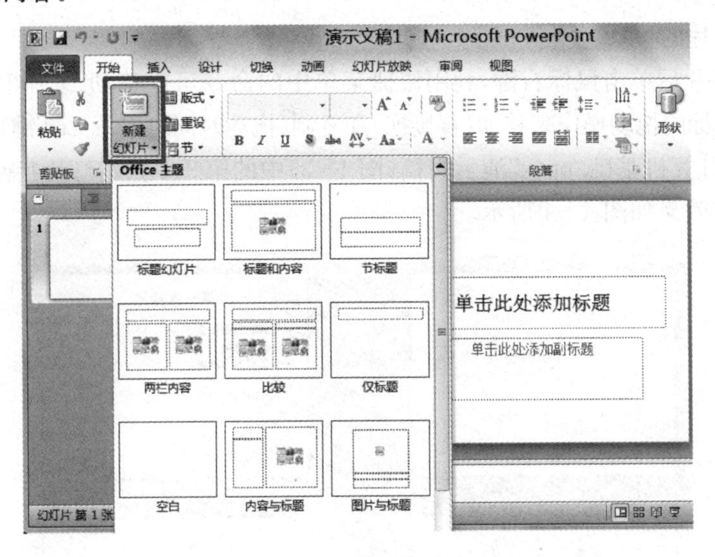

图 4－2 新建幻灯片

在演示文稿中新建四张不同版式的幻灯片(图 4－3 所示)，将该演示文稿保存并命名为"大学计算机基础.pptx"，在后面的操作指导中，将继续使用该文件，并使之进一步完善。

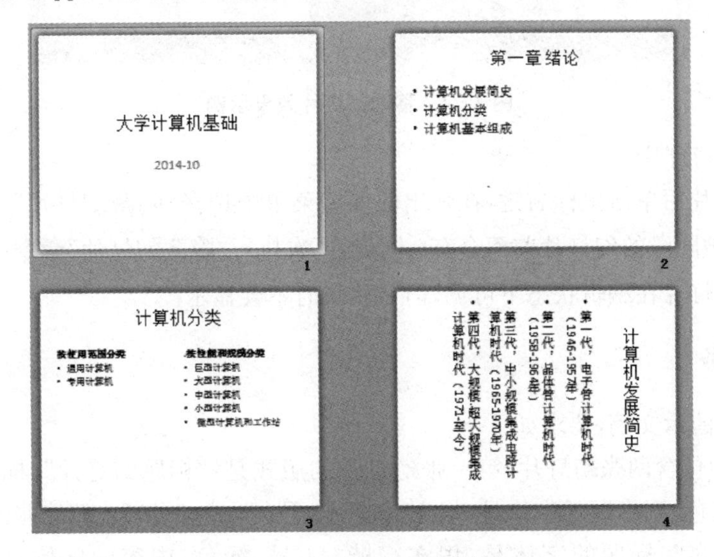

图 4－3 幻灯片版式示例

(2) 选择幻灯片

对幻灯片的编辑、复制、移动和删除等操作都需要先选中幻灯片，下面介绍在【幻灯片/大纲】窗格中选择幻灯片的几种方法：

① 选择单张幻灯片：单击某张幻灯片缩略图即可。

② 选择多张连续的幻灯片：先单击要连续选择的第一张幻灯片，然后按住Shift键，再单击需选择的最后一张幻灯片，则它们之间的所有幻灯片均被选中。

③ 选择多张不连续的幻灯片：单击要选择的第一张幻灯片，然后按住Ctrl键，再依次单击需选择的幻灯片。

④ 选择全部幻灯片：将光标放在左侧窗格中，按 Ctrl＋A 组合键即可。

(3) 幻灯片的移动、复制和删除

选中幻灯片后单击鼠标右键，利用快捷菜单中的命令可以移动、复制和删除幻灯片；也可以通过鼠标的拖动操作来移动(直接拖)和复制(拖动时同时按下 Ctrl 键)幻灯片。

将“大学计算机基础. pptx”演示文稿(图 4－3)中的第 3、4 张幻灯片互换位置后保存，互换后的浏览效果如图 4－4 所示。

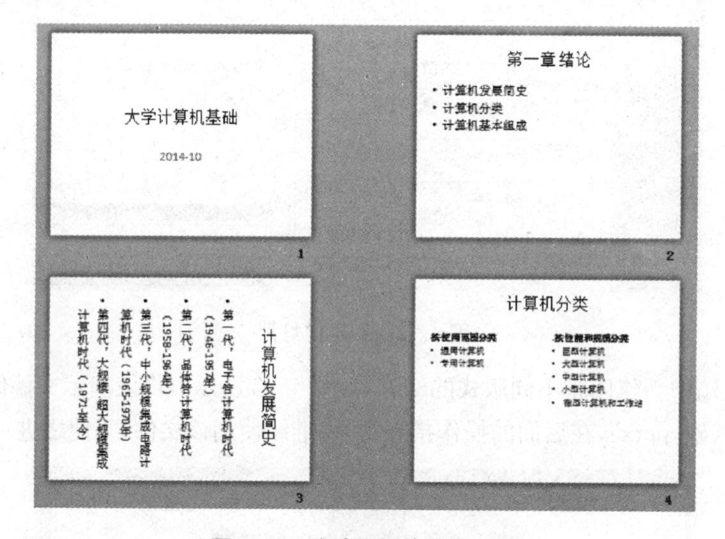

图 4－4　移动幻灯片效果示例

(4) 隐藏幻灯片

选中幻灯片后单击鼠标右键，在弹出的快捷菜单中选择“隐藏幻灯片”命令可隐藏选中的幻灯片，被隐藏的幻灯片前面会有图标识，再次执行“隐藏幻灯片”命令可取消隐藏。

隐藏的幻灯片在编辑状态下可见，但在放映时不会显示。

三、实验任务

新建一个演示文稿，要求如下：

1. 文稿中包含两张幻灯片，第一张幻灯片的版式是：“标题幻灯片”，标题的字体是：隶书、66 号、红色，副标题的字体是：华文行楷、48 号(图 4－5(a))。第二张幻灯片的版式是：“标题和内容”，标题的字体是：华文行楷、44 号、绿色，内容的字体是：隶书、24 号

(图 4 - 5(b))。

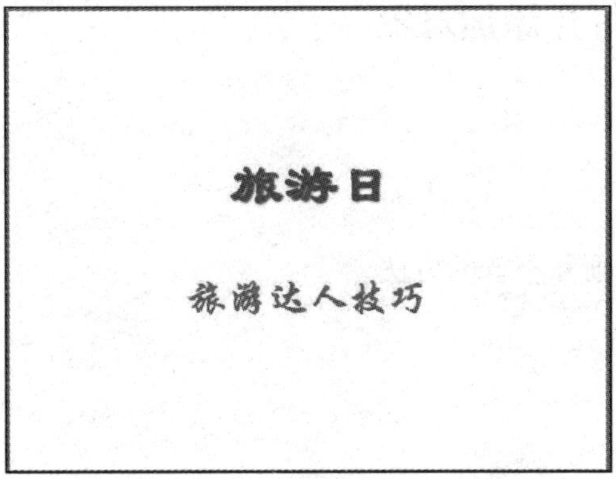

图 4 - 5(a) 第 1 张幻灯片示例 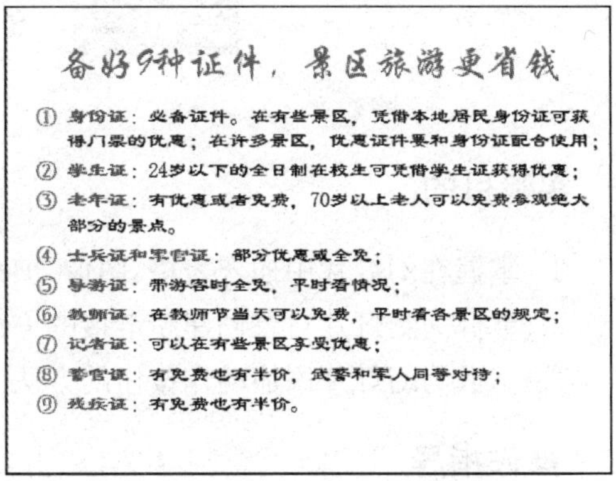 **图 4 - 5(b) 第 2 张幻灯片示例**

2. 将演示文稿保存并命名为“学号_姓名_旅游小贴士. pptx”，下一实验任务中将再次使用该演示文稿。

实验二 幻灯片添加对象

一、实验目的

1. 掌握在幻灯片中插入表格、图像、剪贴画和声音的方法。
2. 掌握为幻灯片对象创建超链接的方法。
3. 掌握为幻灯片添加动作按钮的方法。

二、操作指导

幻灯片上除了可以有文本、还可以添加各种图像(图片、剪贴画、屏幕截图)、插图(各种形状图形、SmartArt、图表)、链接(超链接、动作按钮)、艺术字和幻灯片编号等各种符号、媒体(视频和音频)等,这些功能主要在【插入】选项卡中完成。

1. 表格的添加、修改和美化

在幻灯片中插入表格和在Word中插入表格的方法基本一样,更方便的是,在幻灯片中还可以利用版式中的表格占位符来插入表格。

选中表格后,会增加【表格工具|设计】和【表格工具|布局】两个选项卡,用这两个选项卡可以改变表格的结构和外观。

2. 图片的添加和美化

在幻灯片中添加图片可以增加文稿的可视性和趣味性,在【插入】选项卡中单击“图片”按钮可插入本机图片,单击“联机图片”按钮可插入联机图片(含剪贴画)

对插入的图片进行处理,可以让图片更美观。Office 2016提供了强大的图片处理功能,有些功能甚至能和一些图像处理工具媲美。

选中图片后,会增加【图片工具|格式】选项卡(图4-6),用该选项卡可以对图片进行处理。

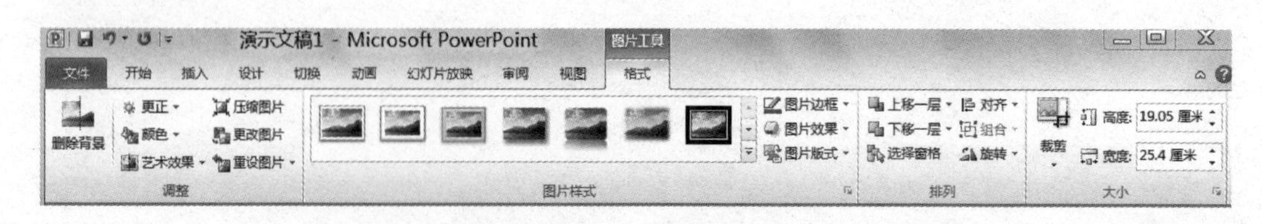

图4-6 【图片工具|格式】选项卡

如果感觉插入图片的亮度、对比度、清晰度没有达到自己的要求,可以选中图片后单击“更正”按钮,在弹出的效果缩略图中选择自己需要的效果。

如果图片的色彩饱和度、色调不符合自己的意愿,可以单击“颜色”按钮,在弹出的效果缩略图中选择自己需要的效果,调节图片的色彩饱和度、色调,或者为图片重新着色。

如果要为图片添加特殊效果,可以单击“艺术效果”按钮,在弹出的效果缩略图中选择一种艺术效果,为图片加上特效。

PowerPoint 2016 还可以实现“抠图”功能。选中图片,单击【调整】功能组中的“删除背景”按钮,PowerPoint 2016 会对图片进行智能分析,并以红色遮住照片背景;如果发现背景有误遮,可以通过“标记要保留的区域”或“标记要删除的区域”工具手工标记调整抠图范围;当一切设置准备无误之后,单击“保留更改”按钮,即可去除图片背景,完成抠图操作。图 4-7 给出了一个抠图示意图。

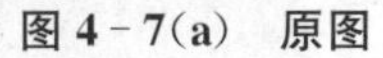

图 4-7(a) 原图

图 4-7(b) 去除背景效果

图 4-7(c) 抠图效果

除了调节图片和去除图片背景,使用“裁剪”命令可以将图片进行裁剪。操作非常简单,大家可以试一试。

3. 插入 SmartArt 图形

SmartArt 实际上是一系列已经成型的、表示某种关系的逻辑图或组织结构图。可以将演示文稿中带有项目符号列表的文本快速转换为 SmartArt 图形,也可以为 SmartArt 图形添加动画。

在【插入】选项卡中单击“SmartArt”按钮,即可弹出【选择 SmartArt 图形】对话框,在对话框中选择某一类别后,双击选中的图形即可完成插入,然后在 SmartArt 图形中输入文字。

也可以将已有的文本转换为 SmartArt 图形。打开前面保存过的“大学计算机基础.pptx”演示文稿,在第 2 张幻灯片上选中内容文本框,单击【开始】选项卡中的“转换为 SmartArt 图形”按钮(图 4-8(a)),在展开的面板中选择一种 SmartArt 图形即可。

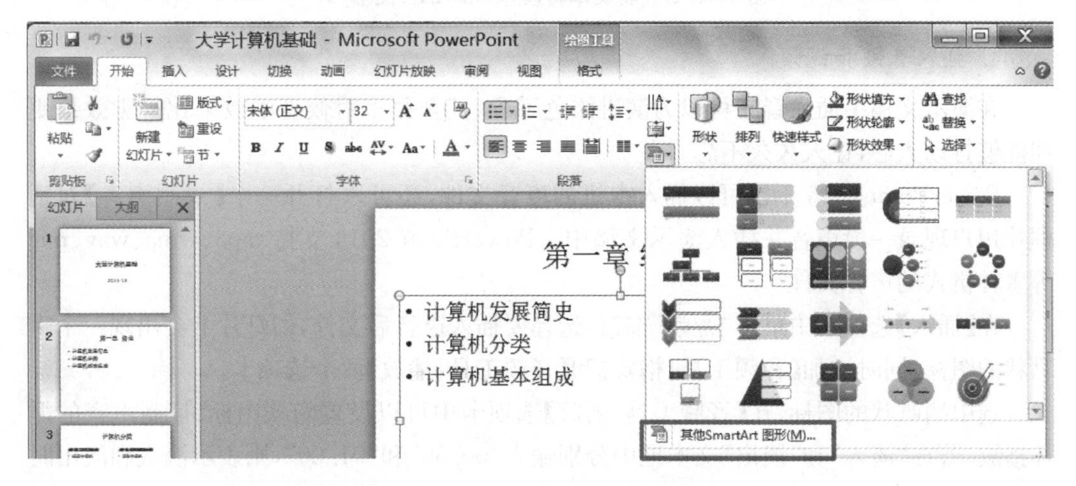

图 4-8(a) 将文本转换为 SmartArt 图形(1)

转换后的效果如图 4－8(b)所示，最初的效果不够美观，可以在【SmartArt 工具|设计】选项卡中进行颜色和样式的更改，以达到更好的显示效果。

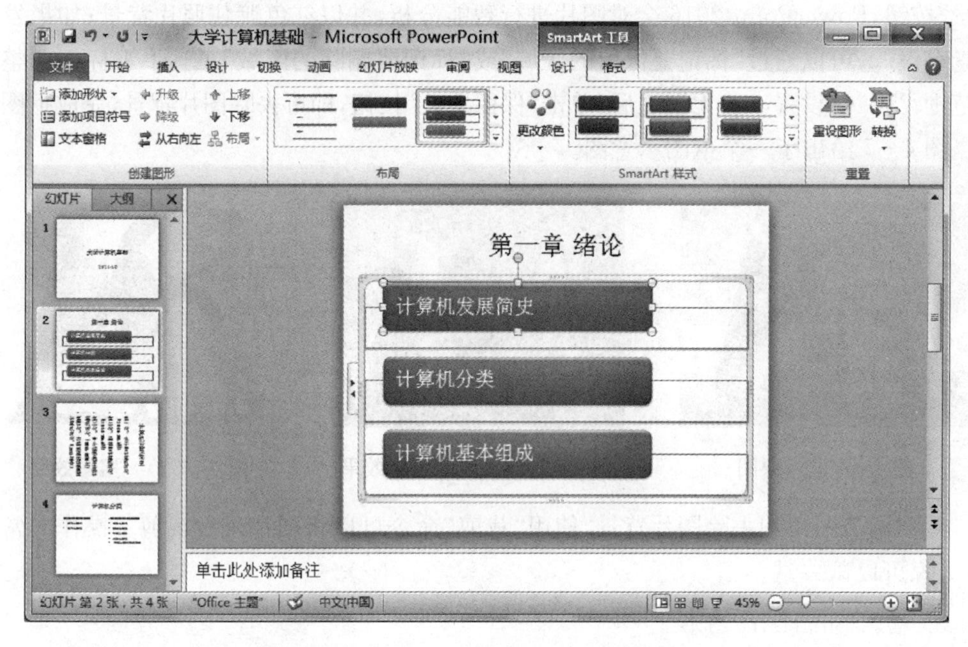

图 4－8(b) 将文本转换为 SmartArt 图形(2)

用类似的方法操作第 3、4 张幻灯片，同时将第 1 张幻灯片的标题设计为艺术字样式并保存文件，图 4－8(c)给出了一种设计效果。

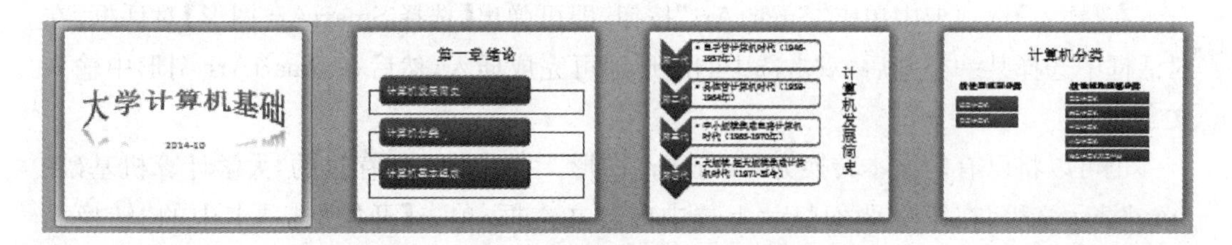

图 4－8(c) 将文本转换为 SmartArt 图形(3)

4. 插入音频和视频

在演示文稿中插入音频可以为演讲添色不少，甚至很多时候音响效果比视觉效果更加能够打动人心，让人久久不忘。

PowerPoint 2016 不仅可以插入本机的声音文件，还可以打开一个【录制声音】对话框让用户现录一段声音并插入演示文稿中。PowerPoint 2016 支持 mp3、wma、wav、mid 等多种格式的声音文件。

在【插入】选项卡中单击“音频”按钮，选择要插入声音后文件，幻灯片上会出现一个喇叭状的图标，同时增加【音频工具|格式】和【音频工具|播放】两个选项卡。

选中喇叭状的图标，在【音频工具|播放】选项卡中可以设置隐藏图标、控制声音的循环播放；若在“淡入”和“淡出”文本框中分别输入“00.50”和“01.00”，则表示淡入和淡出时间分别是 0.5 秒和 1 秒；单击“播放”按钮，可以测试声音的播放效果(图 4－9)。

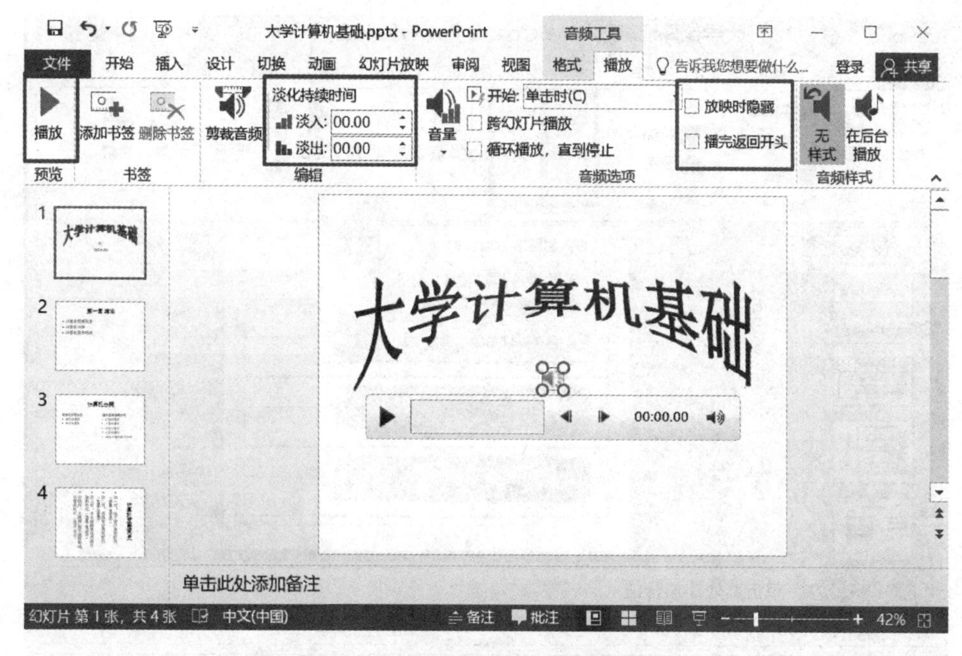

图 4-9　插入声音及设置播放效果

5. 创建链接

幻灯片中的任意对象(如文本、图形等)都可以创建链接，链接目标可以是某个网址、文件或本文档中的某个幻灯片。

激活超级链接的方式有两种："单击"或"鼠标移过"，通常采用"单击"的方式。只有在演示文稿放映时，链接才能激活。

在 PowerPoint 2016 中可使用下列三种方法来创建链接：

(1) 利用"超链接"命令按钮创建超链接

选中要创建链接的对象，单击【插入】选项卡中的"超链接"按钮(图 4-10)，弹出【插入超链接】对话框(图 4-11)，在对话框的"链接到"区域有四个选项，分别是：

- "现有文件或网页"：可以链接到一个外部文件，如某个 Word 文档或记事本文件，甚至可以是一个可执行文件。
- "本文档中的位置"：可以链接到当前 PowerPoint 文件中的某张幻灯片。
- "新建文档"：可以新建一个 PowerPoint 文档，并链接到该文档。
- "电子邮件地址"：可以填入一个电子邮件地址，如mailto：zhangsan@163. com，则单击超链时，会打开 Outlook Express 应用程序来收发邮件，需要注意的是，事前要对 Outlook Express 进行相应的设置方可完成邮件收发。

打开前面保存过的"大学计算机基础. pptx"演示文稿，为第 2 张幻灯片内容文本框中的三行文本分别添加超链接，使单击这些文字时能分别跳转到相应的幻灯片，操作方法可参照图 4-10 和图 4-11 完成。

图 4-10 为对象插入超链接

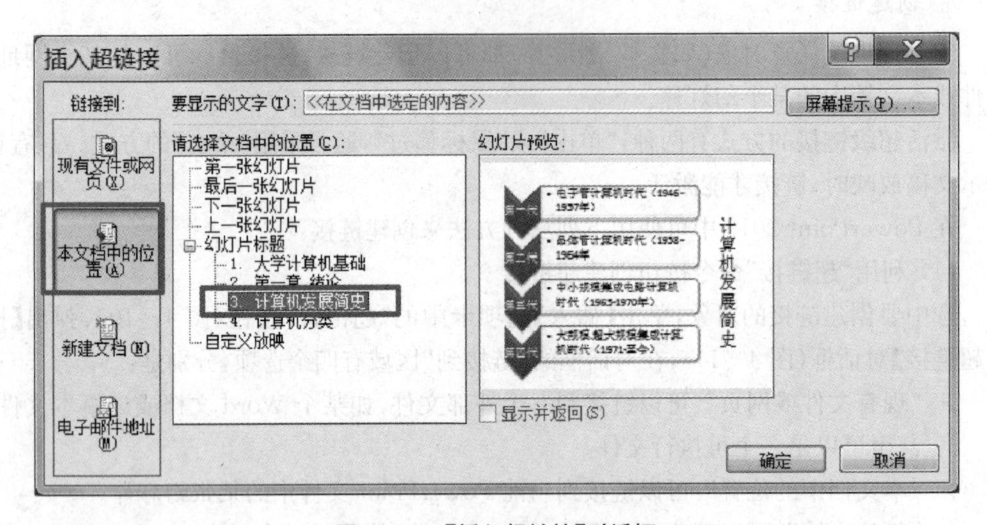

图 4-11 【插入超链接】对话框

(2) 利用"动作"命令按钮创建超链接

在幻灯片中选中某个对象(如文本框或图片等)，单击【插入】选项卡中的"动作"按钮(图 4-10)，弹出【动作设置】对话框(图 4-12(a))。对话框中有两个标签，若希望单击鼠标时激活超链接可在【单击鼠标】标签中设置；若希望鼠标移动时激活超链接可在【鼠标移过】标签中设置。

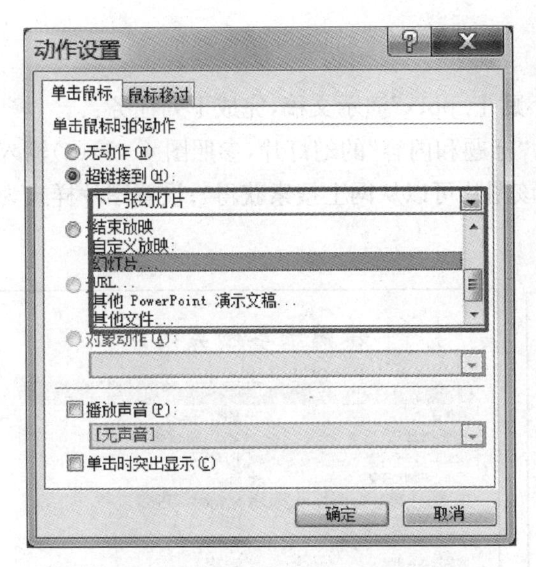

图 4-12(a) 【动作设置】对话框

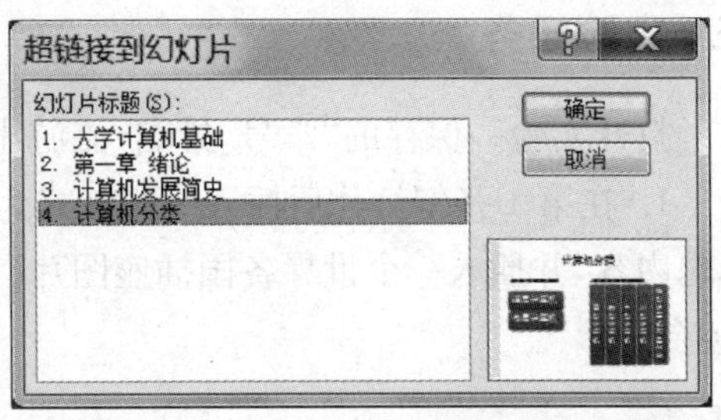

图 4-12(b) 【超链接到幻灯片】对话框

图 4-12(c) 【超链接到幻灯片】对话框

在对话框的"超链接到"下拉列表中若选择"幻灯片……",则可弹出【链接到幻灯片】对话框(图 4-12(b)),选择当前演示文稿中的某张幻灯片作为链接目标;若选择"URL……",则可弹出【超链接到 URL】对话框(图 4-12(c)),输入某一个网址作为链接目标。

(3) 利用"动作按钮"图形对象创建超链接

在【插入】选项卡的"形状"按钮中有多组形状符号,在最末端的"动作按钮"组中有 12 个不同的按钮(图 4-13(a))。选择一个按钮,在幻灯片中拖动鼠标绘制,释放鼠标时会自动弹出【动作设置】对话框(图 4-12(a)),在该对话框中可以为该按钮设置链接目标,设置方法同上。

在"大学计算机基础. pptx"演示文稿的第 3、4 张幻灯片右下角添加动作按钮(图 4-13(b),使幻灯片放映时,单击动作按钮,可返回到第 2 张幻灯片。

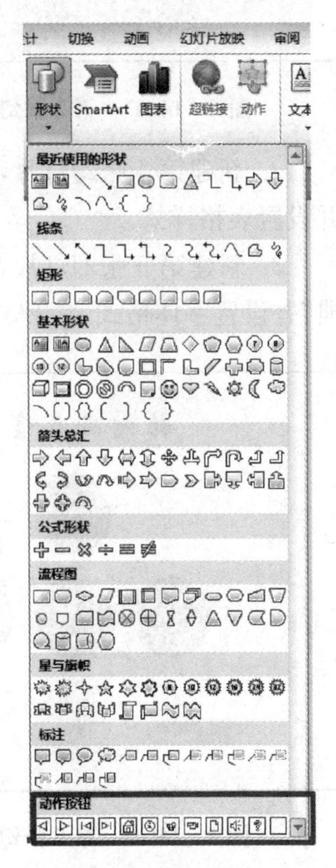

图 4-13(a) 插入"动作按钮"

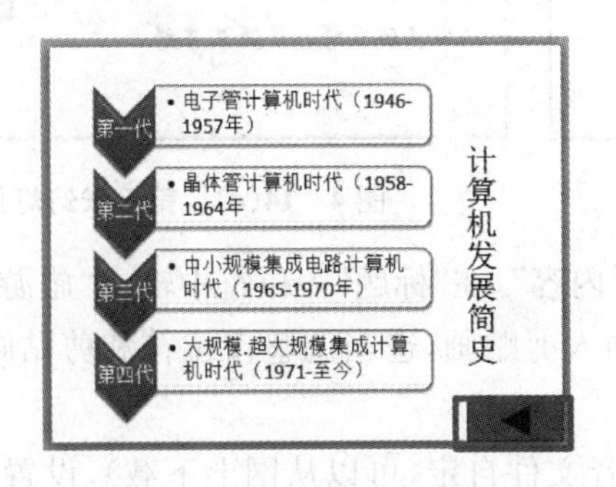

图 4-13(b) 幻灯片插入"动作按钮"

三、实验任务

打开实验一保存的“学号_姓名_旅游小贴士.pptx”演示文稿,完成下列任务:

1. 在第1张幻灯片后插入一张版式为“标题和内容”的幻灯片,参照图4-14(a)输入标题内容,并插入一个世界各国插座图片(该图片可以从网上搜索获得);设置图片样式为“棱台矩形”。

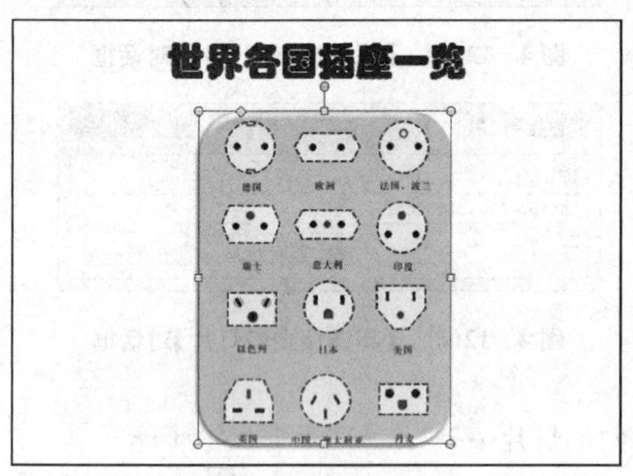

图4-14(a) 第2张幻灯片内容

必备物品	备选物品
身份证	相机、充电器
护照(出国)	笔记本、电源线
现金或卡	吹风机
毛巾、牙刷和牙膏	雨伞
衣、裤、袜和鞋	MP3/MP4、耳机
手机、充电器	墨镜
化妆用品(女生)	保鲜袋
刮胡器具(男士)	针线包
纸巾	优盘
梳子、小镜子	纸、笔、书
感冒药、创可贴	水杯
备注:①可根据时间需要调整;②如果出国,需适当兑换外币。	

图4-14(b) 第4张幻灯片内容

2. 新建第4张幻灯片,版式是“标题和内容”,参照图4-14(b)输入标题和表格内容并设置表格样式。

3. 新建第5张幻灯片,版式为“标题和内容”,在“标题”占位符中输入“旅游必备宝典”并设置字体格式。插入SmartArt图形并设置,效果如图4-14(c)所示。

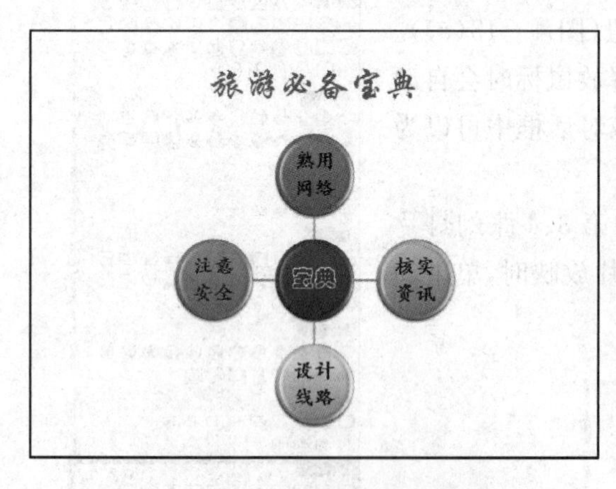

图4-14(c) 第5张幻灯片内容

旅游注意事项

- 一袋保鲜袋,使旅途更清香
- 自带毛巾,安全健康
- 准备舒适的鞋子,让旅途不再疲惫
- 整理行李有诀窍
- 卷子深一点,票子会少一点
- 名俗忌讳,千万不要碰

图4-14(d) 第6张幻灯片内容

4. 新建第6张幻灯片,版式为“两栏内容”,在“标题”占位符中输入“旅游注意事项”,左侧占位符中输入内容,右侧占位符中插入剪贴画,适当调整占位符和剪贴画的位置,效果如图4-14(d)所示。

5. 在第1张幻灯片中插入声音(声音文件自定,可以从网上下载),设置放映时隐藏喇叭图标、淡入淡出时间为0.5秒、循环播放、播放后返回开头。

6. 新建第 7、8 张幻灯片，版式为“标题和内容”，输入内容并设置字体格式。插入动作按钮，单击动作按钮，可返回第 6 张幻灯片，效果如图 4－14(e)和图 4－14(f)所示。

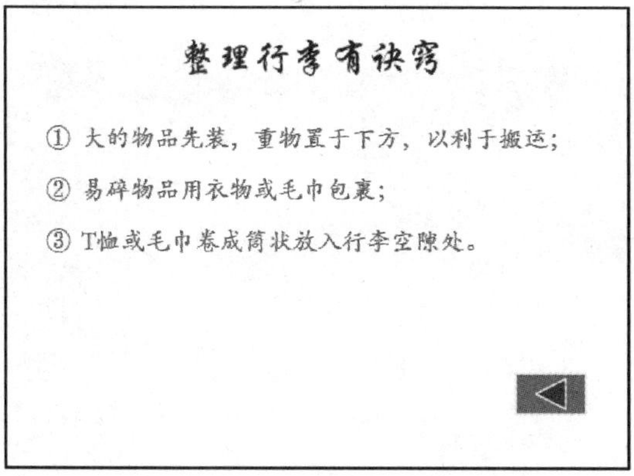

整理行李有诀窍

① 大的物品先装，重物置于下方，以利于搬运；

② 易碎物品用衣物或毛巾包裹；

③ T恤或毛巾卷成筒状放入行李空隙处。

图 4－14(e)　第 7 张幻灯片内容

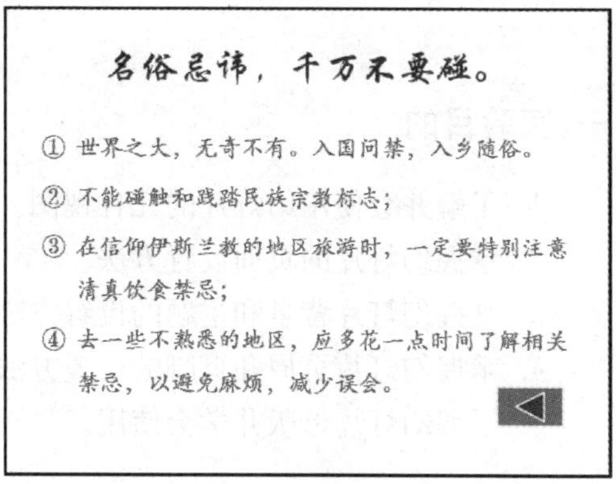

名俗忌讳，千万不要碰。

① 世界之大，无奇不有。入国问禁，入乡随俗。

② 不能碰触和践踏民族宗教标志；

③ 在信仰伊斯兰教的地区旅游时，一定要特别注意清真饮食禁忌；

④ 去一些不熟悉的地区，应多花一点时间了解相关禁忌，以避免麻烦，减少误会。

图 4－14(f)　第 8 张幻灯片内容

7. 为第 6 张幻灯片中的文字“整理行李有诀窍”和“名俗忌讳，千万不要碰”添加超链接，使单击它们时能分别链接到第 7 张和第 8 张幻灯片。

8. 保存文件，下一实验任务中将再次使用该演示文稿。

实验三 幻灯片的设置

一、实验目的

1. 了解并会使用幻灯片的几种视图。
2. 掌握幻灯片的页面设置方法。
3. 掌握幻灯片背景和主题的设置方法。
4. 掌握幻灯片页眉和页脚的设置方法。
5. 了解幻灯片母版并学会使用。

二、操作指导

1. *演示文稿视图及视图切换*

演示文稿视图是指使用 PowerPoint 制作演示文稿时窗口的显示方式,PowerPoint 2016 提供了五种演示文稿视图模式,分别是:普通视图、大纲视图、幻灯片浏览视图、备注页视图和阅读视图,每种视图都将处理的焦点集中在演示文稿的某个要素上。

在【视图】选项卡【演示文稿视图】功能组中有这五种视图的切换按钮(图 4-15),屏幕的右下角也有一组"视图切换"按钮,可以实现视图的切换。

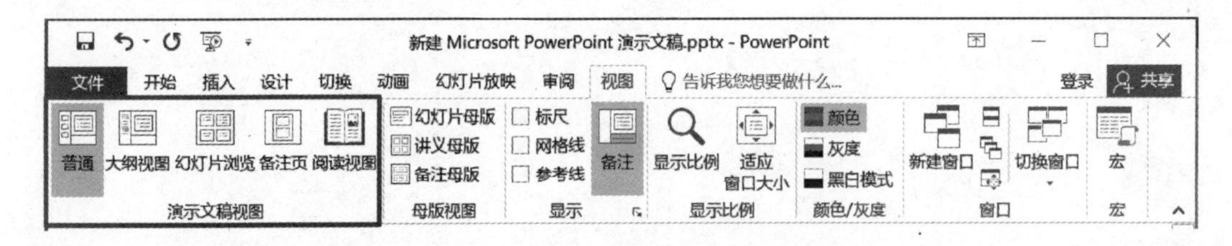

图 4-15 "视图"选项卡

(1) 普通视图

普通视图是 PowerPoint 2016 的默认视图模式。在此视图下,可以直接看到幻灯片的静态设计效果。普通视图包含三个窗格:大纲窗格、幻灯片窗格及备注窗格(图4-16)。拖动窗格边框可调整不同窗格的大小。

- 大纲窗格:列出了每张幻灯片的页码、主题以及相应的要点,可以方便地删除幻灯片和调整幻灯片的顺序。
- 幻灯片窗格:主要用于显示、编辑幻灯片的详细内容。
- 备注窗格:主要用于为对应的幻灯片添加提示信息,对使用者起备忘、提示作用,演示文稿放映时观众看不到备注栏中的信息。

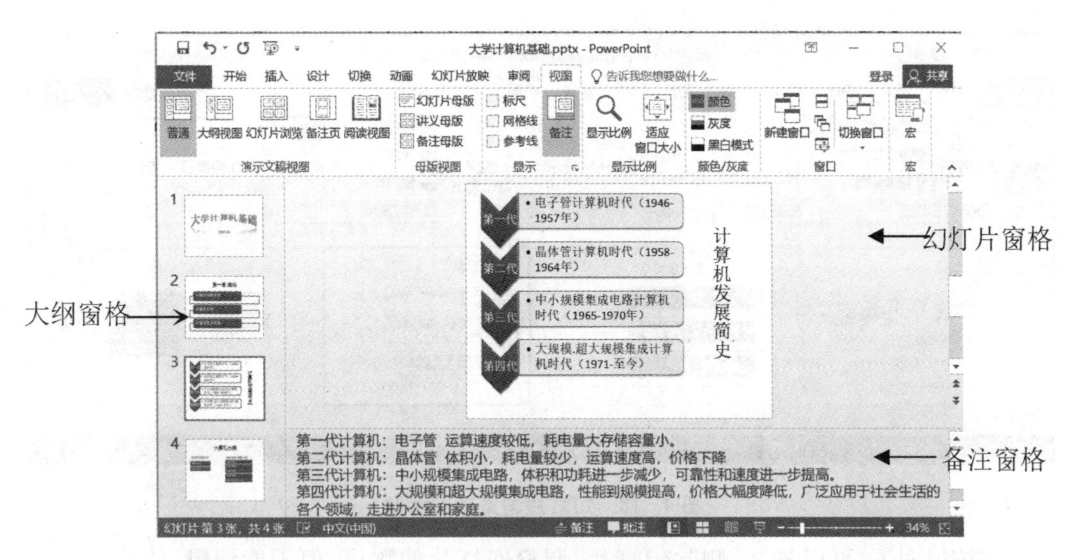

图 4－16　普通视图示例

(2) 大纲视图

大纲视图的大纲窗格中显示演示文稿的文本内容和组织结构，不显示图形、图像、图表等对象。

在大纲视图下编辑演示文稿，可以调整各幻灯片的前后顺序；在一张幻灯片内可以调整标题的层次级别和前后次序；可以将某幻灯片的文本复制或移动到其他幻灯片中(图 4－17)。

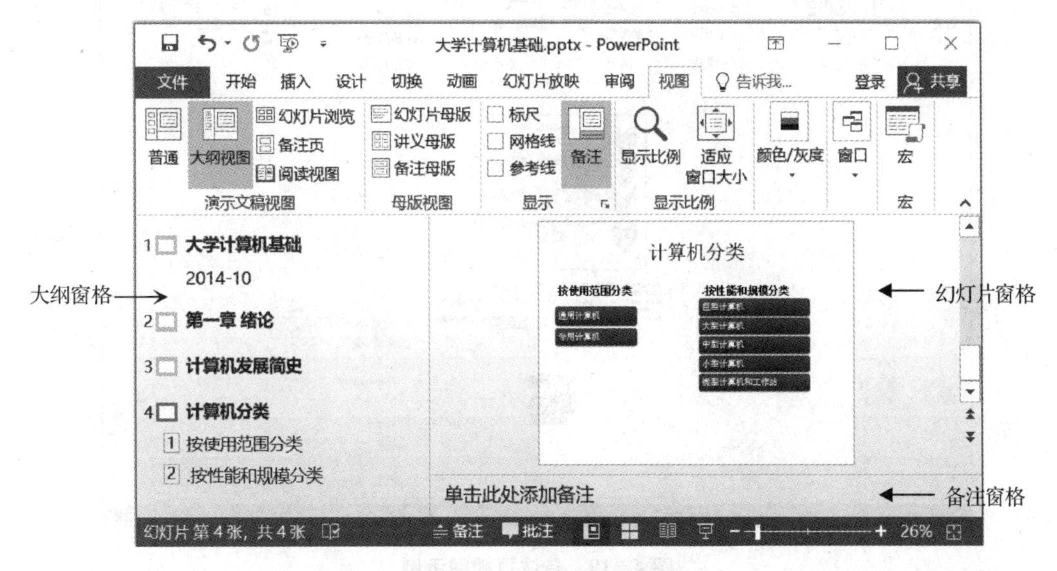

图 4－17　大纲视图示例

(3) 幻灯片浏览视图

该视图按幻灯片序号顺序显示演示文稿中全部幻灯片的缩略图(图 4－18)。

图4-18 幻灯片浏览视图示例

在该视图下，可以复制、删除幻灯片，调整幻灯片的顺序，但不能编辑、修改幻灯片内容。

(4) 备注页视图

该视图用来显示和编排备注页内容。在备注页视图中，视图的上部分显示幻灯片，下半部分显示备注内容(图4-19)。

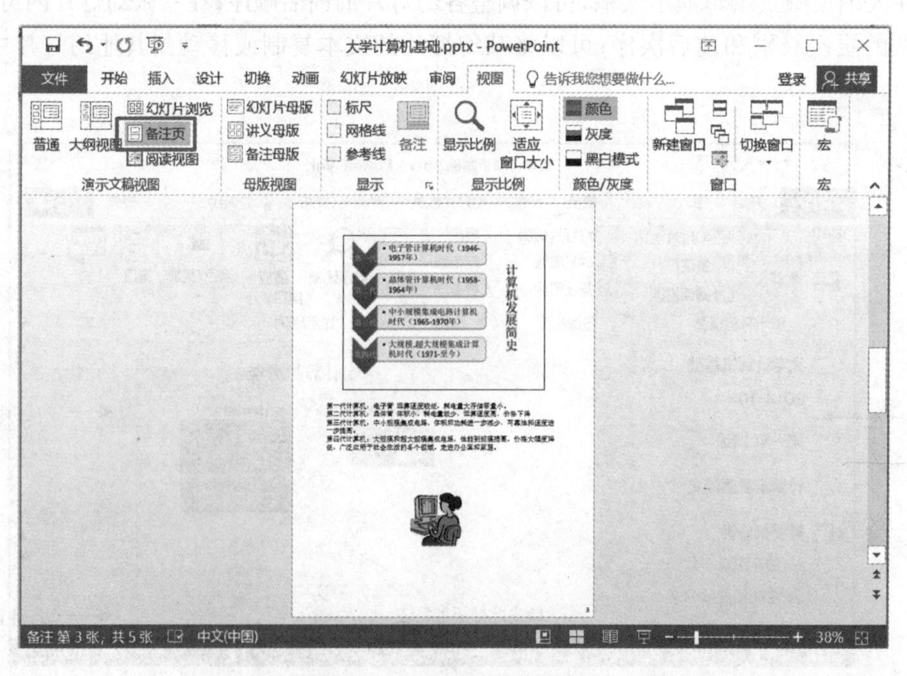

图4-19 备注页视图示例

备注内容可以是文字、图片或表格；若备注内容是文字，可直接在普通视图的备注窗格中添加；若备注内容是图形和表格对象，则必须在备注页视图中添加。

(5) 阅读视图

阅读视图主要用于演示文稿的放映(如通过大屏幕)，可以通过鼠标操作浏览(图4-20)。

图 4-20 阅读视图示例

2. 设置幻灯片主题

在 PowerPoint 中美化幻灯片最简单快捷的方式是使用幻灯片的主题功能。PowerPoint 提供了很多模板，它们将幻灯片的配色方案、背景和格式组合成各种主题，这些模板称为“幻灯片主题”。选择某种主题并将它应用到演示文稿中，可以使所有幻灯片与主题保持一致。

在【设计】选项卡的【主题】功能组中可以选择某一内置的主题；在面板中单击“浏览主题”命令，则可在打开的对话框中选择外部主题模板文件，并将它们应用到当前演示文稿中(图 4-21)。

图 4-21 为幻灯片应用主题

选择主题后,若对主题效果不满意,可在【变体】功能组中选择"颜色""字体""效果"和"背景样式"按钮,对主题的配色方案、字体及效果进行修改。

若对修改后的某一主题效果满意,可在图 4-21 面板中单击"保存当前主题"命令,被保存的主题会出现在面板的"自定义"区域,以后使用非常方便。

打开"大学计算机基础. pptx"演示文稿,为幻灯片选择"环保"主题模板。

3. 设置幻灯片背景

为幻灯片设置背景可以使幻灯片更加美观。在【设计】选项卡中单击"设置背景格式"按钮,会在文档的右侧出现"设置背景格式"窗格。若选择"图片或纹理填充",则可从"文件""剪贴板"或"剪贴画"库中选择图片作为幻灯片的背景。单击"全部应用"按钮,则所做的设置会应用在所有的幻灯片上,否则只会应用在当前幻灯片上(图 4-21)。

4. 幻灯片页面设置

在【设计】选项卡中单击"幻灯片大小"→"自定义幻灯片大小"按钮,即可弹出【幻灯片大小】对话框(图 4-22),在该对话框中可以调整每张幻灯片的大小、宽度、高度以及幻灯片方向,并设置幻灯片编号的起始值。

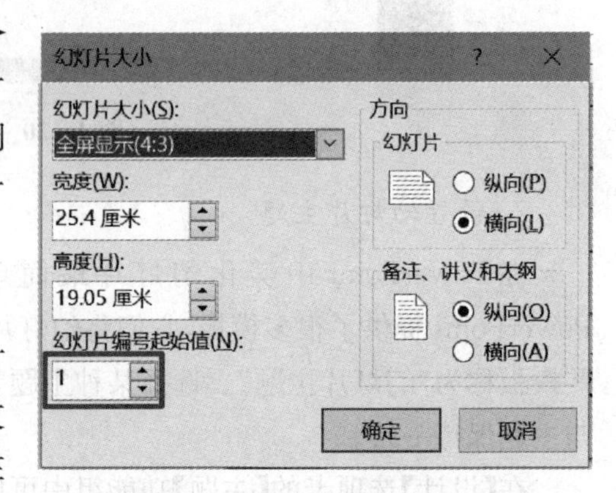

图 4-22 【幻灯片大小】对话框

5. 设置幻灯片页眉和页脚

幻灯片的页眉和页脚是指要显示在幻灯片、讲义、大纲或备注页面的顶部或底部的文本或数据(如幻灯片编号、页码、日期等)。在【插入】选项卡中单击"页眉和页脚"按钮,可在弹出的【页眉和页脚】对话框中设置页眉和页脚(图 4-23);单击"应用"按钮可将设置添加到当前选中的幻灯片;单击"全部应用"按钮可将设置添加到所有幻灯片中。

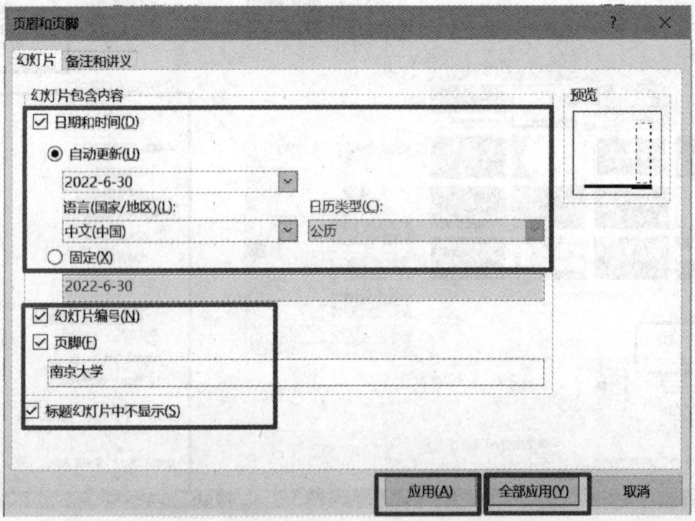

图 4-23 【页眉和页脚】对话框

打开"大学计算机基础.pptx"演示文稿，参照图 4－23 设置页眉和页脚，并单击"全部应用"按钮，则除第 1 张标题幻灯片以外的其余三张幻灯片的底部都增加了"南京大学"、幻灯片编号以及每次打开都自动更新的日期(图 4－24)。

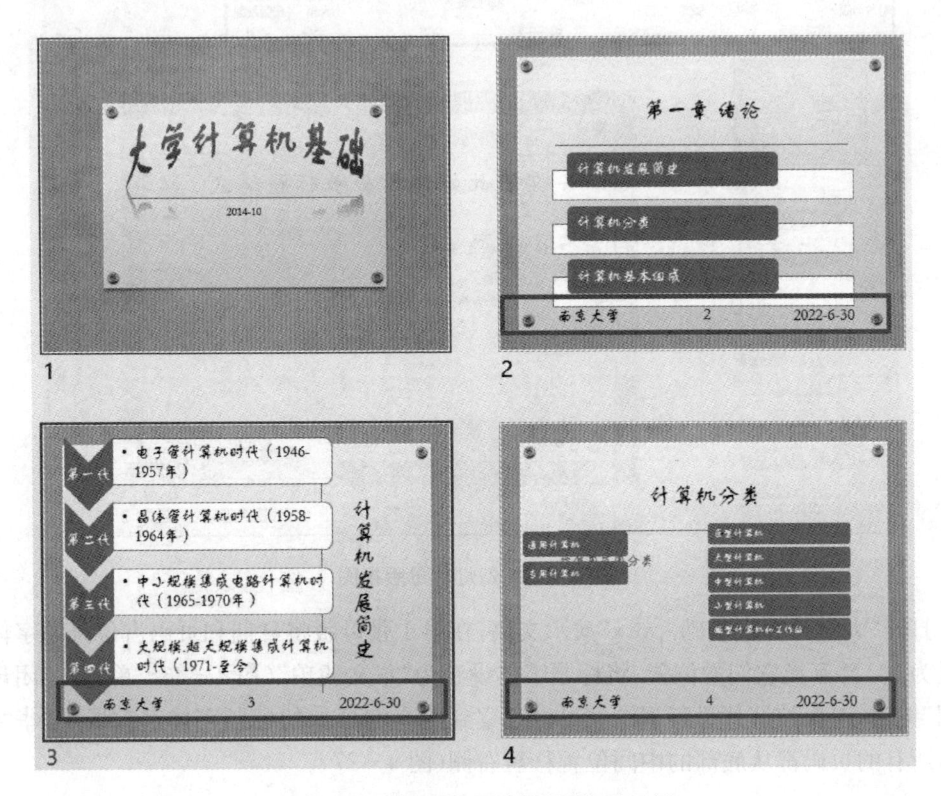

图 4－24 【页眉和页脚】设置效果示例

6. 幻灯片母版设置

幻灯片母版是幻灯片层次结构中的顶级幻灯片，它存储有关演示文稿的主题和幻灯片版式的所有信息，包括背景、颜色、字体、效果、占位符的大小和位置，所有幻灯片都是基于某种母版创建的。

若需要在所有幻灯片上做一些共性设置，如添加公司名称或徽标(logo)，统一每张幻灯片标题的字体、颜色及占位符的大小和位置，改变页眉页脚位置和字体等，都可以在幻灯片母版中一次性设置，而不需要在每张幻灯片上重复设置。当演示文稿很长，包括大量幻灯片时，幻灯片母版尤其有用，可以使设计者节约时间。

在【视图】选项卡上单击"幻灯片母版"按钮，则在【开始】选项卡前会新增一个【幻灯片母版】选项卡(图 4－25)；单击该选项卡可进入幻灯片母版视图，编辑幻灯片母版。

在幻灯片母版视图的左窗格会列出当前演示文稿的所有母版，每个版式都有对应的母版，将鼠标放在每一个母版上稍作停留，会出现相应的提示文字；用鼠标单击一个母版，会在右窗格显示该母版并可进行编辑(修改最上面的母版，会影响所有版式的母版)(图 4－25)。

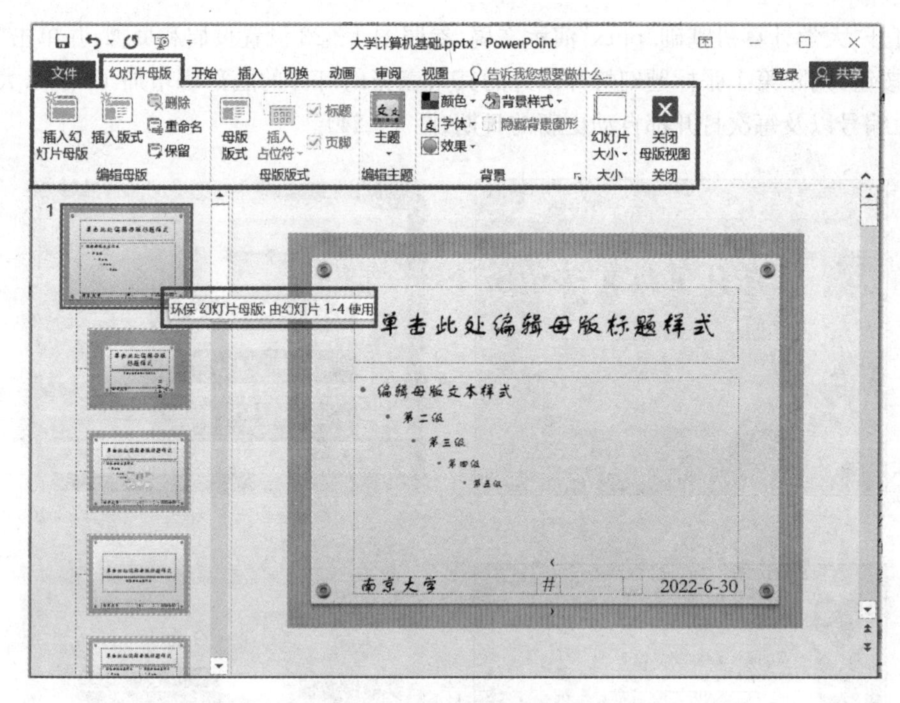

图 4-25　幻灯片母版视图

打开"大学计算机基础.pptx"演示文稿，在第1张母版将日期和页码占位符的字体大小设为24，并互换它们的位置；将标题字体设置为"华文琥珀"(图4-26)；单击"关闭母版视图"按钮，退出幻灯片母版视图。可以观察到所有幻灯片的标题字体都改成了"华文琥珀"，所有的页码都从底部的中间位置移至右侧(图4-27)。

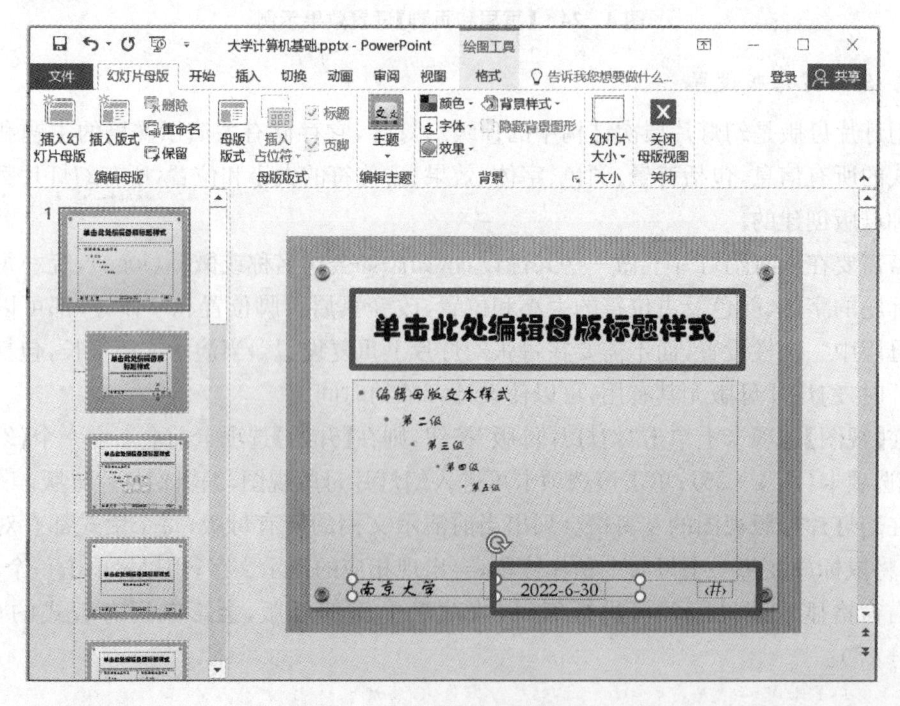

图 4-26　修改幻灯片母版

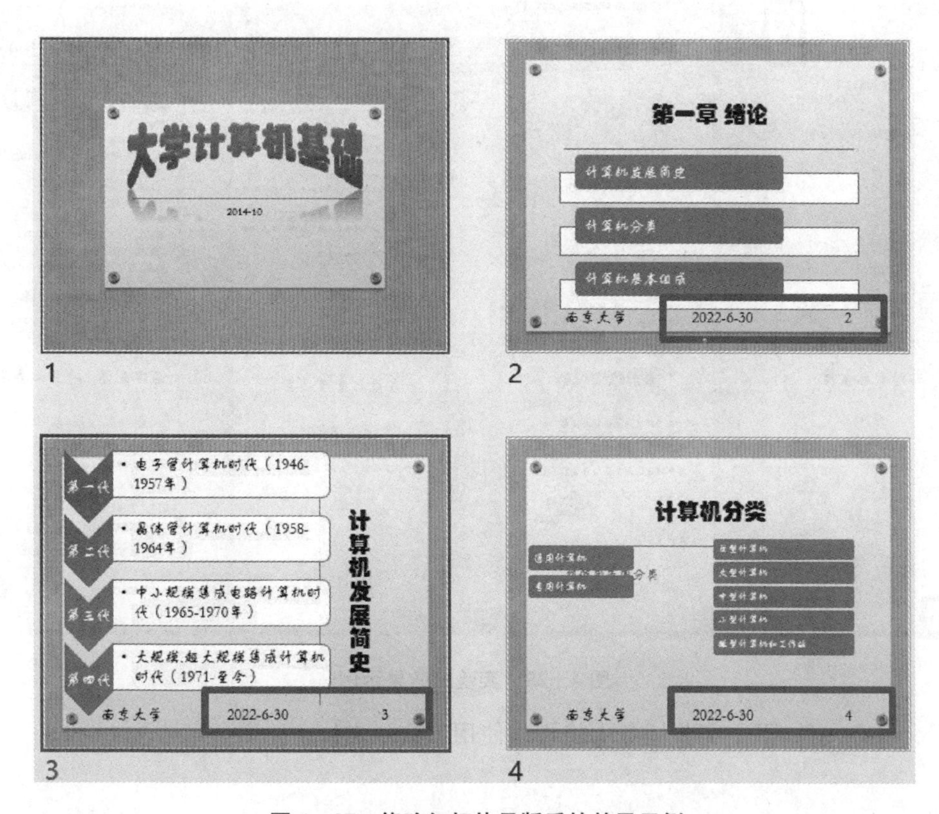

图 4-27　修改幻灯片母版后的效果示例

三、实验任务

打开 实验二保存的“学号_姓名_旅游小贴士. pptx”演示文稿，完成下列任务：

1. 查看演示文稿的各种视图。

2. 设置幻灯片为纵向、全屏显示(4∶3)，幻灯片起始编号设置为 0，并为所有幻灯片应用某一种主题。

3. 为幻灯片添加页眉页脚：自动更新的日期、幻灯片编号(标题幻灯片中不显示)，页脚的字体为“黑体、20 号”。

4. 利用幻灯片的母版在每张幻灯片的右上角添加三个“十字星”形状，并适当调整大小。设置后的效果如图 4-28 所示。

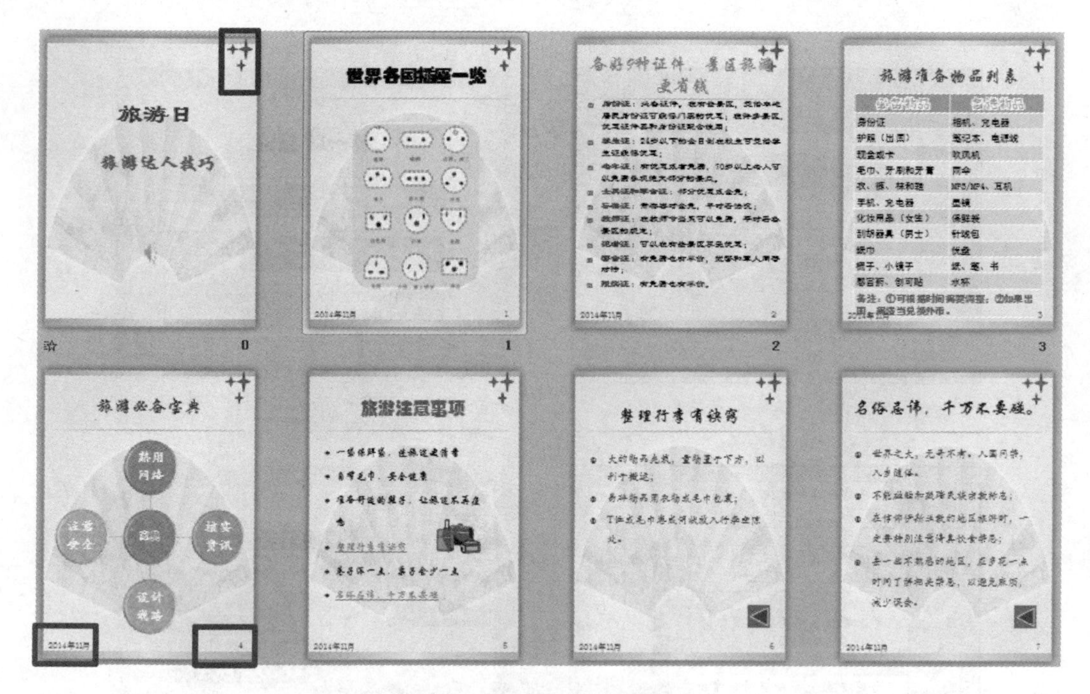

图 4-28　实验三效果示例

5. 保存文件,下一实验任务中将再次使用该演示文稿。

实验四　为幻灯片添加动画

一、实验目的

1. 掌握在幻灯片中设置自定义动画的方法。
2. 掌握设置幻灯片切换效果的方法。

二、操作指导

为幻灯片及幻灯片上的对象添加动画，不仅可以让演示文稿更加生动活泼，还可以控制演示流程并突出关键的数据。

PowerPoint 动画分为自定义动画和幻灯片切换两种。

1. 自定义动画

演示文稿中的文本、图片、形状、表格、SmartArt 图形和其他对象都可以制作成动画，赋予它们进入、退出、大小或颜色变化甚至移动等视觉效果。动画设置主要在【动画】选项卡(图 4－29)中完成，动画设置步骤如下：

图 4－29　【动画】选项卡

(1) 选择要设置动画的对象

(2) 选择动画种类

可以为选中的对象添加四类动画，分别是："进入""强调""退出"和"动作路径"。"进入"是指对象从无到有的出现形式；"强调"是指对象直接显示后再出现的动画效果；"退出"是指对象从有到无退出时的动画形式；"动作路径"是指对象沿着已有的或者自己绘制的路径运动。

单击【动画】选项卡【动画】功能组右侧的向下小箭头，面板中会给出各类动画供用户选择(图 4－30)。如果对面板中的动画选项不满意，单击面板下面的"更多进入效果""更多强调效果""更多退出效果""其他动作路径"命令，可弹出相应的对话框(图 4－31)提供更多的选项供用户选择。

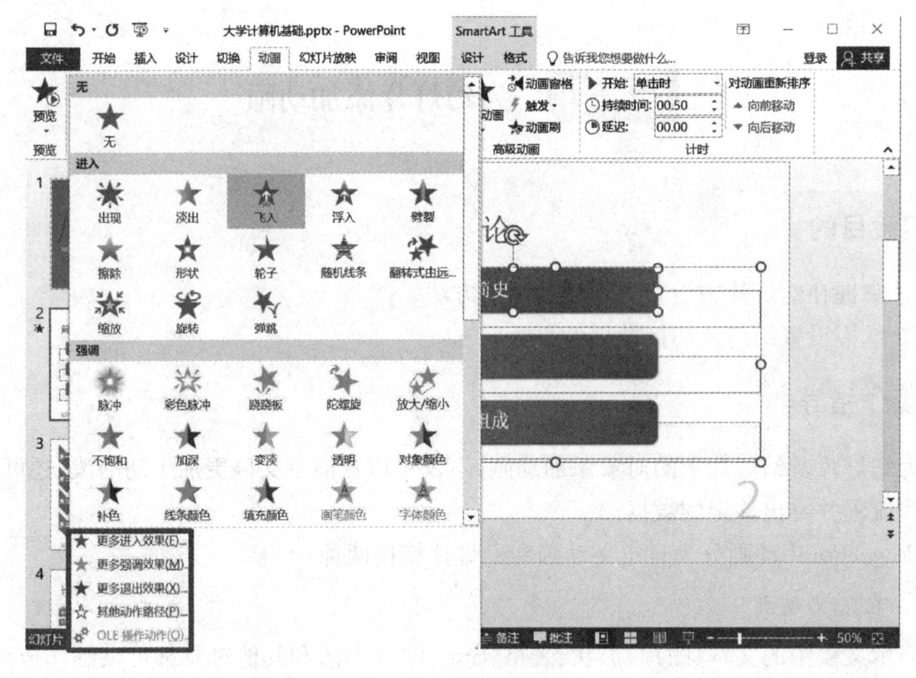

图 4－30　选择动画

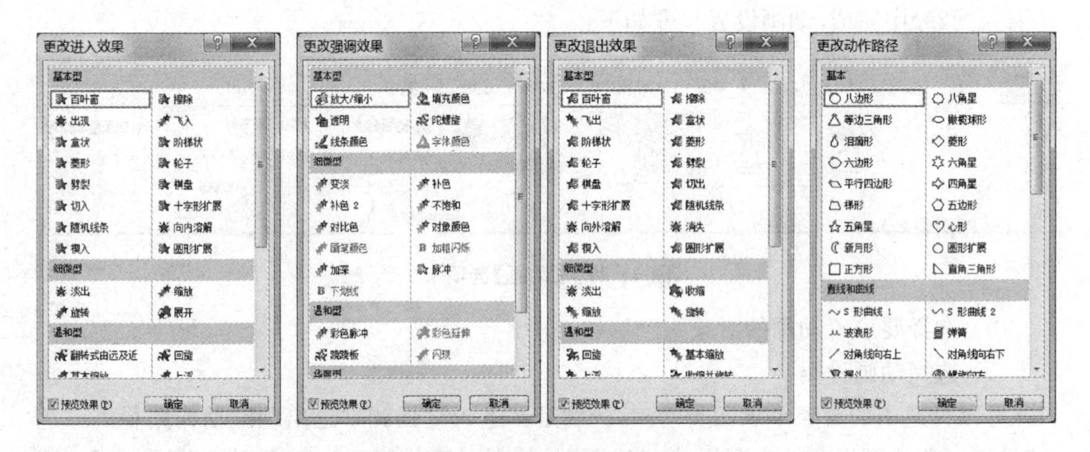

图 4－31　各类动画设置对话框

路径动画可以让对象沿着一定的路径运动，PowerPoint 2016 提供了几十种路径供用户选择；若选择“自定义路径”命令，可将鼠标指针变成一支铅笔，绘制自己想要的动画路径。若要让绘制的路径更加完善，可以选中路径后，单击右键，在快捷菜单中选择“编辑顶点”命令，拖动线条上的每个顶点或任一点即可调节曲线的弯曲程度。

(3) 添加多个动画

同一个对象可以添加多个动画。点击“添加动画”按钮，在展开面板中选择要添加的动画类别。

(4) 在【动画】窗格中设置动画效果及调整动画顺序

幻灯片中的每个对象都可以设置动画，且同一个对象上可以设置多个动画，所有动画都会在【动画】窗格中列出。单击【高级动画】功能组中的“动画窗格”按钮即可出现【动画】

窗格(图 4-32)。

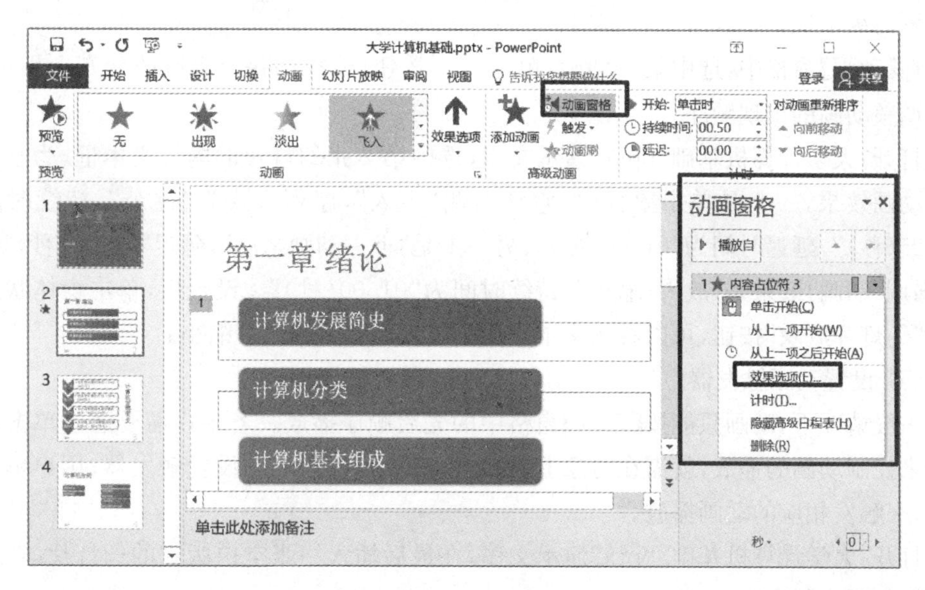

图 4-32 【动画】窗格

在【动画】窗格中选中某一动画,点击“效果选项(E)……”命令可以在弹出的对话框中为该动画设置各种效果,图 4-33 是为 SmartArt 对象设置“飞入”动画效果后的【飞入】对话框,对话框中有三个选项卡:

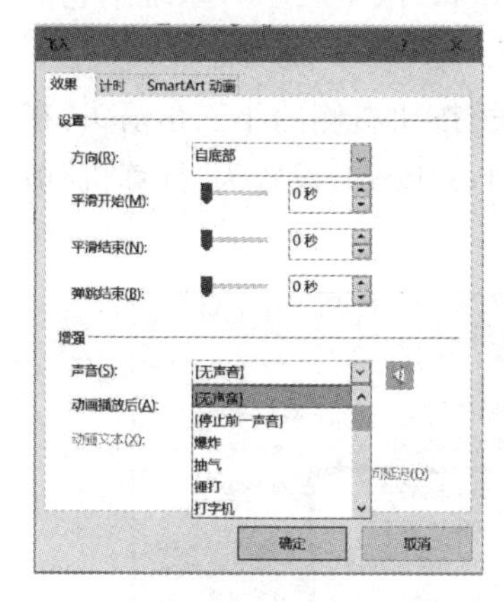

图 4-33(a) 【效果】选项卡

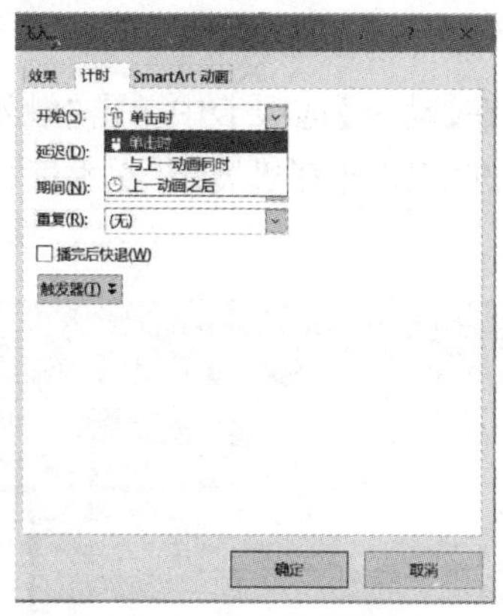

图 4-33(b) 【计时】选项卡

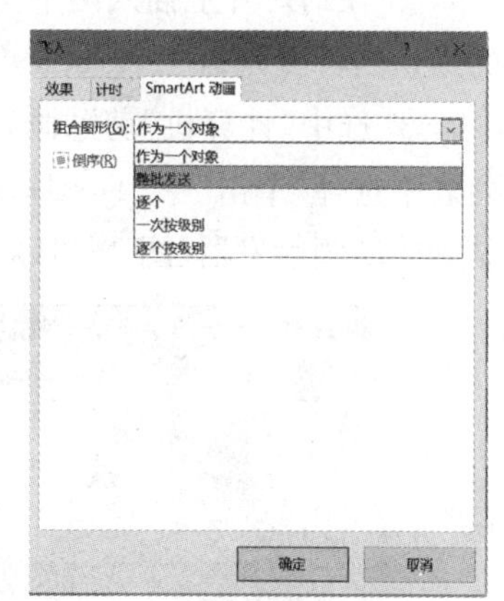

图 4-33(c) 【SmartArt 动画】选项卡

① 【效果】选项卡中可以设置动画出现的方向、动画出现时的声音效果、动画出现后的文字效果等。

② 【计时】选项卡可以设置动画出现的方式(“单击时”“与上一动画同时”“上一动画之后”)、动画出现时的延时时间、持续时间、是否重复出现等。

- “延迟时间”可以使对象在设定的“开始”动作发生后,再延时若干时间才开始动画,设置的时间以“秒”为单位,如延迟时间设置为“01.00(秒)”。
- “持续时间”用来指定动画的长度,设置的时间以“秒”为单位,如持续时间设置为“00.25(秒)”。该值越大,则动画播放得越慢。

③【SmartArt动画】选项卡可以设置SmartArt对象是作为一个整体同时出现还是按级别逐级出现。

在【动画】窗格中,选中某一动画,单击▲▼按钮(或拖动每个动画改变其上下位置)即可调整动画的出现顺序。

打开"大学计算机基础.pptx"演示文稿,选中第2张幻灯片的内容文本框,为它设置两个动画效果,一个是单击鼠标时,它从右侧"飞入",序列方式为"逐个",持续时间为"00.25(秒)",延迟时间为"01.00(秒)";另一个是"上一动画之后",延迟"01.00(秒)"后出现"强调"动画,效果是"放大/缩小",持续时间为"01.00(秒)"。设置后,单击窗体状态栏上的"幻灯片放映"按钮,可以看到文本先逐个飞入,然后再放大/缩小。

(5) 设置动画触发器

一般情况下,动画只能按【动画】窗格中的先后顺序播放。若用户需要通过单击某个对象来控制动画的播放,就需在对象上设置好动画后,再为动画设置触发器;用户单击触发器,来触发相应的动画播放。

打开"大学计算机基础.pptx"演示文稿,在最后插入一张空白版式的幻灯片,在幻灯片中按如下步骤操作:

① 在幻灯片上插入"计算机"和"汽车"两个剪贴画,分别为它们设置"旋转"和"轮子"动画效果,在【动画】窗格可以看到系统给它们的默认名称分别是"Picture2"和"Picture3"(图4-34)。

② 在幻灯片上插入两个文本框,分别输入"计算机展示"和"汽车展示"(系统给它们的默认名称分别为"TextBox9"和"TextBox10")。

③ 选中"计算机"剪贴画,在【动画】选项卡中单击"触发"按钮右侧的小三角箭头,在列表中选择"单击"→"TextBox9",则"计算机展示"文本框(TextBox9)设置为"计算机"剪贴画的动画触发器(图4-34)。

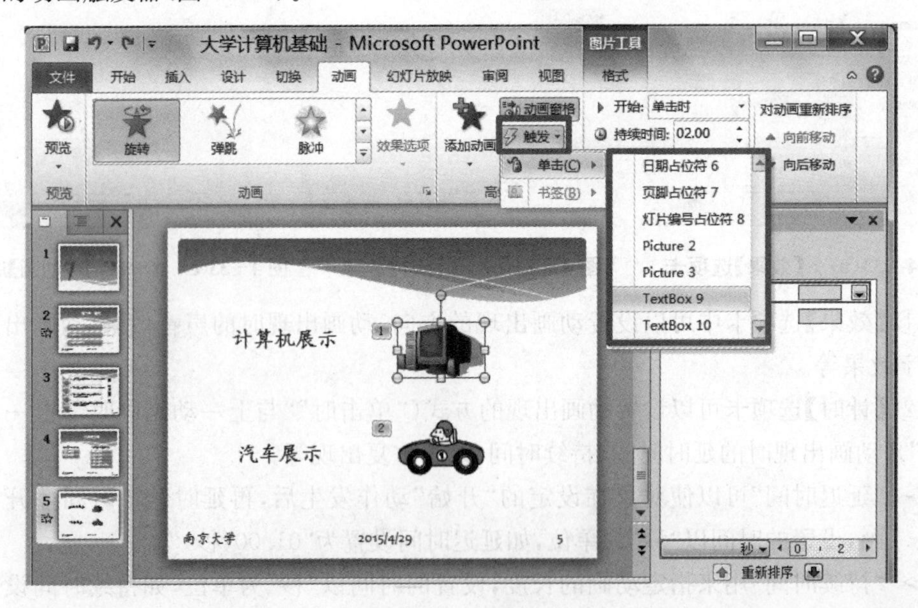

图4-34 设置触发器

④ 选中“汽车”剪贴画，在【动画】选项卡中单击“触发”按钮右侧的小三角箭头，在列表中选择“单击”→“TextBox10”，则“汽车展示”文本框（TextBox10）设置为“汽车”剪贴画的动画触发器。

⑤ 按下 Shift+F5 键，放映当前幻灯片，幻灯片上显示“计算机展示”和“汽车展示”两个文本框，单击任意一个文本框即可使对应的图片以设定的动画方式出现。

提示：在 PowerPoint 中有一个和“格式刷”功能相近的工具—“动画刷”，利用“动画刷”可以快速地复制动画效果到其他对象上。首先选中已设置好动画的对象，再在【动画】选项卡【高级动画】功能组中单击“动画刷”按钮，此时鼠标指针旁边会多一个小刷子图标；用这种格式的鼠标单击另一个对象（文字、图片均可），可为第二个对象设置与第一个对象相同的动画。

2. 设置幻灯片的切换效果

自定义动画主要是为幻灯片上的对象（如文本款、图片、表格等）设置动画。在放映过程中由一张幻灯片进入另一张幻灯片时（即幻灯片切换），也可以设置切换效果，使幻灯片更具有趣味性。

在【切换】选项卡（图 4-35）中有设置幻灯片切换效果的各种选项，设置方式和自定义动画的设置方式类似。打开“大学计算机基础. pptx”演示文稿，选中第二张幻灯片，设置“自右侧”“推进”的切换效果，按下 F5 键放映幻灯片，发现只有第 2 张幻灯片以“自右侧”“推进”的方式出现。单击【计时】功能组中的“全部应用”按钮，再次按下 F5 键放映幻灯片，发现所有幻灯片均以“自右侧”“推进”的方式出现。

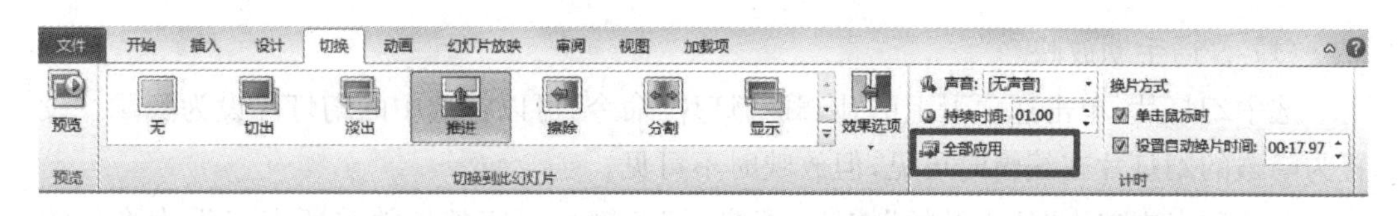

图 4-35 【切换】选项卡

三、实验任务

打开 实验三保存的“学号_姓名_旅游小贴士. pptx”演示文稿，完成下列任务：

1. 为第 3 张幻灯片“备好 9 种证件……”中的内容文本框按段落设置强调动画，动画效果为“跷跷板”。

2. 为第 5 张幻灯片“旅游必备宝典”的 SmartArt 图形设置进入动画，动画效果是：从底部逐个飞入，并将标题设置为触发器，即单击标题时触发动画。

3. 为第 6 张幻灯片“旅游注意事项”上的剪贴画添加两个动画效果：进入动画（动画效果是：弹跳）和动作路径动画（动画效果是：漏斗）。

4. 设置所有幻灯片的切换效果为：擦除，自右侧。

5. 保存文件，下一实验任务中将再次使用该演示文稿。

实验五 幻灯片放映和发布

一、实验目的

1. 掌握演示文稿放映的设置方法。
2. 掌握打包发布演示文稿的方法。

二、操作指导

演示文稿制作完后,可以根据需要设置放映方式。PowerPoint 2016 提供了网上发布功能,可以将文稿广播到网上,也可以将演示文稿创建为 PDF 文档或视频。

1. 设置和放映演示文稿

幻灯片制作结束后,可根据需要在【幻灯片放映】选项卡(图 4-36)中设置放映方式、调整放映顺序、设置每一张幻灯片的放映时间以及放映幻灯片。

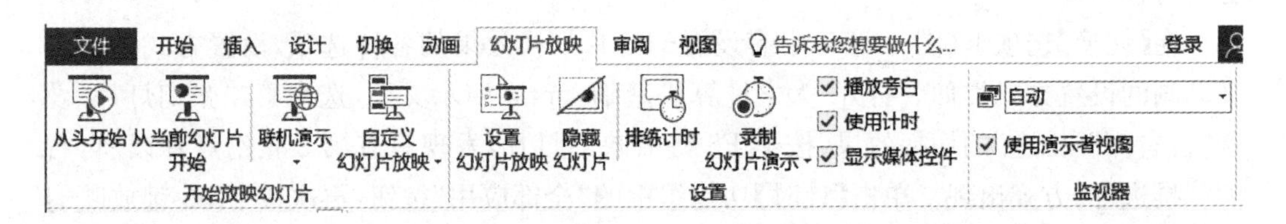

图 4-36 【幻灯片放映】选项卡

(1) 普通手动放映

选中幻灯片,单击选项卡上的"隐藏幻灯片"命令,可以将选中的幻灯片设为隐藏。设置为隐藏的幻灯片在编辑时可见,但放映时不可见。

在选项卡中单击"从头开始"按钮(或按下 F5 键),可完整地放映所有未设为隐藏的幻灯片;单击"从当前幻灯片开始"按钮(或按下 Shift+F5 键)则从当前幻灯片开始放映。放映时按下空格(Space)键或回车(Enter)键,可进行下一个放映;按下 ESC 键可退出放映。

(2) 自定义放映

同一个演示文稿,可以制定多套放映方案,实际放映时,根据不同的场合,选择不同的放映方案。

在【幻灯片放映】选项卡中单击"自定义幻灯片放映"→"自定义放映"命令,在弹出的【自定义放映】对话框(图 4-37(a))中单击"新建"按钮;在【定义自定义放映】对话框(图 4-37(b))中选择要放映的幻灯片,同时用最右侧的⬆⬇按钮调整幻灯片放映的先后顺序,在顶端的输入框中为该放映计划命名;单击"确定"按钮可返回【自定义放映】对话框,并在对话框中列出已建好的放映计划(图 4-37(c))。选中某一个放映计划,可进行"编辑""删除""复制"和"放映"等操作。

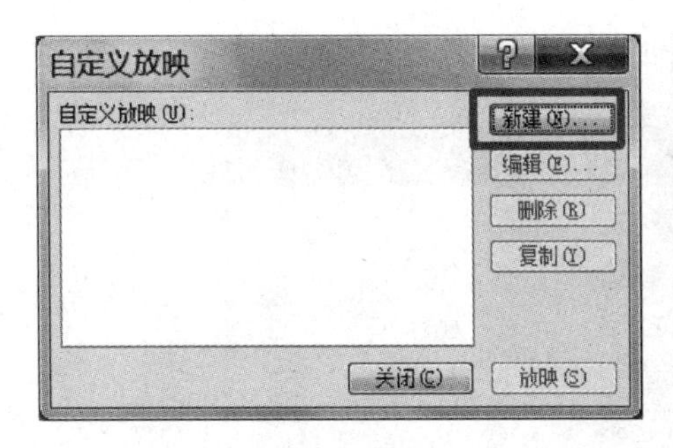

图 4-37(a)　自定义放映(1)

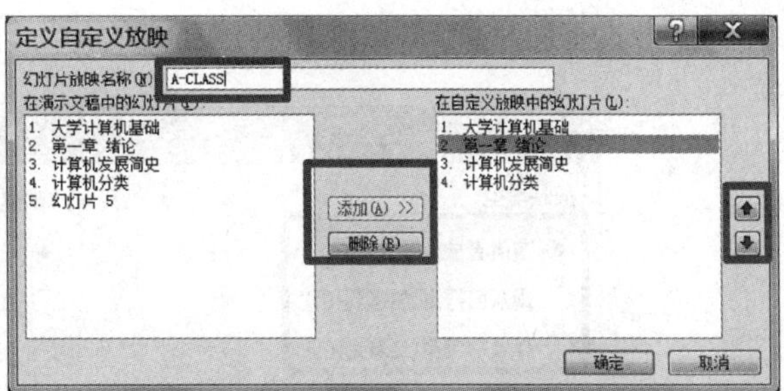

图 4-37(b)　自定义放映(2)

为“大学计算机基础. pptx”演示文稿制定两套放映方案：A-class 和 B-class。其中 A-class 放映 1—4 张幻灯片，B-class 放映 1—5 张幻灯片。两个放映方案的名称会出现在“自定义放映”按钮下的列表中(图 4-37(d))，单击任一方案名称，即可放映该方案。

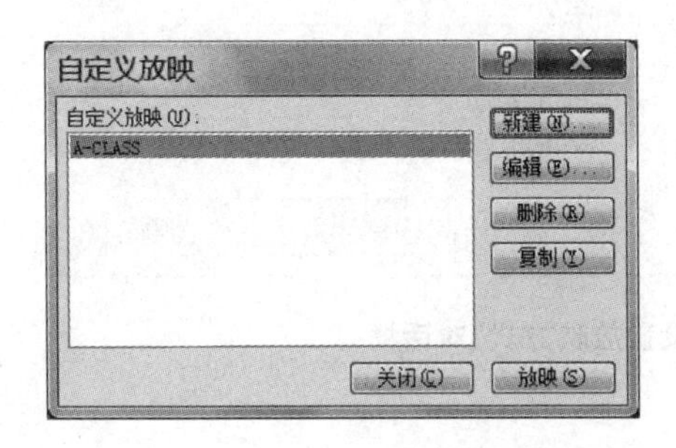

图 4-37(c)　自定义放映(3)

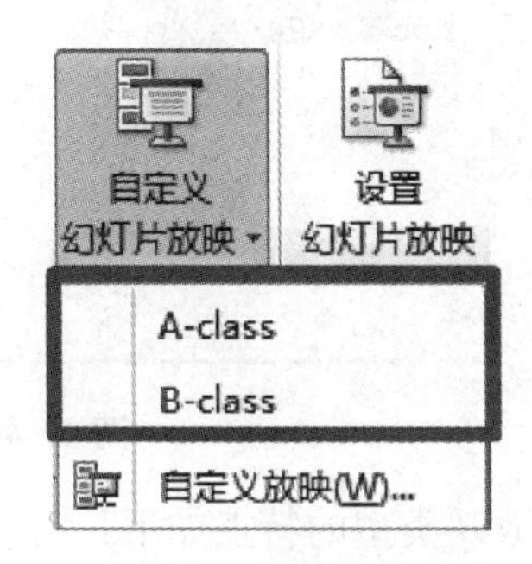

图 4-37(d)　自定义放映(4)

(3) 排练计时

排练计时是先由人工控制，将幻灯片按照设定好的节奏完整地播放一遍，同时记录下每张幻灯片中每个对象的放映时间，并保留下来。以后再次放映时，可按照此排练计时设置好的时间和顺序进行放映，不再需要人工干预，实现演示文稿的自动放映。

在【幻灯片放映】选项卡中单击“排练计时”按钮，幻灯片全屏显示进入放映排练状态，同时在屏幕的左上角打开【录制】工具栏(图 4-38)并自动计时，操作者根据需要单击鼠标控制每一个对象的出场时间。

图 4-38　【录制】工具栏

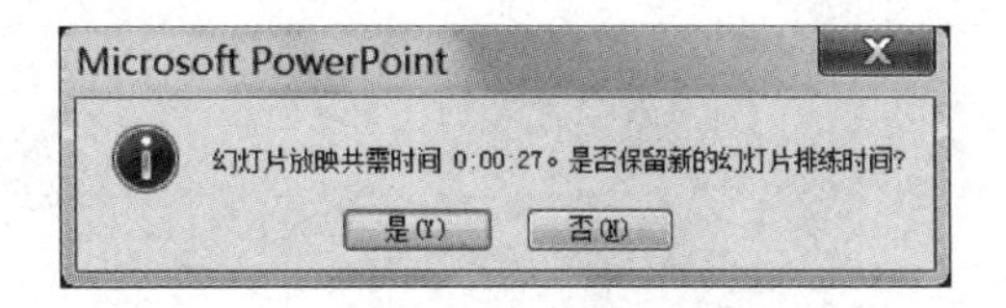

图 4-39　提示对话框

全部幻灯片播放结束后，弹出提示对话框(图 4-39)，提示总的排练计时时间，并询问是否保留幻灯片的排练时间，单击“是(Y)”按钮将保存每张幻灯片的排练计时时间。

(4) 设置放映方式

在【幻灯片放映】选项卡中单击“设置幻灯片放映”按钮，可弹出【设置放映方式】对话框(图 4-40)来设置放映方式。幻灯片放映类型有三种，分别适合不同的场合。幻灯片的换片方式有两种:手动放映和利用已有的排练计时自动放映。

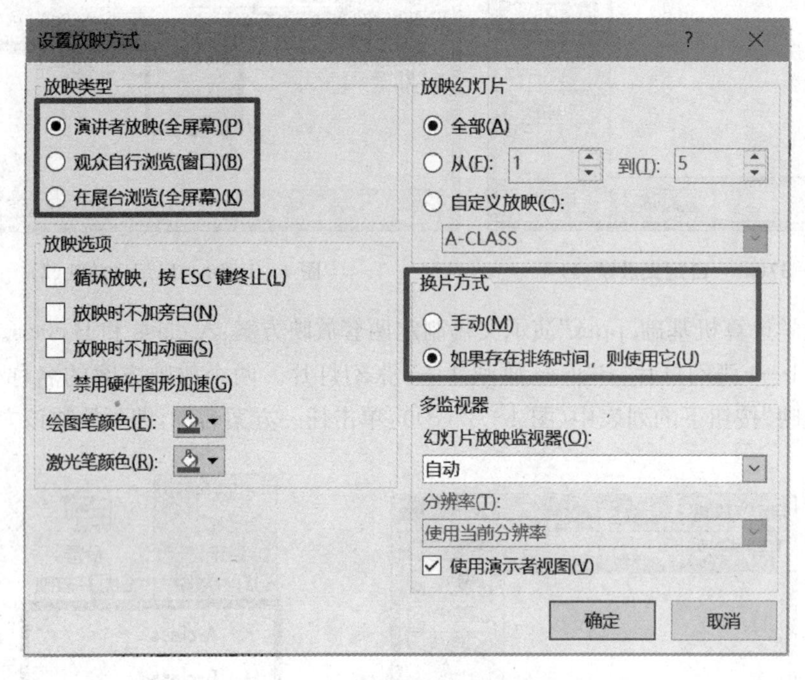

图 4-40 【设置放映方式】对话框

三种放映类型的特点如下:

➢ “演讲者放映”:演讲者一边讲解一边放映幻灯片,是最常用的放映方式。在放映过程中以全屏显示幻灯片,演讲者能控制幻灯片的放映,暂停演示文稿,并将鼠标指针设置为“笔”或“荧光笔”在幻灯片上书写(图 4-41)。

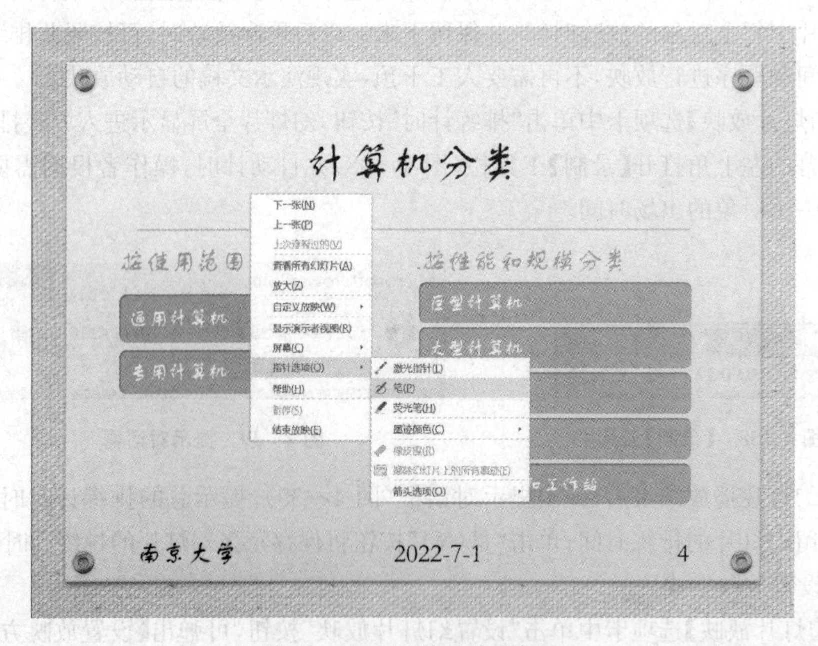

图 4-41 幻灯片放映时书写

➢ “观众自行浏览”：由观众自己动手使用计算机观看幻灯片。观众可以用鼠标单击、转动滚轮，或单击回车键、空格键都可以放映幻灯片，但不支持在幻灯片上书写。

➢ “在展台浏览”：该类型是三种放映类型中最简单的方式，这种方式将自动全屏放映幻灯片，并且循环放映演示文稿，在放映过程中，除了通过超链接或动作按钮来进行切换以外，其他的功能都不能使用，如果要停止放映，只能按 Esc 键来终止。

采用前两种放映类型时，换片方式若设为“手动”，则需要演讲者或观众手动操作；若换片方式设为“如果存在排练时间，则使用它”，则放映过程自动完成，不需要任何人员干预。而采用第三种放映类型时，若换片方式设置为“手动”，则幻灯片无法放映。

该对话框中还可以设置是否循环放映、放映时是否加旁白和动画；也可以设置放映某段连续编号的幻灯片，或选用在“自定义放映”中设置的放映方案来放映，大家都可以在对话框中试一试，并对比一下效果。

2. 录制幻灯片演示

利用 PowerPoint 现场演讲的受众范围通常是有限的，如果能将演讲过程录制成视频，则可以让更多的人看到演讲过程。录制幻灯片演示，可按下列步骤操作：

① 打开要录制的演示文稿，在【幻灯片放映】选项卡的【设置】功能组中勾选“播放旁白”“使用计时”和“显示媒体控件”后，单击“录制幻灯片演示”按钮的向下小箭头，在展开的选项中选择“从头开始录制”命令(图 4－42(a))。在弹出的【录制幻灯片演示】对话框(图 4－42(b))中，将对话框中的两项都选中，单击“开始录制”按钮。

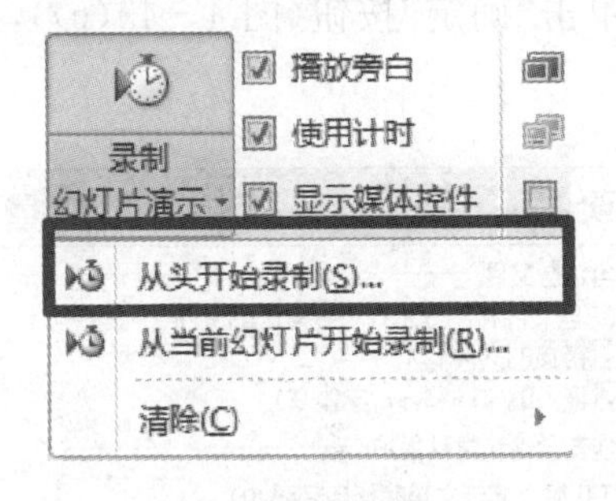

图4－42(a) 录制幻灯片演示(1)

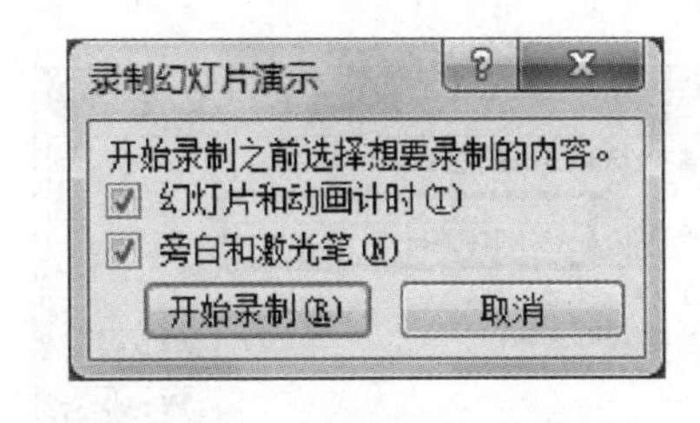

图 4－42(b) 录制幻灯片演示(2)

② 按 F5 键，放映幻灯片，在放映的同时会将整个放映过程录制下来。

③ 幻灯片播放结束后，点击幻灯片放映中的“从头开始”，预览自己录制的幻灯片，查看效果。

④ 最后，点击“文件”菜单中的“另存为”按钮，将幻灯片保存为 WMV 或 MP4 等视频格式的文件。

3. 打包演示文稿

编辑 PowerPoint 时，有时会加入一些视频，当将演示文稿复制到别的电脑或者移动文件后，会发现视频不能使用，这种情况可以用 PowerPoint 的文件打包功能来处理。可将演示文稿所需的文件打包成 CD，在其他计算机中打开即可进行放映。具体操作步骤如下：

① 单击【文件】选项卡,单击"导出"→"将演示文稿打包成CD"命令,在界面的最右侧单击"打包成CD"按钮(图4-43(a))。

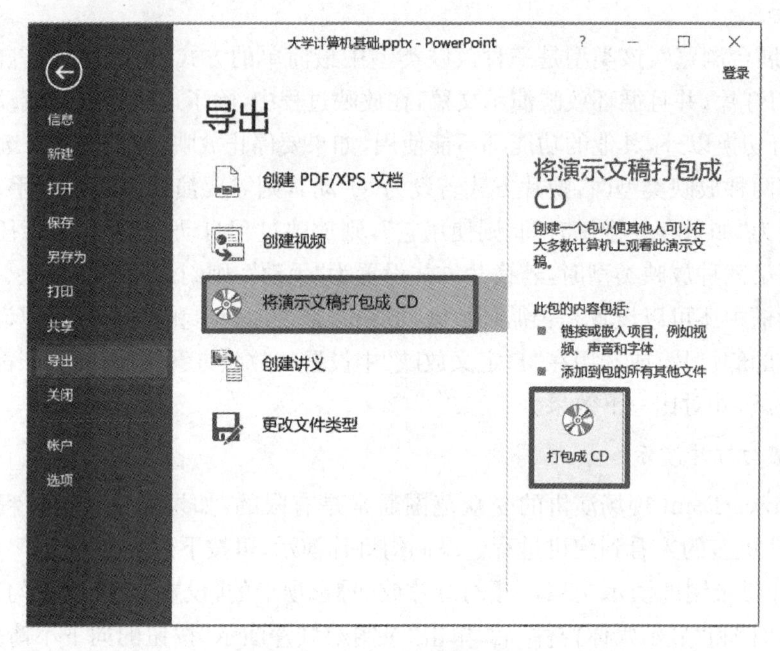

图4-43(a) 打包演示文稿(1)

② 在弹出的【打包成CD】对话框中,单击"选项"按钮(图4-43(b)),弹出【选项】对话框,在对话框中设置要包含的内容和安全密码,单击"确定"按钮(图4-43(c)),返回【打包成CD】对话框。

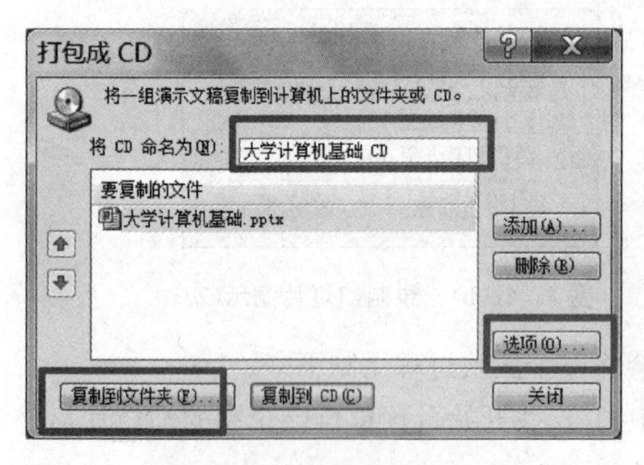

图4-43(b) 打包演示文稿(2)

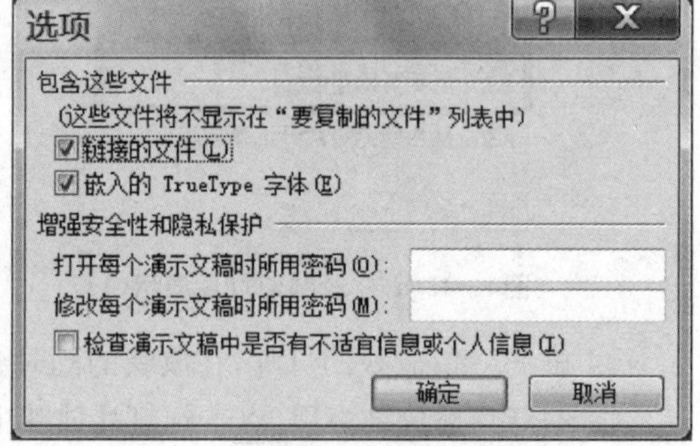

图4-43(c) 打包演示文稿(3)

③ 在【打包成CD】对话框中,如果有另外的文件,可以点击"添加"按钮,选择要加的文件。在输入框中,输入打包后的文件名,单击"复制到文件夹"按钮(图4-43(b))。

④ 在弹出的【复制到文件夹】对话框中输入文件夹的名称,单击"浏览"按钮,选择打包文件的保存位置,单击"确定"按钮(图4-43(d))。

复制到文件夹
将文件复制到您指定名称和位置的新文件夹中。
文件夹名称(N): 课件
位置(L): C:\Users\lm\Documents\
浏览(B)...
完成后打开文件夹
确定 取消

图 4-43(d) 打包演示文稿(4)

⑤ 在弹出的提示对话框中,单击"是"按钮即可完成打包(图 4-43(e))。

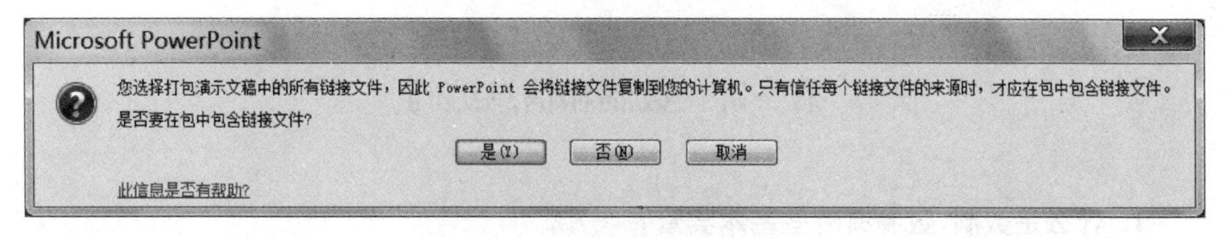

图 4-43(e) 打包演示文稿(5)

打包完成后,双击打包的文件即可放映。

三、实验任务

打开 实验三保存的"学号_姓名_旅游小贴士.pptx"演示文稿,完成下列任务:

1. 自定义放映的幻灯片,只放映编号为偶数的幻灯片,并将放映方案命名为"国内旅游简介"。
2. 放映"国内旅游简介"方案中的幻灯片,并进行排练计时。
3. 设置放映方式,放映类型为"在展台浏览(全屏幕)"。
4. 为该演示文稿创建视频,录制后的视频文件名称为"国内旅游小贴士.wmv"。
5. 将该演示文稿打包,使其在没有安装 PowerPoint 2016 的计算机中也能放映。

附　录

附录一　计算机理论基础知识点讲解

第一讲　数制和信息编码

1. 什么是数制,数制有哪些基本要素?

数制就是数的表示规则,如我们生活中常用的十进制、钟表计时使用的六十进制、计算机使用的二进制等都是数制。数制有三个基本要素:数码、基数和位权。

数码是指用来表示数据的基本数字符号,如十进制的基本数字符号是0、1、2、3、4、5、6、7、8、9;二进制的基本数字符号数0和1。

基数是指数码的个数,每逢超过或等于基数,就要向相邻的高位进一。如十进制数码的个数是10(逢十进一);二进制数码的个数是2(逢二进一)。

位权是以基数为底的指数函数,如十进制数123.45各位的位权分别是10^2、10^1、10^0、10^{-1}、10^{-2};二进制数101.01各位的权分别是2^2、2^1、2^0、2^{-1}、2^{-2}。表A-1-1给出了二进制、八进制、十六进制的基本要素。

表A-1-1　各进制的基本要素

数制	十进制	二进制	八进制	十六进制
数码	0,1,…,9	0,1	0,1,…,7	0,1,…9,A,B,C,D,E,F
基数	10	2	8	16
规则	逢十进一 借一当十	逢二进一 借一当二	逢八进一 借一当八	逢十六进一 借一当十六
权	10^i	2^i	8^i	16^i
表示形式	Decimal	Binary	Octal	Hexadecimal

注意:十六进制除了使用0～9十六个基本符号外,又增加了A、B、C、D、E、F六个基本符号,分别对应十进制的10、11、12、13、14、15。

十进制数0～15与二进制、八进制、十六进制对应关系如表A-1-2所示。

表 A-1-2　十进制与二进制、八进制、十六进制对应关系

十进制	二进制	八进制	十六进制	十进制	二进制	八进制	十六进制
0	0000	0	0	8	1000	10	8
1	0001	1	1	9	1001	11	9
2	0010	2	2	10	1010	12	A
3	0011	3	3	11	1011	13	B
4	0100	4	4	12	1100	14	C
5	0101	5	5	13	1101	15	D
6	0110	6	6	14	1110	16	E
7	0111	7	7	15	1111	17	F

2. 计算机内部用什么数制表示数据，为什么？

计算机内部采用二进制表示数据，其主要原因是二进制具有以下优点：

1）易于物理实现，可靠性高。二进制仅有两个数码 0 和 1，可以用两种不同的稳定状态（如有磁和无磁、高电位和低电位）来表示，且传输和处理时不易出错，因而可以保障计算机具有很高的可靠性。

2）运算规则简单。与十进制数相比，二进制数的运算规则（逢二进一）要简单得多，这不仅可以使运算器的结构得到简化，而且有利于提高运算速度。

3）适合逻辑量运算。二进制的 0 和 1 可用来分别表示逻辑代数中的“真”（True）和“假”（False），方便逻辑运算。

4）二进制数与十进制数之间的转换相当容易。人们使用计算机时，可以使用自己所习惯的十进制数，而计算机将其自动转换成二进制数存储和处理；输出处理结果时，又将二进制数自动转换成十进制数，这给工作带来极大的方便。

3. 计算机中的信息是如何存储的？

计算机中各种信息（数值、文字、图形、声音、命令、程序等）在计算机内部都是用二进制来表示的。每个二进制位（0 或 1）又称为“位”或“比特”，用“b”表示，比特是组成二进制信息的最小单位。

二进制在计算机中存储时，常以字节（Byte）为最基本的存储单位，一个字节包含 8 个比特（二进制位），字节用“B”表示，1B＝8bits。

若字节数较大时，可用千字节（KB）、兆字节（MB）、吉字节（GB）和太字节（TB）来表示，它们按 2^{10} 递增。

1 KB＝2^{10}B＝1024 B　1 MB＝2^{10}KB＝2^{20}B　1 GB＝2^{10}MB＝2^{30}B

需要说明的是：生产厂家在标注外存储器（硬盘、光盘、U 盘）容量时，常以 10 的幂次为单位，1 KB＝10^3 B，1 MB＝10^3 KB＝10^6 B，1GB＝10^3 MB＝10^9 B，所以厂家标注的 160 GB的硬盘，操作系统显示的确是 149.05 GB，小于厂家的标称值。

4. 写出下列二进制数算术运算的结果。

1011+101=?　　1001−111=?　　1010×101=?　　1111÷101=?

二进制的基本运算规则是:逢二进一、借一当二,运算过程和运算结果如下。

$$\begin{array}{r} 1011 \\ +\ \ 101 \\ \hline 10000 \end{array} \qquad \begin{array}{r} 1001 \\ -\ \ 111 \\ \hline 10 \end{array} \qquad \begin{array}{r} 1010 \\ \times\ \ 101 \\ \hline 1010 \\ 0000 \\ 1010 \\ \hline 110010 \end{array} \qquad \begin{array}{r} 11 \\ 101\overline{)1111} \\ 101 \\ \hline 101 \\ 101 \\ \hline 0 \end{array}$$

1011+101=10000　1001−111=10　1010×101=110010　1111÷101=11

5. 写出下列二进制逻辑运算的结果。

1011 1001 ∨ 1101 1011=?　　1011 1001 ∧ 1011 1001=?　　$\overline{1011\ 1001}$=?

常见的逻辑运算有:

逻辑乘(与):用符号“AND”或“∧”或“·”表示;

逻辑加(或):用符号“OR”或“∨”或“+”表示;

取反(非):用“NOT”或“—”表示。

可用二进制的1表示逻辑“真”;用0表示逻辑“假”

逻辑乘的基本规则如下,可以归纳为:全“真”(True)才为“真”(True)。

1∧1=1;　　1∧0=0;　　0∧1=0;　　0∧0=0

逻辑加的基本规则如下,可以归纳为:全“假”(False)才为“假”(False)。

1∨1=1;　　1∨0=1;　　0∨1=1;　　0∨0=0

取反的基本规则是:“真”取反为“假”;“假”取反为“真”。

$\overline{0}$=1;　$\overline{1}$=0

当两个多位二进制进行逻辑运算时,按位独立进行,即相邻位之间不发生进位或借位,运算结果如下。

$$\begin{array}{r} 1011\ 1001 \\ \vee\ 1101\ 1011 \\ \hline 1111\ 1011 \end{array} \qquad \begin{array}{r} 1011\ 1001 \\ \wedge\ 1101\ 1011 \\ \hline 1001\ 1001 \end{array} \qquad \overline{1011\ 1001}=0100\ 0110$$

6. 简述二进制、八进制、十六进制和十进制之间是如何转换的。

二进制、八进制、十六进制和十进制之间的转换规则可用图 A-1-1 来说明。

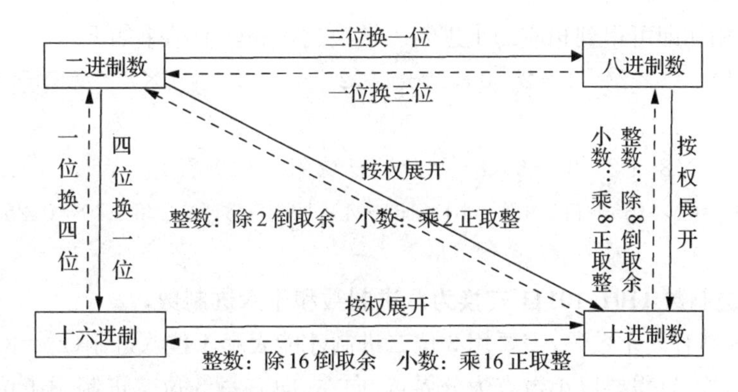

图 A-1-1　二进制、八进制、十六进制和十进制之间的转换规则

7. 将十进制数 123.45 分别转换为二进制和十六进制(保留小数点后两位)。

十进制数转换为 R 进制(R 可以为二、八、十六)，需要将十进制数分成整数和小数两部分，分别转换，然后拼起来。

➢ **整数部分：除 R 倒取余**——将整数部分除以 R，得到一个商和一个余数；商再除以 R 又得到一个商和余数……如此反复，直到商等于 0 为止。最后，将得到的所有余数按倒序排列(即第一个得到的余数是最低位，最后得到的余数是最高位)，即可得到对应的 R 进制。

➢ **小数部分：乘 R 正取整**——将小数部分乘以 R，取出积的整数部分，将积的小数部分再乘以 2……如此反复，直到乘积的小数部分等于 0 或满足精度要求为止。最后，将得到的所有整数按正序排列(即第一个得到的余数是最高位，最后得到的余数是最低位)，即可得到对应的 R 进制。

将整数部分和小数部分组合在一起，就可以得到转换结果，转换过程和转换结果如下。

$(123.45)_{10} \approx (1111011.01)_2$　　　　$(123.45)_{10} \approx (7C.73)_{16}$

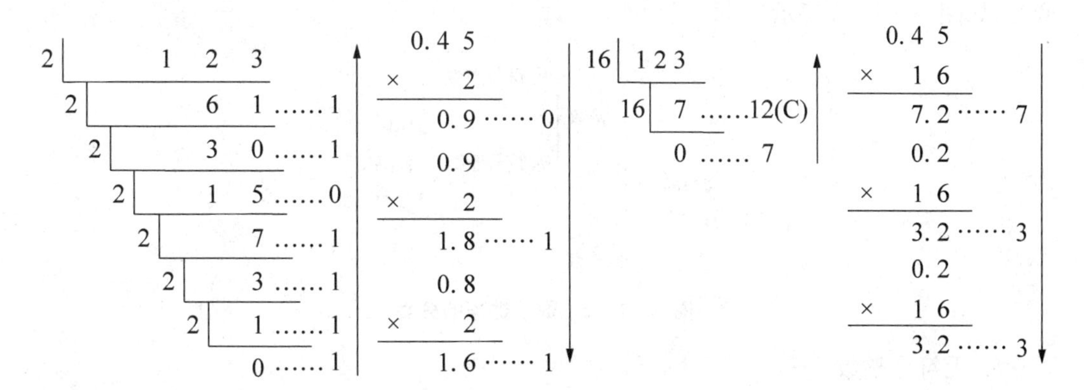

8. 将二进制数 1101.01、八进制数 12.6、十六进制数 2BA.4 转换为十进制数。

将 R 进制(R 可以为二、八、十六)转换为十进制的方法是：将 R 进制按权展开成多项式，并将各项相加即可得到相应的十进制。转换过程和转换结果如下。

$(1101.01)_2=1\times2^3+1\times2^2+0\times2^1+1\times2^0+0\times2^{-1}+1\times2^{-2}=8+4+1+0.25=(13.25)_{10}$

$(12.6)_8=1\times8^1+2\times8^0+6\times8^{-1}=8+2+0.75=(10.75)_{10}$

$(2BA.4)_{16}=2\times16^2+11\times16^1+10\times16^0+4\times16^{-1}=512+176+10+0.25=(698.25)_{10}$

9. 将二进制数 1101.10111 转换为八进制数和十六进制数。

由于八进制有 8 个数码，需要用 3 位二进制才能表示 1 位八进制($2^3=8$)。二进制数转换为八进制数，只需要以小数点为分界点，向左、向右每 3 位二进制用 1 位八进制来表示；若不足 3 位，可在整数的最高位和小数的最低位补“0”凑足 3 位。

而十六进制有 16 个数码，需要用 4 位二进制才能表示 1 位十六进制($2^4=16$)。二进制转换为十六进制，需将 4 位二进制用 1 位十六进制表示，其余同八进制。转换过程和转换结果如下。

$(10101.10111)_2=(\underline{010}\ \underline{101.}\ \underline{101}\ \underline{110})_2=(25.56)_8$

$(10101.10111)_2=(\underline{0001}\ \underline{0101.}\ \underline{1011}\ \underline{1000})_2=(15.B8)_{16}$

10. 将八进制数 14.26、十六进制数 1D6.7CE 转换为二进制数。

八进制转换为二进制，只需将每位八进制用 3 位二进制来表示，然后去掉整数最高位的“0”和小数最低位的“0”即可。

十六进制转换为二进制，只需将每位十六进制用 4 位二进制来表示，其余同八进制。

$(14.26)_8=(\underline{001}\ \underline{100.}\ \underline{010}\ \underline{110})_2=(1\ 100.010\ 11)_2$

$(1D6,7CE)_{16}=(\underline{0001}\ \underline{1101}\ \underline{0110.}\ \underline{0111}\ \underline{1100}\ \underline{1110})_2=(1\ 1101\ 0110.0111\ 1100\ 111)_2$

11. 数值数据在计算机中是如何表示的?

计算机中的数值数据分成整数和实数两大类。整数又分成无符号整数和带符号整数两类，如图 A-1-2 所示。

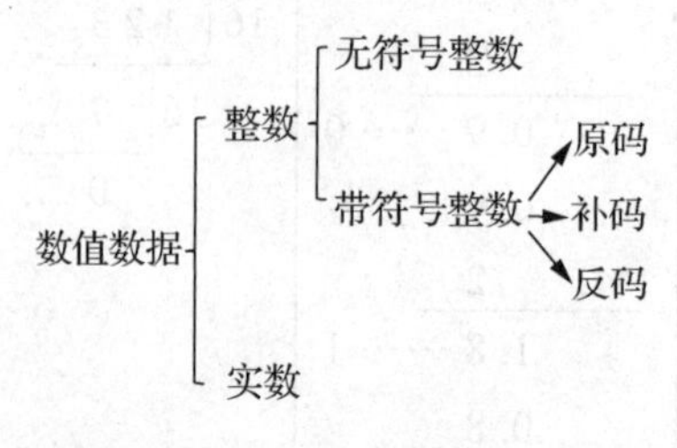

图 A-1-2 数值数据的分类

1) 无符号整数

无符号整数所有的二进制位都表示数值，它一定是一个正整数；无符号整数的位数通常是 8 的整数倍，如 8 位、16 位、32 位、64 位等。

如二进制无符号整数 1101 0110，对应的十进制整数是 214。

$(1101\ 0110)_2=1\times2^7+1\times2^6+0\times2^5+1\times2^4+0\times2^3+1\times2^2+1\times2^1+0\times2^0=(214)_{10}$

2）带符号整数

带符号整数将二进制的最高位作为符号位，最高位的“0”表示“+”，最高位的“1”表示“-”，其余各位表示数值大小。如8位带符号二进制数1101 0110对应的实际二进制数是-1010110，而01010110对应的实际二进制数是+1010110。

带符号整数有三种表示方法，分别是：原码、补码和反码。

12. 十进制数+6和-6用八位二进制表示，对应的原码、补码和反码各是多少？

若不考虑符号，数字6用八位二进制可表示为：00000110，用原码表示时，只需将最高位用相应的符号位表示即可，所以：

$(+6)_{原}=00000110$　　　　$(-6)_{原}=10000110$

对于正数而言，其反码和补码都与原码相同，所以：

$(+6)_{反}=(+6)_{补}=(+6)_{原}=00000110$

对于负数而言，在负数原码的基础上，符号位保持不变（仍为“1”），将数值部分每一位取反即可得到该负数的反码；而将负数反码的末位加“1”即可得到该负数的补码，所以：

$(-6)_{反}=11111001$　　　　$(-6)_{补}=11111001+1=11111010$

13. +0和-0用八位二进制表示，对应的原码、补码和反码各是多少？

$(+0)_{原}=00000000$　　　　$(-0)_{原}=10000000$

$(+0)_{反}=00000000$　　　　$(-0)_{反}=11111111$

$(+0)_{补}=00000000$

$(-0)_{补}=11111111+1=00000000$（由于只有8位，超过8位的进位自动舍去）

从上面可以看到，数值“0”的原码和反码有两种表示形式，而数值“0”的补码只有一种表示形式。在原码中表示“-0”的8位二进制编码1000 0000在补码被指定表示负数-128。

14. 8位、16位二进制的原码和补码所能表示的数据范围各是多少？

表A-1-3列出了八位二进制原码和反码表示数据的范围。从表中可以看出，由于用补码表示时，+0和-0的补码表示相同，8位二进制数的补码相比8位二进制的原码多了一组编码1000 0000，故规定该组编码与十进制的-128相对应。8位二进制原码的表示范围是$-(2^7-1)\sim+(2^7-1)$，即$-127\sim+127$；8位二进制补码的表示范围是$-[(2^7-1)+1]\sim+(2^7-1)$，即$-128\sim+127$。

表A-1-3　8位二进制数原码和补码的表示范围

二进制原码（对应的十进制）	二进制补码（对应的十进制）
0000 0000　(0)	0000 0000　(0)
0000 0001　(1)	0000 0001　(1)
0000 0010　(2)	0000 0010　(2)

(续表)

二进制原码(对应的十进制)	二进制补码(对应的十进制)
…… …… …… ……	…… …… …… ……
0111 1101 (125)	0111 1101 (125)
0111 1110 (126)	0111 1110 (126)
0111 1111 (127)	0111 1111 (127)
1000 0000 (−0)	1000 0000 (−128)
1000 0001 (−1)	1000 0001 (−127)
1000 0010 (−2)	1000 0010 (−126)
…… …… …… ……	…… …… …… ……
1111 1101 (−125)	1111 1101 (−3)
1111 1110 (−126)	1111 1110 (−2)
1111 1111 (−127)	1111 1111 (−1)

类似地：

16位二进制原码的表示范围是 $-(2^{15}-1)\sim+(2^{15}-1)$，即 −32767～+32767。

16位二进制补码的表示范围是 $-[(2^{15}-1)+1]\sim+(2^{15}-1)$，即 −32768～+32767。

推广可知：

n位二进制的原码的表示范围是：即 $-(2^{(n-1)}-1)\sim2^{(n-1)}-1$。

n位二进制的补码的表示范围是：即 $-2^{(n-1)}\sim2^{(n-1)}-1$。

15. 带符号整数用补码表示有什么好处?

虽然用原码表示带符号整数符合我们日常的表示习惯，但用原码表示时，数值“0”有两种不同表示(“+0”和“−0”)，且用原码做运算时，加法和减法的运算规则不统一，需要分别使用加法器和减法器来完成，增加了CPU的成本。

用补码表示时，数值“0”只有一种表示形式，而且采用补码表示负数后，加法和减法运算可以统一使用加法来完成(见下题)。为此，在计算机内部，带符号二进制整数常用补码形式表示。

16. 用补码来计算4−15。

首先将4−15的计算式转换为加法：4−15=4+(−15)，用补码计算时，就转换为：$(+4)_{补}+(-15)_{补}$，下面要分别计算出$(+4)_{补}$和$(-15)_{补}$

$(+4)_{原}=0000\ 0100$　　　$(+4)_{补}=(+4)_{原}=0000\ 0100$

$(-15)_{原}=1000\ 1111$　　　$(-15)_{补}=1111\ 0000+1=1111\ 0001$

$(+4)_{补}+(-15)_{补}=0000\ 0100+1111\ 0001=1111\ 0101$

1111 0101是一个补码，对一个数的补码再次按补码规则转换，即可得到该数的原码，即$[[x]_{补}]_{补}=[x]_{原}$。对 1111 0101 再次求补即可得到的原码是 1000 1011，对应的真值是－000 1011，相应的十进制数是－11，所以$(+4)_{补}+(-15)_{补}=(-11)_{补}$。

说明：

对一个数的补码再次按补码规则转换，即可得到该数的原码，$[[x]_{补}]_{补}=[x]_{原}$

对一个数的反码再次按反码规则转换，即可得到该数的原码，$[[x]_{反}]_{反}=[x]_{原}$

17. 实数在计算机中是如何表示的？

实数是指既有整数部分又有小数部分的数。任何一个实数都可以表示成一个乘幂和一个纯小数的积，如：

$(123.45)_{10}=0.12345\times10^{3}$

$(101.11)_{2}=0.10111\times2^{101}$（二进制乘幂中的指数部分也用二进制表示）

$(0.00010111)_{2}=0.10111\times2^{-101}$

由此可见，任意一个实数在计算机内部都可以用指数（称为“阶码”）和“尾数”（一个纯小数）来表示，这种表示方法称为“浮点表示法”。

如用 32 位二进制表示一个浮点数，可用下列格式：

阶符（1 位）	阶码（7 位）	尾符（1 位）	尾数（23 位）

$(0.00010111)_{2}=0.10111\times2^{-101}$，可以表示为：

1	0000101	0	00000000000000000010111

相对而言：整数和纯小数可以看作是小数点位置固定的浮点数，它们被称为“定点数”。

18. 什么是字符集和字符编码？常用的字符集和字符编码有哪些？

在计算机中，不仅数值数据用二进制表示，字符数据（各种字符和汉字）也用二进制数进行编码。

字符是各种文字和符号的总称，包括各国家文字、标点符号、图形符号、数字等。一个系统支持的所有抽象字符的集合称为字符集。字符集中每一个字符各有一个代码，即字符的二进制表示，称为该字符的编码。

常见字符集有 ASCII 字符集、GB2312 字符集、BIG5 字符集、GB18030 字符集、Unicode 字符集等。对这些字符集进行编码，使计算机能够识别和存储各种文字。

1) ASCII 字符集 & 编码

ASCII（美国信息交换标准代码）是基于拉丁字母的一套电脑编码系统。它主要用于显示现代英语，而其扩展版本 EASCII 则可以勉强显示其他西欧语言。它是现今最通用的单字节编码系统（但是有被 Unicode 追上的迹象），并等同于国际标准 ISO/IEC 646。

ASCII 字符集主要包括控制字符（回车键、退格、换行键等），可显示字符（英文大小写字符、阿拉伯数字和西文符号)。

标准ASCII编码使用7位(bit)二进制表示一个字符,共128(2^7)个字符(具体编码如表A-1-5所示)。由于计算机以字节(8位)作为最基本的存储和处理单位,故一般仍使用一个字节来存放一个ASCII码,此时,每个字节多出来的一位(最高位)在计算机内部通常保持为"0",而在数据传输时可用作奇偶校验位。

b_7	b_6	b_5	b_4	b_3	b_2	b_1	b_0
0	x	x	x	x	x	x	x

2) GB2312及GBK字符集&编码

为了适应计算机处理汉字的需要,我国先后发布了三个汉字编码标准,它们分别是:GB2312汉字编码、GBK汉字内码扩充规范、GB18030汉字编码标准。

GB2312汉字编码是1981年我国颁布的第一个国家标准,内含6763个常用汉字和682个非汉字字符(包括数学符号、罗马希腊字母、日文假名等),每个汉字用两个字节表示。

GB2312的出现,基本满足了汉字的计算机处理需要,但对于人名、古汉语等方面出现的罕用字,GB2312不能处理,这导致了后来GBK及GB 18030汉字字符集的出现。

GBK在GB2312字符的基础上又新增了1万多个汉字和200多个图形符号。GBK汉字在计算机中也使用双字节表示,并与GB2312向下兼容,所有与GB2312相同的字符其编码相同,新增的汉字和符号另外编码。

3) UCS/Unicode字符集&编码

GB2312和GBK主要包含我们国家使用的汉字,为了使计算机能统一处理、存储和传输世界上各个国家和民族6000多种不同的语言和文字,国际标准化组织制定了"通用多8位编码字符集"UCS标准,对应的工业标准为Unicode。

虽然Unicode统一了编码方式,但是它的效率不高,比如UCS-4规定用4个字节存储一个符号,那么每个英文字母前三个字节都必然是0,这对存储和传输来说都很耗资源。为了提高Unicode的编码效率,于是出现了UTF-8、UTF-16两种编码方案。UTF-8可以根据不同的符号自动选择编码的长短,比如英文字母可以只用1个字节就够了。这两种编码方案已在Windows、Unix和Linux操作系统及很多因特网应用(如网页、电子邮件)中广泛使用。

4) GB18030汉字编码

无论是UTF-8还是UTF-16,它们的字符集中虽然包含了我国已使用多年的GB2312和GBK标准中的汉字,但它们的编码却完全不同。为了既与UCS/Unicode标准接轨,又能保护我国已有的大量汉字信息资源,在2000年我国发布了GB18030汉字编码标准。

GB18030实际上是Unicode字符集的另一种编码方案,它既与ASCII兼容,又与GB2312及GBK保持兼容,此外还新增了158万个4字节编码用于表示UCS/Unicode中的其他字符,GB18030汉字编码标准已在我国信息产品中强制贯彻执行。

19. 什么是BCD码?写出十进制数123的二进制、八进制、十六进制、ASCII码和BCD码的各种表示。

BCD码:Binary Coded Decimal(二一十进制编码)是用4位二进制数来表示1位十进

制数中的 0～9 这 10 个数码。表 A－1－4 列出了 BCD 的编码表。

表 A－1－4　BCD 编码表

十进制	0	1	2	3	4	5	6	7	8	9
BCD 码	0000	0001	0010	0011	0100	0101	0110	0111	1000	1001

表 A－1－5 是一个完整的 7 位 ASCII 编码表。

表 A－1－5　7 位 ASCII 编码表

$d_6 d_5 d_4$ / $d_3 d_2 d_1 d_0$	000	001	010	011	100	101	110	111
0000	NUL	DLE	SP	0	@	P	、	p
0001	SOH	DC1	!	1	A	Q	a	q
0010	STX	DC2	“	2	B	R	b	r
0011	ETX	DC3	#	3	C	S	c	s
0100	EOT	DC4	$	4	D	T	d	t
0101	ENQ	NAK	%	5	E	U	e	u
0110	ACK	SYN	&	6	F	V	f	v
0111	BEL	ETB	'	7	G	W	g	w
1000	BS	CAN	(	8	H	X	h	x
1001	HT	EM	)	9	I	Y	i	y
1010	LF	SUB	*	:	J	Z	j	z
1011	VT	ESC	+	;	K	[	k	{
1100	FF	FS	,	<	L	\	l	|
1101	CR	GS	－	=	M	]	m	}
1110	SO	RS	.	>	N	∧	n	～
1111	SI	US	/	?	O	—	o	DEL

参照这两个表和前面介绍的各种进制转换的方法，十进制数 123 的二进制、八进制、十六进制、ASCII 码和 BCD 码的各种表示如下：

123 的十进制记为：123

123 的二进制记为：1111011

123 的八进制记为：173

123 的十六进制记为：7B

123 的 BCD 码记为：0001 0010 0011

123 的 ASCII 码记为 00110001 00110010 00110011

20. 国标码就是(机)内码吗？它们之间有怎样的对应关系？

国标码是指我国发布的 GB2312 编码，它用 0 和 1 编码汉字，每个汉字在计算机内部用2 个字节表示，每个字节的最高位为 0，如图 A－1－3 所示。

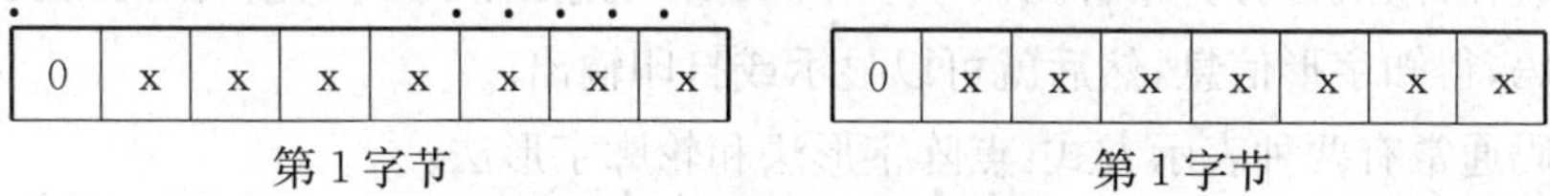

图 A－1－3　GB2312 汉字国标码

如汉字“大”的国标码是:00110100 01110111。

由于ASCII编码中每个字符占一个字节,最高位也为0,这样就给计算机内部处理带来问题。为了区分某个编码是汉字编码还是ASCII码,在计算机内部存储汉字时用(机)内码进行存储。

机内码在国标码的基础上每个字节的最高位由0变为1,如图A-1-4所示。

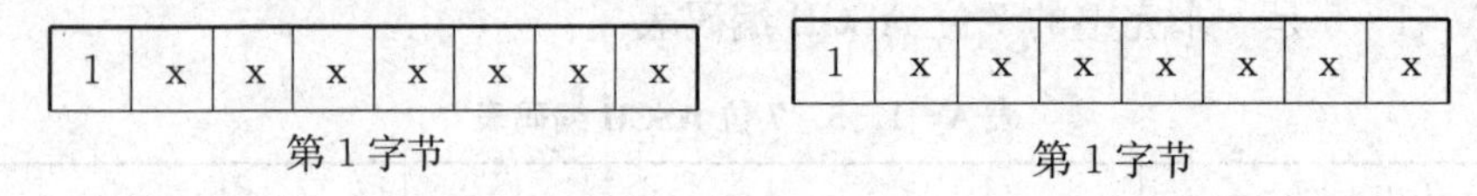

图A-1-4 GB2312汉字机内码

汉字“大”的国标码和机内码如下:

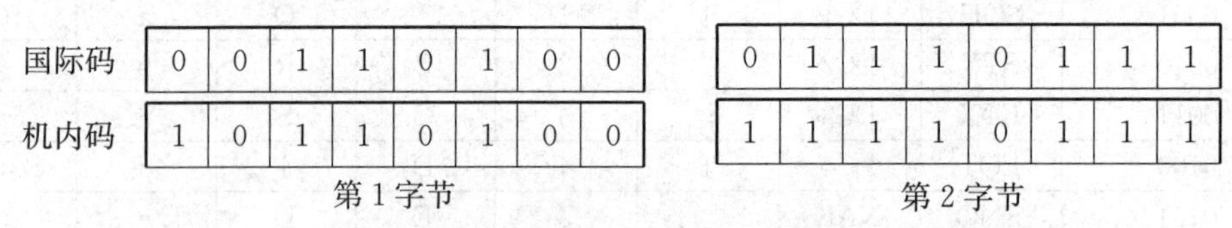

图A-1-5 汉字“大”的国标码和机内码

21. 计算机中汉字是如何处理的?

汉字集大,比西文字符编码复杂,计算机在处理汉字时,汉字的输入、存储和输出过程中要使用不同的编码,之间要进行相互转换,过程如图A-1-6所示。

图A-1-6 汉字信息处理系统的模型

汉字输入采用的是输入码(外码),在计算机内部存储采用的是内码,输出采用的是字形码。

1)汉字输入码(外码),是用键盘上的字母符号编码每一汉字的编码,它使人们通过键入字母符号代替键入汉字。常用的输入码有:拼音码(搜狗拼音、微软拼音)、字型码(五笔字型)、区位码等。

2)汉字(机)内码,是指计算机内部存储,处理加工和传输汉字时所用的由0和1符号组成的代码。机内码是汉字最基本的编码,不管是什么汉字系统和汉字输入方法,输入的汉字外码到机器内部都要转换成机内码,才能被存储和进行各种处理。

3)汉字字形码,是存放汉字字形的编码,它与汉字内码一一对应,每个汉字的字形码是预先存放在计算机内的,常称为汉字字库。计算机输出汉字时,先根据内码在字库中查到其字形码,得知字形信息,然后就可以显示或打印输出。

字形码通常有两种表示方式:点阵字形法和轮廓字形法。

① 点阵字形法:用排列成方阵的黑白点阵来描述汉字,若点阵中的黑点用二进制数

"1"表示，点阵中的白点就用"0"表示，如图 A-1-7 所示。一个 16×16 点阵需要 256 个二进制位(bit)来表示，对应的字节数是：(16×16)/8=32B(字节)。点阵规模愈大，字型愈清晰美观，锯齿现象也就越小，但所占存储空间也愈大。

② 轮廓字形法：采用数学方法描述汉字的轮廓曲线，轮廓法描述的字形与最终文字显示的大小、分辨率无关，因此，可以产生高质量的汉字输出。Windows 中使用的 TrueType 技术就是汉字的矢量表示方式。

```
0000001100000000
0000001100000000
0000001100000000
0000001100000100
1111111111111111
0000001100000000
0000001100000000
0000001100000000
0000001100000000
0000001110000000
0000011001000000
0000110000100000
0001100000110000
0001000000011000
0010000000001110
1100000000000100
```

图 A-1-7 "大"的字形码

22. 计算机中的图像是如何表示的？

计算机中表示图像的方法有两种：位图方法和矢量方法，由此形成两种图像：位图图像和矢量图。

1) 位图图像

位图图像是将图像划分成均匀的网格状，如 640 列×480 行=307200 个单元格，每个单元格称为像素，对每个像素进行编码，就可以得到整个图像的编码。

① 黑白图像。像素的颜色只有白色和黑色，用 1 表示白色，用 0 表示黑色，每一行像素的编码构成一个 0、1 序列，按顺序将所有的编码连起来，就构成了图像的编码。

② 灰度图像。像素的颜色除了黑、白，还有介于两者之间的不同程度的灰色，需要用多位二进制编码表示它们之间的差别。计算机中通常用 8 位二进制来表示灰度图像的每一个像素点，每个像素点可以是介于 0000 0000～1111 1111 中的某个值；其中 0000 0000 表示黑色，1111 1111 表示白色，位于它们之间的其他值则表示由深到浅的某一种灰色。

③ 彩色图像。每个像素的颜色要给出三个基本颜色：红色、绿色和蓝色的值，这 3 个基本颜色不同值的组合形成了各种不同的色彩。对于 24 位真彩色图像而言，红色分量、绿色分量和蓝色分量的值分别用 8 位二进制来表示，这样每个像素点用 24 位二进制表示，24 位编码可以表达的颜色共有 $2^{24}=16777216$ 种，颜色之多，肉眼无法识别临近颜色的差别，故称为真彩色。

2) 矢量图

矢量方法是把图像分解为曲线和直线的组合，用数学公式定义这些直线和曲线。这些数学公式是重构图像的命令，计算机存储这些指令，需要生成图像的时候，只要输入图像的尺寸，计算机就能按照这些指令生成图像，生成的图像称为矢量图。

位图图像质量高，数码相机使用的就是这种方法，位图图像放大时会变得模糊；矢量图看起来没有位图图像真实，但放大或缩小时，能够保持原来的清晰度，不失真。矢量图适合于艺术线条和卡通绘画，计算机辅助设计系统采用的就是矢量图像技术。

23. 什么是颜色深度？如何计算一幅位图图像的大小？

位图图像表示每个像素点所用的二进制的位数称为颜色深度。黑白图像的每个像素点用 1 位二进制(0 或 1)表示，黑白图像的颜色深度是 1；通常灰度图像的每个像素点用 8 位二进制表示，灰度图像的颜色深度是 8；而彩色图像的颜色深度取决于每个像素点分别用几位二进制表示红色分量、绿色分量和蓝色分量的值。若一幅彩色图像每个像素点分别用m、n和p位二进制表示红色分量、绿色分量和蓝色分量的值，则该幅彩色图像的颜色深度就是m+n+p。

图像的分辨率和颜色深度决定了图像文件的大小，计算公式为：

列数×行数×颜色深度÷8＝图像的字节数

如，一个分辨率为1024×768的彩色图像，分别用4位、6位和8位二进制来表示每个像素点的红色分量、绿色分量和蓝色分量，则该图像的大小为：

1024×768×(4+6+8)÷8=1769472 B=1728 KB=1.6875 MB

24. 计算机中的声音是如何表示的?

个人计算机中的数字声音有两种不同的表示方法：一种是波形声音，它通过对实际声音的波形信号进行数字化(取样和量化)而获得，波形声音能高保真地表示现实世界中任何客观存在的真实声音；另一种是使用符号对声音进行描述，然后通过合成的方法生成声音。

1) 波形声音

波形声音数字化的过程包括采样、量化和编码，如图A-1-8所示。

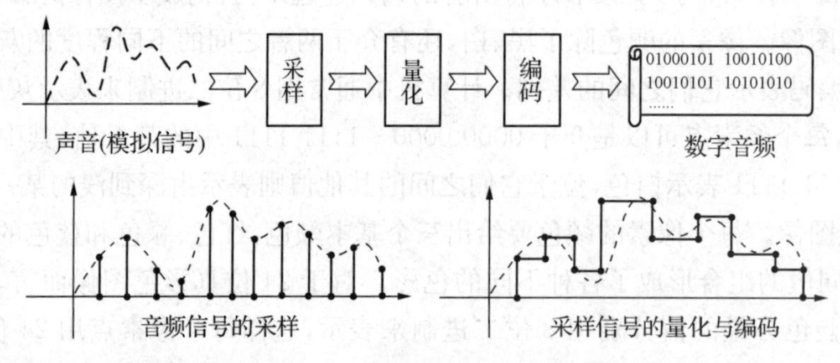

图A-1-8 波形声音数字化的过程

① 采样。声音是一种波，采样就是每隔一个很短的时间对模拟信号取一个信号点，获取模拟声音信号在此时的电压。每一秒内采样的次数叫作采样频率，采样频率越高，信号失真越小，但数据量越大。

② 量化。量化就是对每个采样样本进行数字化处理。每个采样样本的电压值一般用8位、12位或16位二进制整数表示(称为量化精度)，量化精度越高，声音的保真度越好；量化精度越低，声音的保真度越差。

③ 编码。经过取样和量化得到的数据，还必须进行数据压缩，以减少数据量，并按某种格式将数据进行组织，以便于计算机进行存储、处理和传输。

根据不同的应用需求，波形声音采样的编码方法有多种，文件格式也各不相同。常见的有下列几种。

① WAV(.wav)文件：WAV是微软公司开发的一种声音文件格式，也叫波形声音文件，是最早的数字音频格式，被Windows平台及其应用程序广泛支持。它来源于对声音模拟波形的采样，是未经压缩的波形声音，与原声基本一致，质量非常高，但这样做的代价

就是文件太大，不便于交流和传播。

记录一分钟的波形声音（立体声、CD音质），大概需要10.5 M的储存空间。一首几分钟的歌曲需要几十兆的硬盘，一张CD光盘只能容纳十来首歌曲。为了减少声音文件储存的空间，近年来在计算机技术上采用了压缩技术，把声音文件经过处理，在不太影响播放质量的前提下，把文件的大小压缩到原来的10～12分之一，这就是近年流行的MP3文件格式。

② MP3(.mp3)文件：MP3是因特网上最流行的数字音乐格式，它采用国际标准化组织提出的MPEG-1层3算法进行有损的压缩编码，将声音文件用1∶12左右的压缩率压缩，变成容量较小的音乐文件，加快了网络下载的速度，也使一张普通CD光盘可以存储大约100首MP3歌曲。

③ WMA(.wma)文件：WMA是微软公司开发的声音文件格式，采用有损压缩方法，压缩比高于MP3，质量大体相当，它在文件中增加了数字版权保护的措施，防止未经授权进行下载和拷贝。

2) 计算机合成声音

计算机合成声音有两类：一类是计算机合成的语言，另一类是计算机合成的音乐。

计算机合成语音就是让计算机模仿人把一段文字朗读出来，这个过程称为文语转换(TTS)或文本朗读。

计算机合成音乐是指计算机自动演奏乐曲，MIDI文件就是一种计算机合成音乐，MIDI文件的扩展名是.mid。

MIDI文件不是直接记录乐器的发音，而是记录了演奏乐器的各种信息或指令，（如用哪一种乐器，什么时候按某个键，力度怎么样等等），把这些指令发送给声卡，由声卡按照指令将声音合成出来。因此MIDI文件通常比声音文件小得多，一首乐曲，只有十几K或几十K，只有声音文件的千分之一左右，便于储存和携带。

.mid格式的最大用处是在电脑作曲领域（原始乐器作品、流行歌曲的业余表演、游戏音轨以及电子贺卡等）。MIDI文件可以用作曲软件写出，也可以通过声卡的MIDI口把外接音序器演奏的乐曲输入电脑里，制成.mid文件。MIDI文件重放的效果完全依赖声卡的档次。MIDI软件有多种类型，有MIDI播放软件、演奏软件和创作软件几类。

MIDI文件不能包含人声，声音都是纯音乐，或类似的伴奏。在多媒体应用中，一般WAV文件存放的是解说词，MIDI文件存放的是背景音乐。

25. 波形声音数字化后对应的波形文件的大小是如何计算的？

波形声音的主要参数包括采样频率、量化位数和声道数目。声道数是指声音通道的个数，单声道只记录和产生一个波形，双声道产生两个波形（即立体声），存储空间是单声道的两倍。

记录每秒钟存储声音容量的公式是：

每秒数据量（字节数）＝采样频率(Hz)×量化精度(bit)×声道数÷8

若用44.1 kHz的采样频率，每个采样点的量化精度是8位，则录制1分钟的立体声

(双声道)节目,其WAV文件所需的存储量为:

44.1×1000×8×60×2÷8=5292000 B≈5167.97 KB≈5 MB

说明:由于1分钟=60秒,所以式中要乘60。

第二讲　计算机硬件和软件

1. 按计算机所使用的电子元器件划分,计算机分成哪几代?每代都有什么特点?

计算机的发展按电子元器件可划分为4个阶段

(1) 第一代计算机。第一代是电子管计算机时代(1946~1957年),运算速度慢,内存容量小,使用机器语言和汇编语言编写程序。主要用于军事和科研部门的科学计算。

(2) 第二代计算机。第二代是晶体管计算机时代(1958~1964年),其主要特征是采用晶体管作为开关元件,使计算机的可靠性得到提高,而且体积大大缩小,运算速度加快,其外部设备和软件也越来越多,并且高级程序设计语言应运而生。

(3) 第三代计算机。第三代计算机是小规模集成电路(Small Scale Integration,SSI)和中规模集成电路(Medium Scale Integration,MSI)计算机时代(1965~1970年),它是以集成电路作为基础元件,这是微电子与计算机技术相结合的一大突破,并且有了操作系统。

(4) 第四代计算机。第四代计算机是大规模集成电路(Large Scale Integration,LSI)和超大规模集成电路(Very Large Scale Integration,VLSI)计算机时代(1971~至今)。软件开发工具和平台、分布式计算软件等开始广泛使用。

2. 什么是冯·诺依曼计算机?

现代计算机,其基本工作原理是"存储程序控制",它是1946年由美籍匈牙利数学家冯·诺依曼提出的。该原理确立了现代计算机的基本组成和工作方式,直到现在,计算机的设计与制造依然沿着"冯·诺依曼"体系结构。

"存储程序控制"原理的基本内容有:

1) 用二进制形式表示数据和指令。

2) 指令和数据不加区别混合存储在同一个存储器中(程序存储),使计算机在工作时能够自动高速地从存储器中取出指令,并加以执行(程序控制)。

3) 由运算器、控制器、存储器、输入设备、输出设备五大基本部件组成计算机硬件体系结构。

冯·诺依曼计算机是以运算器为中心的,输入设备要经过运算器进行存储,读取存储器中的数据,然后通过运算器进行输出。这种结构的缺点是:在输入输出时,运算器就要停止工作,不能进行计算;当进行计算时,又不能进行存储。换句话说,存储和计算是有矛盾的。结构如图A-2-1所示。

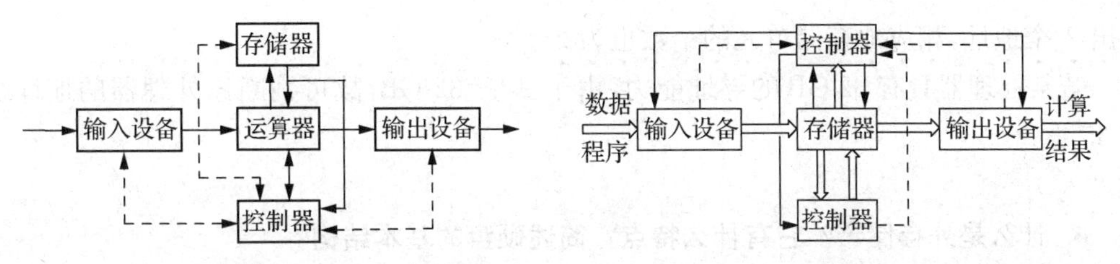

图 A-2-1　以运算器为中心的冯·诺依曼计算机结构图　　**图 A-2-2　以存储器为中心的计算机结构图**

现代的计算机做了一个改变，由原来的以运算器为中心，改为以存储器为中心。由于存储器有很多个存储单元，一部分存储单元进行输入输出时，另外一部分存储单元可以进行运算和程序的执行，如图 A-2-2 所示。以存储器为中心的结构可以有效地使输入/输出和程序的执行并行地工作。

3. 什么是内存储器？它有什么特点？它的基本结构是怎样的？

内存储器又称为主存储器（简称内存、主存），用于存放计算机正在使用或正在运行的各种程序和数据，保存在外存储器中的程序和数据只有被装入内存后，才能由 CPU 执行。内存储器存取速度快，但造价高、存储容量相对较小。

内存用半导体材料制作，它分为只读存储器（ROM）和随机存取存储器（RAM）。

ROM 是只读存储器，它只能读出信息，不能写入信息，计算机关闭电源后其内的信息仍旧保存，一般用它存储固定的系统软件和字库等。

RAM 是读写存储器，可对其中的任一存储单元进行读或写操作，计算机关闭电源后其内的信息将不再保存，再次开机需要重新装入，通常用来存放操作系统、各种正在运行的软件、输入和输出数据、中间结果及与外存交换信息等。我们常说的内存容量是指 RAM 的容量。

存储器中包含了一个存储矩阵，存储矩阵有很多存储单元组成，每个存储单元存储一个字节（8bits），字节是计算机存储容量的基本单位。内存单元按字节编址，每个存储单元都有一个地址，根据地址来选中存储单元，被选中存储单元的内容通过输出缓冲器输出。图 A-2-3 是存储器的示意图，图中 A_{n-1}……A_0（与地址线的位数对应）是由若干位二进制组成的地址编码，通过地址译码器输出若干个地址，一个 n 位的地址编码可以翻译

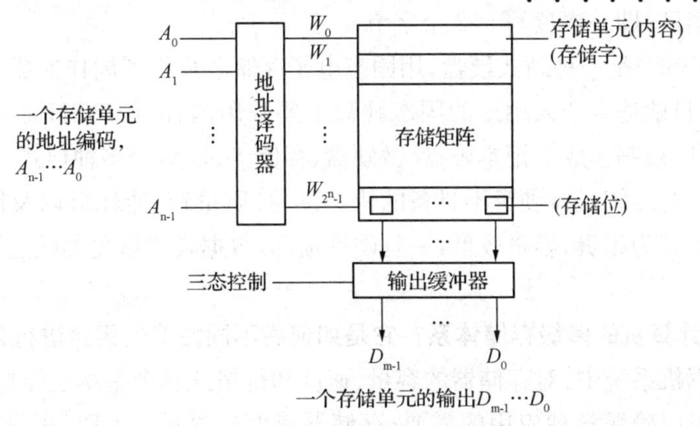

图 A-2-3　存储器的示意图

输出 2^n 个地址，相应地存储单元的个数也为 2^n。

若某处理器具有 32 GB 的寻址能力，由于 $2^{35}=32$ GB，故可判断该处理器的地址线有 35 根。

4. 什么是外存储器？它有什么特点？简述硬盘的基本结构？

外存储器(简称外存、辅存)是指除计算机内存及 CPU 缓存以外的储存器，此类存储器一般断电后仍然能保存数据。常见的外存储器有硬盘、软盘、光盘、U 盘等。

外存储器的特点是容量大、价格低，但是存取速度慢。外存储器用于存放暂时不用的程序和数据，外存的程序及相关数据必须先传送到内存后，然后才能被 CPU 存取和使用。

CPU 运算所需要的程序代码和数据来自内存，内存中的东西则来自硬盘，所以硬盘并不直接与 CPU 打交道。硬盘相对于内存来说就是外部存储器。

硬盘主要有机械硬盘(HDD 传统硬盘)、固态硬盘(SSD 新式硬盘)两类。HDD 采用磁性碟片来存储，SSD 采用闪存颗粒来存储。

机械硬盘(HDD)的基本结构如图 A-2-4 所示。

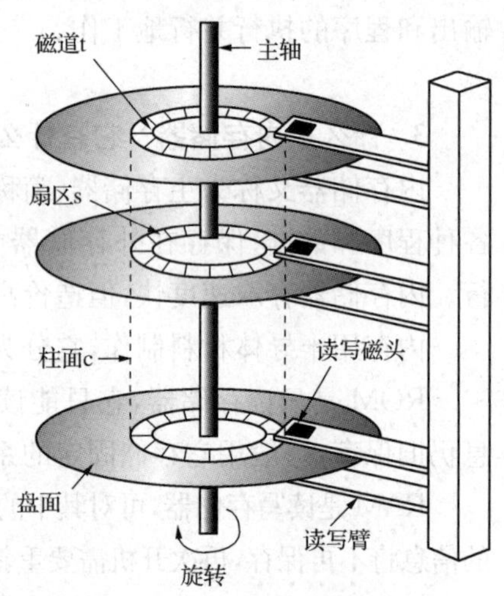

图 A-2-4　机械硬盘结构图

它包括多个盘片，盘片可以高速地旋转，盘片的正反面都可以存储信息。每个磁盘面被划分为若干个同心圆，每个同心圆称为一个磁道；每个同心圆上又划分为若干个扇状的区域，我们把它称为扇区。扇区是磁盘存储器中一个基本的单位，通常一个扇区可以存放 512 个字节。不同盘面的相同磁道构成一个柱面。

盘片的每一面都有一个读写头和读写臂，读写臂可以沿着径向(从圆心到边缘处)来回移动，从而可以访问不同同心圆上的内容。

硬盘访问时，根据盘面号、磁道号和扇区号，就可以找到要读取信息的位置。每次访问是访问一个扇区，即一次读写 512 个字节。

固态硬盘(SSD)是一种新式硬盘，用固态电子存储芯片阵列制作而成，由控制单元和存储单元组成，目前适合个人用户的固态硬盘主要采用闪存(FLASH 芯片)作为存储介质，它的外观可以被制作成笔记本硬盘、微硬盘、存储卡、U 盘等多种样式。

固态硬盘具有传统机械硬盘不具备的快速读写、质量轻、能耗低以及体积小等特点，但也具有价格仍较为昂贵，容量较低，一旦硬件损坏，数据较难恢复等缺点。

5. 什么是计算机的多级存储体系？它是如何将不同性能的组合进行优化的？

在一个计算机系统中，对存储器的容量、速度和价格这三个基本性能指标都有一定的要求。存储容量应确保各种应用的需要；存储器速度应尽量与 CPU 的速度相匹配并支持 I/O 操作；存储器的价格应比较合理。然而，这三者经常是互相矛盾的。如内存的速度快，但其价格较高；而外存的容量大，但其速度较慢。按照目前的技术水平，仅仅采用一种技术组成单一的存储器是无法同时满足这些要求的。只有采用由多级存储器组成的存储体系，把几种存储技术结合起来，才能较好地解决存储器大容量、高速度和低成本这三者之间的矛盾。

除了内存和外存外，现代计算机 CPU 内部还有一些少量的寄存器和多级高速缓冲存储器(Cache)，它们一起构成了计算机的存储体系。存储器的多级结构如图 A-2-5 所示。

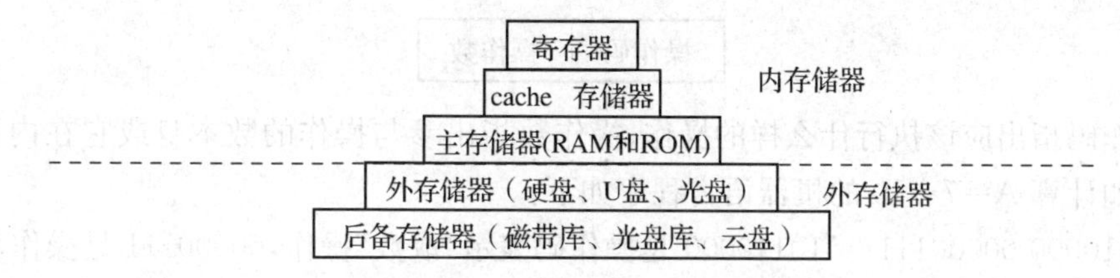

图 A-2-5　存储器的多级结构图

寄存器是中央处理器 CPU 内的组成部分，它是有限存储容量的高速存储部件，可用来暂存指令、数据和地址。在 CPU 的控制器中，包含的寄存器有指令寄存器(IR)和程序计数器(PC)；在 CPU 的算术及逻辑部件中，寄存器有累加器。

由于 CPU 的速度很高，从主存取数据或存数时，主存的速度要比它慢一个数量级，CPU 必须停下来等待，使 CPU 的高速特性难以发挥。为此在 CPU 和主存之间设置了高速缓冲存储器(Cache)，其作用也是解决主存与 CPU 的速度匹配问题。Cache 一般是由高速SRAM 组成，其速度要比主存高 1 到 2 个数量级。Cache 还分为一级 Cache 和二级 Cache，可以放在 CPU 内部或外部。

计算机执行程序时，CPU 预先将数据和指令成批存入 Cache。当 CPU 需要从内存读取数据或指令时，先检查 Cache 中有没有，若有，就直接从 Cache 中读取，而不用访问主存，从而大大提高了 CPU 效率。Cache 容量越大，级数越多，CPU 需要的指令或数据在 Cache 中能直接找到的概率(命中率)就越高。

图 A-2-6 给出了 CPU 和 内存及外存进行数据交换的过程图。由于内存和 CPU 的制造工艺比较接近，CPU 和内存之间可以按存储单元进行访问，即按字节访问。而外存由于访问速度比较慢，一次读写时不能只读一个字节，而是读一个扇区或若干个扇区。

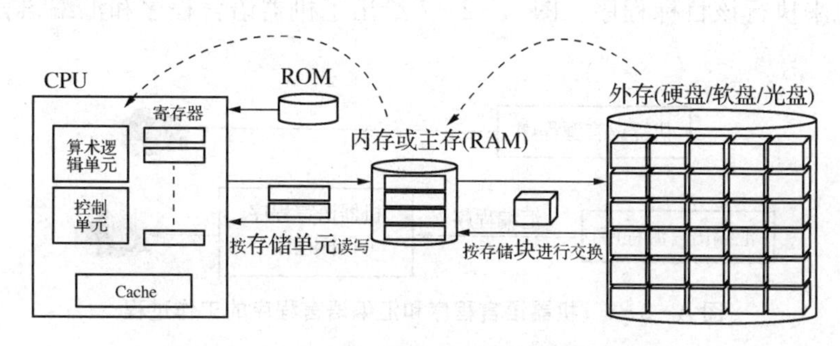

图 A-2-6　CPU、内存及外存数据交换过程图

6. 什么是机器语言、汇编语言和高级语言？它们之间有怎样的联系？

1) 机器语言

人们在设计计算机硬件时为计算机设计了一些基本操作，CPU或集成电路内部可以直接解释与执行这些基本操作，并为这些基本操作设计了相应的指令，称为机器指令。

由机器指令构成的编程语言称为机器语言，机器指令全部由0、1这样的二进制编码组成，指令的格式如下：

操作码	操作数

操作码指出应该执行什么样的操作，操作数指出参与操作的数本身或它在内存中的地址。如计算A=7+10的机器语言程序如下：

```
10110000 00000111    '10110000是操作码表示"取数"操作，00000111是操作数7
00101100 00001010    '00101100是操作码表示"累加"操作，00001010是操作数10
11110100             '11110100是操作码表示"结束"
```

用机器语言编写的程序，可直接访问和使用计算机的硬件资源。计算机能直接识别并执行这种程序，其指令的执行效率非常高。

由于不同的CPU的指令系统不同，机器语言随机而异，通用性差，加上机器语言难学、难记、难修改，现在已经没有人用机器语言直接编程了。

2) 汇编语言

由于用机器语言编写程序非常不方便，人们提出将每一条机器语言指令用一串符号来代替，然后用符号进行程序设计，这种指令助记符的语言就是汇编语言。如计算A=7+10的汇编语言程序如下：

```
MOV  A, 7     'MOV表示"取数"操作
ADD  A, 10    'ADD表示"累加"操作
HLT           'HLT表示"结束"
```

用汇编语言编写的程序称为汇编语言源程序，与机器语言程序相比，汇编语言源程序的阅读和理解都比较方便，但计算机却无法识别和执行。由于汇编语言符号命令与机器语言中的机器指令有很好的一一对应关系，于是人们设计了一种"汇编程序"，用它来自动将汇编语言源程序翻译成能直接理解并执行的机器语言程序(即目标程序)，再由计算机来执行该目标程序。图A-2-7给出了机器语言程序和汇编语言程序的工作过程。

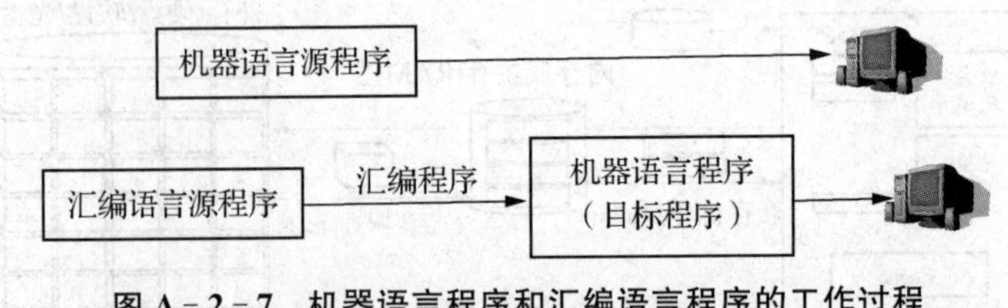

图A-2-7 机器语言程序和汇编语言程序的工作过程

汇编语言程序虽然比机器语言程序在各方面有所改进，但由于一条汇编语言指令对应一条机器语言指令，程序设计仍然相当复杂，汇编语言和机器语言一样仍被称为低级语言。

3）高级语言

在科学计算、过程设计及数据处理方面，常常要进行大量的运算，算法相对比较复杂，而且往往要涉及如三角函数、开方、对数、指数等运算。对于这样的运算处理，用汇编语言编写程序就相当困难了，于是人们设计了各种高级语言。高级语言的表现形式接近于人们的自然语言，对各种公式的表示也近似于数学公式，而且一条高级语言的功能往往相当于十几条甚至几十条汇编语言的指令，程序编写相对比较简单。因此，在工程计算、定理证明、数据处理、图形处理等方面，人们常用高级语言来编写程序。

用高级语言编写的程序称为高级语言源程序。同汇编语言一样，计算机也不能直接理解和执行高级语言源程序，必须对高级语言源程序进行翻译。

高级语言源程序的翻译有两种方式：一种是解释方式，另一种是编译方式。

按解释方式工作的高级语言源程序，需在解释系统中输入并执行。解释方式是在高级语言源程序执行时，由“解释程序”逐条逐句地解释，解释一条语句执行一条语句，不产生可以执行的二进制目标程序，以后再执行该程序时，还要解释执行。图 A-2-8 给出了解释方式的工作过程。

解释方式的运行速度相对较慢，适合于一些速度要求不高的中小型计算和数据处理。BASIC、LISP 等语言采用解释方式。

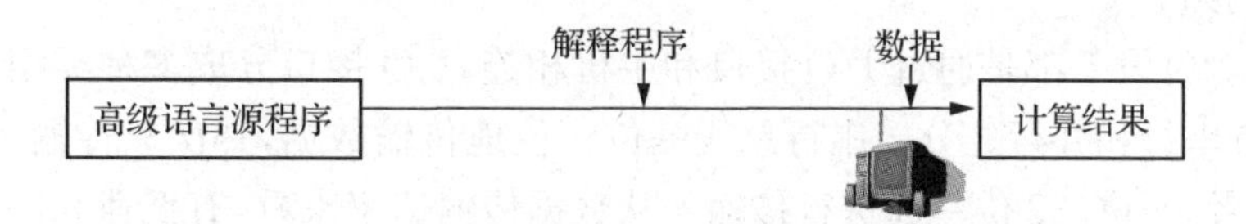

图 A-2-8　高级语言程序按解释方式的工作过程

按编译方式工作的高级语言源程序输入后，需要用“编译程序”将高级语言源程序一次性地翻译成二进制代码的目标程序，再通过“连接程序”将目标程序中所需要的一些系统程序片段(如标准库函数等)连接到目标程序中，形成可执行文件。以后使用时可以脱离原来的高级语言程序，只需执行可执行文件即可。图 A-2-9 给出了编译方式的工作过程。

这种方式不如解释方式灵活，但源程序保密性较强，执行速度快，适合于编写速度要求较高的大型程序，FORTRAN、Pascal 和 C 等都是按编译方式工作的高级语言。

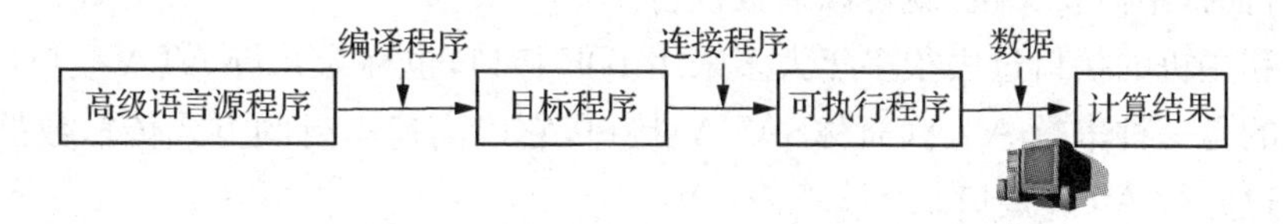

图 A-2-9　高级语言程序按编译方式的工作过程

7. 什么是 I/O 设备、I/O 控制器、I/O 接口、I/O 总线？它们与 CPU、存储器相互之间是怎样的关系？

1）I/O 设备

I/O 设备即输入/输出设备，就是指可以与计算机进行数据传输的硬件。

用来向计算机输入信息的设备通称为输入设备。输入设备有多种，例如，数字和文字输入设备(键盘、写字板等)，位置和命令输入设备(鼠标、触摸屏等)，图形输入设备(扫描仪、数码相机等)，声音输入设备(麦克风、MIDI演奏器等)，视频输入设备(摄像机)，温度、压力输入设备(温度、压力传感器等)。不论信息原始形态如何，输入到计算机中的信息都使用二进位("0"和"1")来表示。

用于从计算机输出信息的设备称为输出设备，它们的功能是把计算机中用"0"和"1"表示的信息转换成可直接识别和感知的形式(文本、语音、音乐、图像和动画等)。在PC机中显示器、绘图仪、打印机和音箱都是输出设备。

外存储器(如硬盘、软盘、光盘等)既可以算是输入设备，也可以算是输出设备。

2) I/O控制器

通常每个I/O设备都有各自专用的控制器，它们的任务是接受CPU启动I/O操作的命令后，独立地控制I/O设备的操作，直到I/O操作完成。

有些设备(如键盘、鼠标、打印机等)的I/O控制器比较简单，它们已经集成在主板上的芯片内。有些设备(如音频、视频设备等)的控制器常做成扩充卡(也叫适配卡)，插在主板的PCI插槽内，不过随着主板芯片组电路集成度的提高，像声卡、网卡等扩充卡也已经集成在芯片组中，不再以扩充卡的形式单独存在。

3) I/O接口

大多数I/O设备都是通过I/O接口和主机相连，I/O接口分成多种类型。从数据传输方式上，有串行和并行之分。串行总线一位一位地传输数据，一次只传输一位；并行总线将8位或者16位、32位一起进行传输。从数据传输速率来看，有低速和高速之分。从是否能连接多个设备来看，有总线式和独占式之分，总线式可以串接多个设备，被多个设备共享；独占式只能连接一个设备。

现在几乎所有的I/O设备都可以使用USB接口和主机相连。USB接口是一种可以连接多个设备的总线式串行接口，借助"USB集线器"可以扩充机器的USB接口数目，一个USB接口理论上能连接127个设备。USB接口符合"即插即用"(PnP)规范，在操作系统的支持下，用户无须手动配置系统就可以插上或者拔出使用USB接口的外围设备，计算机会自动识别该设备并进行配置，使其正常工作。同时USB接口还支持热插拔，即在计算机运行时(不需要关机)就可以插拔设备。

硬盘和主机的接口过去很多年大多采用IDE接口，也称为并行ATA接口(PATA)，现在流行的是一种串行ATA(简称SATA)接口，它以高速串行的方式传输数据，其传输速率远超过并行ATA接口。

键盘和鼠标除了可以通过USB接口连接主机，还可以通过PS/2接口和主机连接，PS/2是串行双向的低速接口。

显示器和主机的接口通常有三种：VGA、DVI和HDMI，它们都是单向的并行接口。

还有一种IEEE-1394接口(简称1394或FireWire)，主要用于连接需要高速传输大量数据的音频和视频设备，是一种串行、双向的高速接口。

4) I/O总线

总线的英文名字是"Bus"，它是计算机各种功能部件之间传送信息的公共通信干线，它是由导线组成的传输线束，按照计算机所传输的信息种类，计算机的总线可以划分为数据总线、地址总线和控制总线，分别用来传输数据、数据地址和控制信号。

I/O设备通过I/O总线(插槽)与主板上的CPU、内存进行信息交换，20世纪90年代初开始，PC机一直采用一种称为PCI的I/O总线，可以用于挂接中等速度的外部设备，但性能已经跟不上实际使用要求。

PCI-Express(简称PCI-E或PCIe)是PC机I/O总线的一种新标准，它采用高速串行传输，以点对点的方式与主机进行通信。PCI-E包括x1、x4、x8和x16等多种规格，分别包含1、4、8或16个传输通道，每个通道的数据传输速率为250 MB/s，可以满足不同设备对数据传输的不同要求。如PCI-E x1已经可以满足主流声卡、网卡和多数外存储器对数据传输带宽的要求；PCI-E x16能提供4GB/s的带宽，可更好地满足独立显卡对数据传输速率的需求，现在PCI-E x16接口的显卡已经越来越多地取代了曾经流行的AGP接口的显卡。

图A-2-10列出了I/O总线、I/O控制器、I/O接口及I/O设备的连接方式。

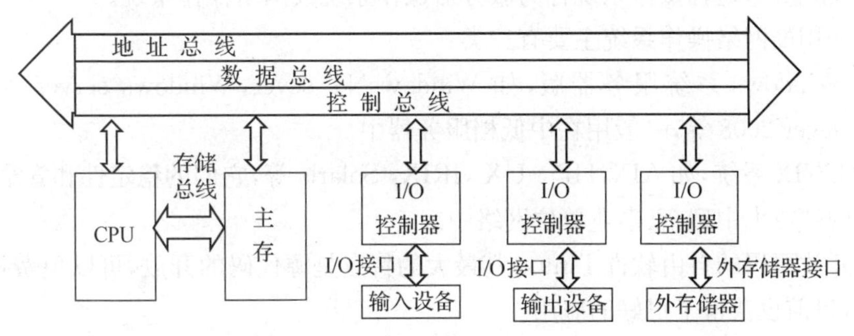

图A-2-10 I/O总线、I/O控制器、I/O接口及I/O设备的连接方式

第三讲 计算机网络基础

1. 什么是计算机网络？简述计算机网络的组成与功能。

计算机网络是指将地理位置不同的具有独立功能的多台计算机及其外部设备，通过通信设备和通信线路连接起来，在网络软件的管理和协调下，实现资源共享和数据通信的计算机系统。

计算机网络一般由下列几部分组成：

1）计算机

这是网络的主体。随着家用电器的智能化和网络化，越来越多的家用电器如手机、机顶盒、监控报警设备，甚至厨卫设备等也可以接入计算机网络，它们统称为网络的终端设备。

2）数据通信系统

数据通信系统包括数据传输的传输介质和各种通信控制设备。

传输介质按其特征可分为有线通信介质和无线通信介质两类，有线通信介质包括双绞线、同轴电缆和光缆等，无线通信介质包括无线电、微波、卫星通信和移动通信等。它们具有不同的传输速率和传输距离,分别支持不同类型的网络。

通信控制设备包括用于网内连接的网络适配器(网卡)、集线器、交换机、调制解调器和路由器等。

3) 网络协议

为了使网络中的计算机能正确地进行数据通信和资源共享,计算机和通信控制设备必须共同遵循一组规则和约定,这些规则、约定或标准就称为网络协议。

目前,典型的网络协议软件有 TCP/IP 协议、IPX/SPX 协议、IEEE802 标准协议系列等。其中,TCP/IP 是当前异种网络互连应用最为广泛的网络协议,也是因特网使用的网络协议。

4) 网络操作系统和网络应用软件

连接在网络上的计算机,其操作系统必须遵循通信协议支持网络通信才能使计算机接入网络。现在,几乎所有操作系统都具有网络通信功能,特别是运行在服务器上的操作系统,它除了具有强大的网络通信和资源共享之外,还负责网络的管理工作(如授权、日志、计费、安全等),这种操作系统称为服务器操作系统或网络操作系统。

目前使用的网络操作系统主要有三类:

一是 Windows 系统服务器版,如 WindowsNT sever, Windows server 2003 以及 Windows sever 2008 等,一般用在中低档服务器中。

二是 UNIX 系统,如 AIX, HP－UX ,IRIX, Solaris 等,它们的稳定性和安全性好,可用于大型网站或大中型企、事业单位网络中。

三是开放源码的自由软件 Linux,其最大的特点是源代码的开放,可以免费得到许多应用软件,目前也获得了很好的应用。

为了提供网络服务,开展各种网络应用,服务器和终端计算机还必须安装运行网络运用程序。例如电子邮件程序、浏览器程序、即时通信软件、网络游戏软件等,它们为用户提供了各种各样的网络应用。

计算机网络的功能体现在:数据传输;资源共享(包括硬件、软件和数据的共享)和分布式处理。

2. 简述计算机网络常用传输介质的特点。

计算机网络使用的传输介质分为有线传输介质和无线传输介质两大类。

1) 有线传输介质

有线传输介质主要有:双绞线、同轴电缆、光纤等。

① 双绞线

双绞线是一种最常用的传输介质,俗称网线,由 4 对两根相互绝缘的铜线绞合在一起组成。双绞线又可分为非屏蔽双绞线(UTP)和屏蔽双绞线(STP)两大类。非屏蔽双绞线只有线缆外皮作为屏蔽层,而屏蔽式双绞线则增加了用金属丝编织成的屏蔽层,对电磁干扰具有较强的抵抗能力,也可以传输更远的距离。

目前广泛使用的是非屏蔽双绞线,价格便宜,也易于安装使用,但是在传输距离、传输速度等方面受到一定的限制,且易受外部高频电磁波干扰,误码率较高,通常只在建筑物内部使用。

双绞线的两端必须都安装RJ－45连接器(俗称水晶头)，以便与网卡、集线器或交换机连接。

② 同轴电缆

目前常用的一种同轴电缆是有线电视电缆，它将居民家中的电视机连接到广播电视传输网，用于传输广播电视信号，最大传输距离可达几公里甚至几十公里。

③ 光纤

光纤由能传导光波的石英玻璃纤维外加保护层构成。光纤中传输的是光信号，在发送端要先将电信号转换成光信号，在接收端再用光检测器将光信号还原成电信号。

光纤除了具有容量大、传输距离远(无中继距离可达几十、甚至上百公里)的优点外，由于是绝缘体，不会受高压线和雷电电磁感应的影响，抗辐射的能力也强。光纤几乎可以做到不漏光，因此保密性强。光缆的重量轻、便于传输和铺设。但是价格较贵，主要用于高速、大容量的通信干线等。

光纤分为多模光纤和单模光纤两种。在多模光纤中，光纤内部有多条光线以不同的角度发生全反射，而向前传播，传送距离为几公里。而在单模光纤中，光线在其中以直线传播而不发生反射，减小了损耗，因而可传播更长的距离，传送距离为几十公里。

4) 无线传输介质

无线传输介质主要有微波、红外线和激光。

微波是一种300 MHz～300 GHz的电磁波，它具有类似光波的特性，在空间主要是直线传播，也可以从物体上得到反射，但不能像无线电的中波那样沿地球表面传播。所以利用微波进行远距离通信需要依靠微波进行接力通信，使其能沿地球表面进行传播。

中继站也可以安装在人造卫星上，此类微波通信称为“卫星通信”，卫星通信容量大、传输距离远、可靠性高。

手机和无线局域网(Wi－Fi)都是使用微波进行通信。

除微波通信之外，也可以使用红外线和激光进行传输，但所应用的收发设备必须处于视线范围内，均有较强的方向性，对环境因素(如雾天、下雨较为敏感)。

3. 计算机网络中的通信控制设备有哪些？它们各有什么作用？

计算机网络中的通信控制设备主要有用于网内连接的网络适配器(网卡)、集线器、交换机、调制解调器和路由器。

1) 网卡

网卡也叫“网络适配器”，简称“NIC”，网卡是局域网中最基本的部件之一，它是连接计算机与网络的硬件设备。无论是双绞线连接、同轴电缆连接还是光纤连接，都必须借助于网卡才能实现数据的通信。

网卡的主要工作原理是整理计算机上发往网线上的数据，并将数据分解为适当大小的数据包之后向网络上发送出去。对于网卡而言，每块网卡都有一个唯一的网络节点地址，它是网卡生产厂家在生产时写入网卡的ROM中的，被称为MAC地址(48位的物理地址)，且保证绝对不会重复。

目前常用的网卡有以太网卡、无线局域网卡和3G网卡。

2) 集线器(Hub)

如果用非屏蔽双绞线直接将两台计算机互连，由于双绞线在传输信号时信号功率会逐步衰减，会造成信号失真，为保证信号质量，双绞线的最大传输距离为100米。当两台电脑之间的距离超过100米时，就需要在这两台电脑之间安装一个"中继器"，其作用就是将已经衰减得不完整的信号经过整理，重新产生出完整的信号再继续传送。

集线器就是一种多端口的中继器，它的主要功能是对接收到的信号进行再生、整形、放大，以扩大网络的传输距离，同时把所有节点集中在以它为中心的节点上。

集线器本身不能识别目的地址，采用广播方式发送。也就是说当它要向某节点发送数据时，不是直接把数据发送到目的节点，而是把数据包发送到与集线器相连的所有节点。每个节点上的计算机都可以收到该数据包，通过读取数据包头的地址信息来确定信息是否是发给自己的，是则接收，不是则丢弃不理。

集线器为共享式带宽。连接在集线器上的任何一个设备发送数据时，其他所有设备必须等待，此时该设备享有全部带宽；通讯完毕，再由其他设备使用带宽。所以，集线器的带宽由它的端口平均分配，如总带宽为10 MB/s的集线器，连接4台工作站同时上网时，每台工作站平均带宽仅为10/4=2.5 MB/s。

用集线器构建的局域网称为共享式局域网，通常只允许一对计算机进行通信，当计算机数目较多且通信频繁时，网络会发生拥塞，性能将急剧下降，所以集线器只适合构建计算机数目较少的网络。

3) 交换机(Switch)

交换机和集线器一样主要用于连接计算机等网络终端设备，但它比集线器更加"智能"，稍微高端一点的交换机都有一个操作系统来支持，有"记忆"和"学习"的能力，交换机工作在数据链路层。

交换机可以记录所连计算机的网卡的MAC地址与交换机端口的对应表，发送的数据不会再以广播方式发送到每个接口，而是根据所传递信息包的目的地址，参照MAC地址表，将数据包独立地从源端口送至目的端口，避免了和其他端口发生碰撞，节省了接口带宽。

交换机是独享带宽的。由于交换机能够智能化地根据地址信息将数据快速送到目的地，故交换机在同一时刻可进行多个端口组之间的数据传输，相互通信的双发独自享有全部的带宽，无需同其他设备竞争使用。

如总带宽为10 MB/s的交换式，每个端口都有10 MB/s的带宽。当主机A向主机D发送数据时，主机B可同时向主机C发送数据，而且这两个传输都享有网络的全部带宽，该交换机此时的总流通量就等于2×10 M=20 M。

3) 路由器

路由器是网络高级设备，工作在更高的层面上(网络层)。路由器是网络中的一台有CPU内存和操作系统的真正的计算机。它的最重要用途就是连接两个不同的网络。路由器有两个(或两组)接口，分别接入两个不同的网络，并在每个网络中占有一个IP地址。

在路由器中记录着路由表,以此来转发数据,以实现网络间的通讯。路由表记录两个网络间的 IP 地址,所有访问另一个网络的请求被送到路由器,然后路由器通过路由表查询,再将数据转发到目的地。

路由器是网络中进行网间连接的关键设备。作为不同网络之间互相连接的枢纽,路由器系统构成了基于 TCP/IP 的国际互联网络 Internet 的主体脉络。

总的来说,路由器与交换机的主要区别体现在以下几个方面:

(1) 工作层次不同

交换机工作在 OSI/RM 开放系统互联参考模型的第二层(数据链路层),它的工作原理比较简单,而路由器工作在 OSI 的第三层(网络层),可以得到更多的协议信息,路由器可以做出更加智能的转发决策。

(2) 数据转发所依据的对象不同

交换机是利用物理地址或者说MAC 地址来确定转发数据的目的地址。而路由器则是利用网络地址(IP 地址)来确定数据转发的地址。IP 地址是在软件中实现的,描述的是设备所在的网络。MAC 地址通常是硬件自带的,由网卡生产商来分配的,而且已经固化到了网卡中去,一般来说是不可更改的。而 IP 地址则通常由网络管理员或系统自动分配。

4. 按地理范围,计算机网络可以分为哪几类?简述每一类的特点。

按网络所覆盖的地理范围的不同,计算机网络可分为局域网(LAN)、城域网(MAN)、广域网(WAN)。

1) 局域网(Local Area Network,LAN)

局域网是将较小地理区域内的计算机或数据终端设备连接在一起的通信网络。局域网覆盖的地理范围比较小,一般在几十米到几千米之间。它常用于组建一个办公室、一栋楼、一个楼群、一个校园或一个企业的计算机网络。局域网主要用于实现短距离的资源共享。如图 A-3-1 所示的是一个由几台计算机和打印机组成的典型局域网。

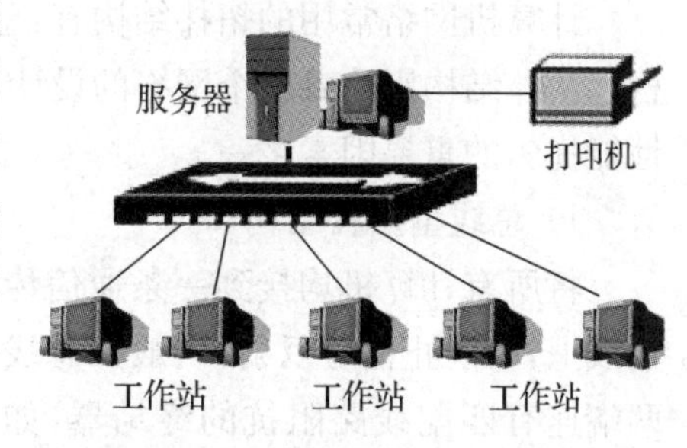

图 A-3-1　局域网连接示意图

局域网的特点是传输距离有限、传输速率高、数据传输可靠等。

2) 城域网(Wide Area Network,WAN)

城域网在地理范围上可以说是 LAN 的延伸,它的覆盖范围介于局域网和广域网之间,一般为几千米至几万米。

城域网的覆盖范围在一个城市内,它将位于一个城市之内不同地点的多个计算机局域网连接起来实现资源共享。城域网所使用的通信设备和网络设备的功能要求比局域网高,以便有效地覆盖整个城市的地理范围。一般在一个大型城市中,城域网可以将多个学校、企事业单位、公司和医院的局域网连接起来共享资源。如图 A-3-2 所示的是不同建筑物内的局域网组成的城域网。

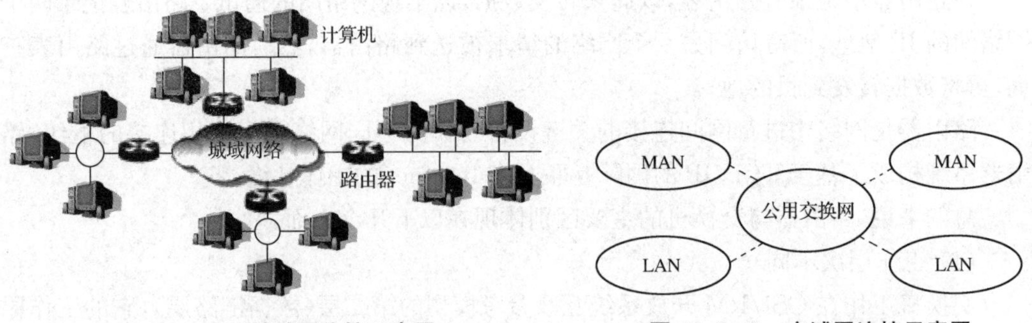

图 A-3-2 城域网连接示意图

图 A-3-3 广域网连接示意图

3) 广域网(Wide Area Network,WAN)

广域网一般是在不同城市之间的 LAN 或 MAN 网络互连,所覆盖的范围从几百千米到几千千米。它的通信设备和通信线路一般由电信部门提供,目前多采用光纤线路。由于远距离数据传输的带宽有限,因此,广域网的数据传输速率比局域网要慢得多。

广域网可以覆盖一个城市、一个国家甚至于全球。因特网(Internet)是广域网的一种,它将同类或不同类的物理网络(局域网、广域网与城域网)互联,并通过高层协议实现不同类网络间的通信。如图 A-3-3 所示的是一个简单的广域网。

5. 计算机网络的拓扑结构有哪几种?简述其特点。

当具备了一定的硬件后,需要把这些设备连接在一起才能构成网络。在计算机网络中把计算机硬件连接起来的布局方法称为网络的拓扑结构。

计算机网络常用的拓扑结构有:总线型结构、环型结构、星型结构、树型结构和网状结构。拓扑结构影响着整个网络的设计、功能、可靠性和通信费用等许多方面,是决定网络性能优劣的重要因素之一。

1) 总线型拓扑结构

将所有计算机均接到一条通信传输线上,为防止信号反射,一般在总线两端连有匹配线路阻抗的终结器,如图 A-3-4 所示。

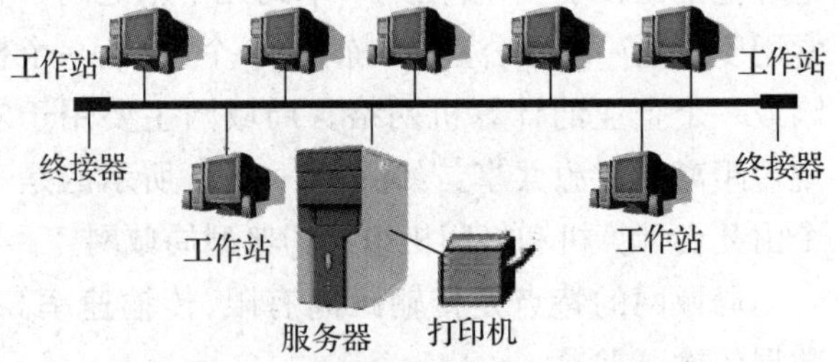

图 A-3-4 总线型拓扑结构示意图

在总线上,任何一台计算机发送信息时,其他计算机必须等待。而且计算机发送的信息会沿着总线向两端扩散,从而使网络中所有计算机都会收到这个信息,但是否接收,还取决于信息的目标地址是否与网络主机地址相一致,若一致,则接受;若不一致,则不接收。

优点:信道利用率较高、结构简单、价格相对便宜。

缺点:同一时刻只能有两个网络节点可以相互通信,网络延伸距离有限;在总线上只要有一个节点连接出现问题,会影响整个网络的正常运行。

2）星型拓扑结构：

每台计算机都由一个单独的通信线路连接到中心节点上。中心节点控制全网的通信，任何两台计算机之间的通信都要通过中心节点来转接。中心节点的网络设备通常是交换机，如图 A－3－5 所示。

优点：结构简单、便于维护和管理，当某台计算机或线缆出现问题时，不会影响其他计算机的正常通信，维护比较容易。

缺点：通信线缆数量多，利用率低；中心结点是全网络的可靠瓶颈，中心结点出现故障会导致网络的瘫痪。

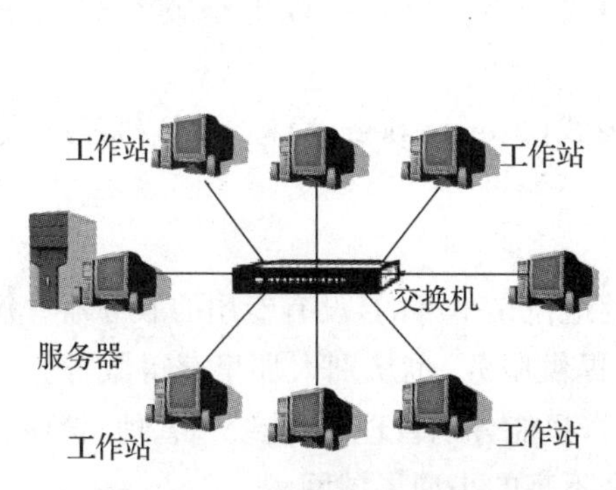

图 A－3－5　星型拓扑结构示意图

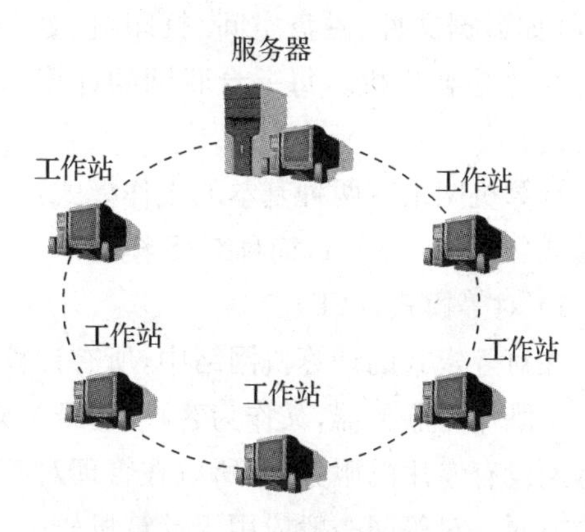

图 A－3－6　环型拓扑结构示意图

3）环型拓扑结构：

环型结构将联网的计算机由通信线路连接成一个闭合的环，如图 A－3－6 所示。

在环型拓扑中，信号会沿着环型信道按一个方向传播，并通经过每台计算机，每台计算机会对信号进行放大后，传给下一台计算机。同时，在网络中有一种特殊的信号称为令牌。令牌按顺时针方向传输，当某台计算机要发送信息时，必须先捕获令牌，再发送信息，发送信息后再释放令牌。

优点：结构简单、实时性强。

缺点：可靠性较差，环上任何一个计算机发生故障都会影响到整个网络，而且难以进行故障诊断；其次，增删计算机操作复杂且会干扰整个网络的正常运行。目前主要运用于光纤网中。

4）树型拓扑结构

树型结构是星型结构的扩展，它由根结点和分支结点所构成，如图 A－3－7 所示。

树型结构除具有星型结构的优缺点外，最大的优点就是可扩展性好，当计算机数量较多或比较分散时，比较适合采用树型结构。目前树型结构主要用在以太网中。

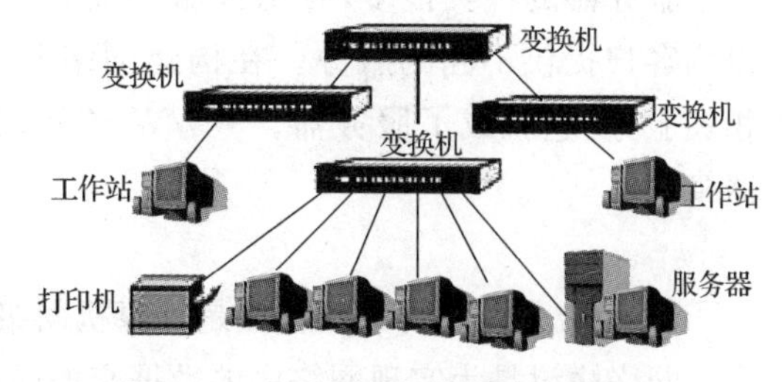

图 A－3－7　树型拓扑结构示意图

5）网状结构

网状结构中每台计算机至少有两条线路与其他计算机相连，网络无中心设备。大型互联网一般都采用这种结构，如我国的教育科研网 CERNET、Internet 的主干网都采用网状结构。

优点：可靠性高；因为有多条路径，所以可以选择最佳路径，减少时延，改善流量分配，提高网络性能，但路径选择比较复杂。

缺点：结构复杂，不易管理和维护，线路成本高，适用于大型广域网。

6. 什么是网络的对等工作模式？什么是客户/服务器模式？请分别举例说明。

网络应用中，网络中的计算机可以扮演不同的角色。从资源共享的角度来看，提供资源(如数据文件、磁盘空间、打印机、处理器等)的计算机是服务器，使用服务器资源的计算机是客户机。每一台联网的计算机其身份或者是客户机或者是服务器，或者兼而有之。

计算机网络有两种基本的工作模式：对等模式(peer-to-peer，简称 P2P)和客户/服务器模式(Client/Server，简称 C/S 模式)。

1) 对等模式(P2P)

在对等模式的计算机网络中，所有计算机的地位是平等的，没有专用的服务器。每台计算机既作为服务器，又作为客户机；既为别人提供服务，也从别人那里获得服务。由于对等网没有专用的服务器，所以在管理对等网时，只能分别管理，不能统一管理，管理起来很不方便。对等网一般应用于计算机较少、安全不高的小型局域网。

Windows 操作系统中的“网上邻居”“工作组”等就是按对等模式工作的。近些年来对等工作模式已经在因特网上盛行，常用的 IP 电话、BT 下载、QQ 即时通信等都是对等工作模式的例子。

2) 客户/服务器模式(C/S)

客户/服务器模式的特点是，网络中每一台计算机都扮演这固定的角色，要么是服务器，要么是客服机。

服务器一方面负责保存网络的配置信息，另一方面也负责为客户机提供各种各样的服务。因为整个网络的关键配置都保存在服务器中，所以管理员在管理网络时只需要修改服务器的配置，就可以实现对整个网络的管理了。同时，客户机需要获得某种服务时，会向服务器发送请求，服务器接到请求后，会向客户机提供相应服务。

服务器的种类很多，有邮件服务器、Web 服务器、目录服务器等，不同的服务器可以为客户提供不同的服务。在构建网络时，一般选择配置较高的计算机，在其上安装相关服务，它就成了服务器。WWW 访问、文件传输 FTP、电子邮件等都是客户/服务器模式。

7. 什么是网络协议？什么是计算机网络体系结构？

网络协议是为实现网络中的数据交换而建立的规则标准或约定。

为了完成计算机间的通信合作，把各个计算机互联的功能划分成定义明确的层次。网络体系结构就是指计算机之间相互通信的层次，以及各层中的协议和层次之间接口的集合。最主要的网络体系结构模型有OSI 参考模型和TCP/IP 参考模型。

1) OSI 参考模型

计算机网络是一个非常复杂的系统，需要解决的问题很多并且性质各不相同。所以在 ARPNET 设计时，就提出了“分层”的思想，即将庞大而复杂的问题分为若干较小的、易于处理的局部问题。1974 年美国 IBM 公司按照分层的方法制定了系统网络体系结构 SNA。随后各个公司都有自己的网络体系结构，使各公司自己生产的各种设备容易互联成网，有助于该公司垄断自己的产品。但是随着社会的发展，不同网络体系结构的用户迫切要求能互相交换信息。为了使不同体系结构的计算机网络都能互联，国际标准化组织 ISO 于 1978 年提出了“异种机联网标准”的框架结构，这就是著名的开放系统互联基本参考模型 OSI/RM(Open System Interconnection Reference Model)，OSI 得到了国际上的承认，称为其他各种计算机网络体系结构依照的标准，大大地推动了计算机网络的发展。

OSI/RM 参考模型用物理层、数据链路层、网络层、传输层、会话层、表示层和应用层七个层次描述网络的结构。

2) TCP/IP 参考模型

TCP/IP 参考模型是计算机网络的鼻祖 ARPANET 和其后继的 Internet 网络使用的参考模型，共分四层结构：应用层、传输层、网际层和网络接口层。TCP/IP 的体系结构与 ISO 的 OSI 七层参考模型的对应关系如图 A-3-8 所示。

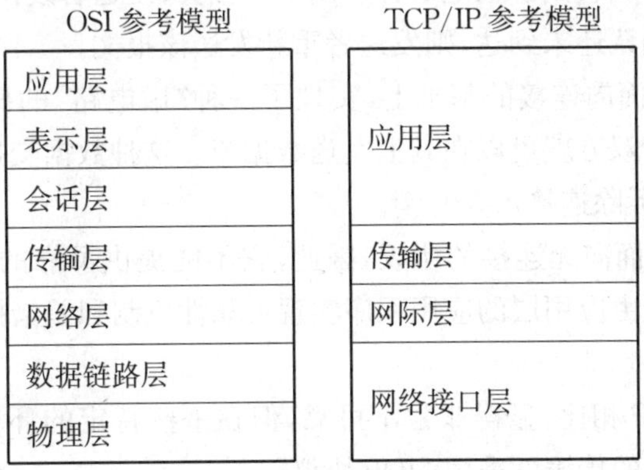

OSI 参考模型	TCP/IP 参考模型
应用层	应用层
表示层	
会话层	
传输层	传输层
网络层	网际层
数据链路层	网络接口层
物理层	

图 A-3-8　TCP/IP 体系结构与 OSI 参考模型的对照关系

在 TCP/IP 参考模型中，将 OSI 参考模型中的会话层和表示层的功能合并到应用层实现，同时将 OSI 参考模型中的数据链路层和物理层合并为网络接口层。

TCP/IP 是一个协议集，其中每一层都有着多种协议。TCP 只是协议集中传输层的一个协议，IP 只是协议集中网际层的一个协议。各层的主要功能如下：

(1) 网络接口层

最低层的网络接口层是 TCP/IP 与各种通信网之间的接口，自身并无专用的协议，只负责将上层的 IP 分组封装成适合在物理网络上传输的帧格式并发送出去，或将从物理网络接收到的帧卸装并递交给高层。各物理网络可使用自己的数据链路层协议和物理层协议，物理网可以是各种广域网和各种局域网。

(2) 网络互连层

网络互连层定义了分组格式和协议,即IP协议。IP协议的任务是对数据包进行相应的寻址和路由,并从一个网络转发到另一个网络。IP协议在每个发送的数据包前加一个控制信息,其中包括了源主机的IP地址、目的主机的IP地址和其他一些信息。

IP是一个无连接的协议。无连接是指主机之间不建立用于可靠通信的端到端的连接,源主机只是简单地将IP数据包发送出去,而数据包可能会丢失、重复、延迟时间大或者IP包的次序会混乱。因此,要实现数据包的可靠传输,就必须依靠高层的协议或应用程序,如传输层的TCP协议。

(3) 传输层

传输层负责在源主机和目的主机之间提供端到端的数据传输服务。该层上定义了两种服务质量不同的协议。即:传输控制协议TCP(transmission control protocol)和用户数据报协议UDP(user datagram protocol)。

TCP协议是一种面向连接的通信协议,它在IP协议的基础上,提供端到端的面向连接的可靠传输。当传送有差错数据、网络故障或网络负荷太重不能正常工作时,就需要通过TCP协议来保证通信的可靠。

TCP采用"带重传的肯定确认"技术来实现传输的可靠性。简单的"带重传的肯定确认"是指接收者每接收一次数据,就送回一个确认报文给发送者。发送者对每个发出去的报文都留一份记录,等到收到确认之后再发出下一报文;发送者发出报文时,启动计时器,若计时器计数完毕,确认还未到达,则发送者重新发送该报文。

TCP通信建立在面向连接的基础上,实现了一种"虚电路"的概念。双方通信之前,先建立一条连接,然后双方就可以在其上发送数据流。这种数据交换方式能提高效率,但事先建立连接和事后拆除连接需要开销。

UDP协议是一种面向无连接的协议,因此,它不能提供可靠的数据传输,而且UDP不进行差错校验,必须由应用层的应用程序实现可靠性机制和差错控制,以保证端到端数据传输的正确性。

虽然UDP与TCP相比,显得非常不可靠,但在一些特定的环境下还是非常有优势的,如音频和视频数据的传输就采用UDP协议。

(4) 应用层

在TCP/IP四层模型中,应用层的主要功能是面向用户的不同需求,提供不同的服务,如电子邮件、文件传输、远程控制访问等。每一个应用都有相对应的协议,其中FTP、TELNET、SMTP、DNS和HTTP是几种广泛应用的协议。

① 文件传输协议FTP(File Transfer Protocol)

FTP它使用户可以在本地机与远程机之间进行有关文件的操作,允许用户将远程主机上的文件拷贝到自己的计算机上。FTP工作时建立两条TCP连接,一条用于传送文件,另一条用于传送控制。

FTP采用客户/服务器模式,它包含FTP客户端和FTP服务器。客户启动传送过程,而服务器对其做出应答。客户FTP大多有交互式界面,使客户可以方便地上传或下载文件。

② 远程终端访问 TELNET

Telnet 提供远程登录功能，用户可以在一台计算机上登录到另一台计算机上，来操控另一台计算机上的软件、硬件进行工作，它提供了远程访问计算机的一种服务。

③ 域名服务 DNS

DNS 是一个域名服务的协议，提供域名到 IP 地址的转换，允许对域名资源进行分散管理。

④ 简单邮件传送协议 SMTP

SMTP 用于传输电子邮件，在邮件传输过程中，所经过的路由被记录下来。这样，当邮件不能正常传输时可按原路由找到发送者。

⑤ 超文本传输协议 HTTP

HTTP 是用于支持 WWW 浏览的网络协议，这是一种最基本的客户机/服务器的访问协议。浏览器向服务器发送请求，而服务器回应相应的网页。

8. 什么是 IP 地址？IP 地址如何表示？子网掩码的作用是什么？

在网络中，为了实现不同计算机之间的通信，每台计算机都必须有一个唯一的地址，这个地址就是 IP 地址。

1）IP 地址

在计算机内部，IP 地址用32 位二进制数表示，每 8 位为一段，用小数点将它们隔开，共 4 段。如 IP 地址：10000011. 01101011. 00010000. 11001000。

为了书写、阅读和在计算机中配置方便，通常将每段转换为十进制数。如 10000011. 01101011. 00010000. 11001000 转换后的格式为：130. 107. 16. 200。

IP 地址是分层次的地址，由两部分组成：网络号和主机号。

① 网络号：用来标识计算机所在的网络，也可以说是网络的编号。

② 主机号：用来标识网络内的不同计算机，即计算机的编号。

由于 IP 地址是有限资源，为了更好地管理和使用 IP 地址，INTERNIC 根据网络规模的大小将 IP 地址分为 5 类，如图 A-3-9 所示。

	0	1	2	3	8	16	24	31
A类	0	网络号			主机号			
B类	1	0	网络号			主机号		
C类	1	1	0	网络号			主机号	
D类	1	1	1	0	组播地址			
E类	1	1	1	1	备用			

图 A-3-9　IP 地址的分类及格式

① A 类地址：第一段（前 8 位）表示网络号，且最高位为“0”，这样只有 7 位可以表示

网络号,能够表示的网络号有 $2^7-2=126$ 个(去掉全“0”和全“1”的两个网络号)。后三段(24位)表示主机号,能够表示的主机号的个数是 $2^{24}-2=16777214$ 个(去掉全“0”和全“1”的两个主机号,它们有特定含义),即A类的网络中可容纳16777214台主机。A类地址只分配给超大型网络。

② B类地址:前两段(前16位)表示网络号,后两段(16位)表示主机号,且最高位为“10”。能够表示的网络号为 $2^{14}=16384$ 个,可以容纳的主机数为 $2^{16}-2=65534$ 台主机。B类IP地址通常用于中等规模的网络。

③ C类地址:前三段(24位)表示网络号,最后一段(8位)表示主机号,且最高位为“110”,最大网络数为 $2^{21}=2097152$,可以容纳的主机数为 $2^8-2=254$ 台主机。C类IP地址通常用于小型的网络。

④ D类地址:最高位为1110,是多播地址。

⑤ E类地址:最高位为11110,保留在今后使用。

用十进制表示的IP地址,可以根据其第一段的数字范围来判断它所属的IP地址类。

A类:1~126 大型网络

B类:128~191 中等规模网络

C类:192~223 校园网

D类:224~239 组播地址

E类:240~254 实验用

几个特殊的IP地址

- 主机号全0:网络地址,用来表示整个一个物理网络,它指的是物理网络本身而非哪一台计算机。如:192.168.4.0为网络地址。
- 主机号全1:直接广播地址,当一个IP数据报中的目的地址是某个物理网络的直接广播地址时,这个包将送达到该网络中的每一台主机。如:192.168.1.255表示向网络192.168.1.0发广播。
- 255.255.255.255:本子网内广播地址。
- 127.X.Y.Z:测试地址,不能配置给计算机。

2) 子网掩码

由于IP地址由网络号和主机号两部分组成,为了使计算机能自动地从IP地址中分离出相应的网络地址,需专门定义一个网络掩码,用它来快速地确定IP地址的哪部分代表网络号,哪部分代表主机号,判断两个IP地址是否属于同一个网络。所以,在配置ICP/IP参数时,除了要配置IP地址,还要配置子网掩码。

子网掩码也是32位的二进制数,具体的配置方式是:将IP地址网络位对应的子网掩码设为“1”,主机位对应的子网掩码设为“0”。如:对于IP地址是131.107.16.200的主机,由于是B类地址,前两段为网络号,后两段为主机号,则子网掩码配置为:11111111.11111111.00000000.00000000,转换为十进制数为:255.255.0.0。

各类地址的默认子网掩码为:

A类:11111111.00000000.0000000.00000000 即255.0.0.0

B类:11111111.11111111.00000000.00000000 即255.255.0.0

C类：11111111.11111111.11111111.00000000 即 255.255.255.0

上面介绍的 IP 地址规范为IPv4，该标准是 20 世纪 70 年代末期制定完成的。20 世纪 90 年代初期，WWW 的应用导致互联网爆炸性发展，导致 IP 地址资源日趋枯竭，现有的 IP 地址很快就要被用完了，采用 IPv6 可以解决这些问题。

IPv6 将 IP 地址空间可以从 32 位二进制扩展到128 位(16 个字节长度)，使互联网中的 IP 地址达到 2^{128} 个，几乎不可能用完。除此之外，IPv6 具备更强的安全性、更容易配置。IPv6 的技术标准已基本成型，IPv4 将通过渐进方式逐步过渡到 IPv6。

9. 什么是域名服务系统？域名和 IP 地址间有什么关系？

由于 IP 是纯数字格式的，用户难以记忆，因此，Internet 引入域名服务系统 DNS (Domain Name System)。这是一个分层定义和分布式管理的命名系统，其主要功能为两个：一是定义了一套为机器取域名的规则；二是把域名高效率地转换成 IP 地址。

域名采用分层次方法命名，每一层都有一个子域名。子域名之间用点号分隔，自右至左分别为：最高层域名、机构名、网络名、主机名。例如，www.nju.edu.cn 域名表示中国(cn)教育网(edu)南京大学(nju)的一台主机(www)。

Internet 最高域名被授权由 DDNNIC 登记。最高域名在美国用于区分机构，在美国以外用于区分国别或地域。表 A-3-1 列出了以机构区分的最高域名及其含义，表 A-3-2 列出了部分以国别或地域区分的最高域名及其含义。

表 A-3-1 机构域名及其含义

域名	意义	域名	意义	域名	意义	域名	意义
com	商业类	edu	教育类	gov	政府机构	int	国际机构
mil	军事网	net	网络类	net	网络机构	org	非营利组织
arts	文化娱乐	arc	康乐活动	firm	公司企业	info	信息服务
nom	个人	stor	销售单位	web	与 www 有关单位		

表 A-3-2 部分国别域名及其含义

域名	意义	域名	意义	域名	意义	域名	意义
cn	中国	de	德国	fr	法国	uk	英国
ca	加拿大	jp	日本	my	马来西亚		

域名服务器 DNS 是指保存有该网络中所有主机的域名和对应 IP 地址，并具有将域名转换为 IP 地址功能的服务器。其中域名必须对应一个 IP 地址，而 IP 地址不一定有域名。没有 DNS 我们将无法在因特网上使用域名。域名服务器分布于世界各地，管理各自范畴的网络。

10. 电子邮件系统由哪些部分组成？它是如何工作的，采用哪些协议？

1) 电子邮件系统的组成

电子邮件系统采用客户/服务器(C/S)的工作模式。其主要组成部分包括：邮件服务器、邮箱、电子邮件和电子邮件应用程序。

① 邮件服务器。它是邮件服务系统的核心,主要功能包括:1) 接收用户送来的邮件,并根据目的地址将其传送到对方的邮件服务器;2) 接收从其他邮件服务器发来的邮件,并根据接收地址将其分发到用户邮箱中。

② 邮箱。是在邮件服务器中为每个合法用户开辟的一个存储用户邮件的空间,主要功能是为用户存储接收的电子邮件。

邮箱地址的一般形式:用户名@邮件服务器的域名,如 zhangsan@sina. com. cn, zhangsan 是用户在新浪上注册邮箱时使用的用户名,sina. com. cn 是新浪邮件服务器的域名。

③ 电子邮件。通常由三个部分组成:第1部分是电子邮件的头部,包括发送方地址、接收方地址(允许多个)、抄送方地址(允许多个)、主题等;第2部分是邮件的正文,即信件的内容;第三部分是邮件的附件,附件中可以包含一个或多个文件,文件内容可以任意。

现在多数邮件系统都支持MIME协议,它允许电子邮件能传送格式丰富、形式多样的消息内容,如中/西文本、图片、声音和超链接等,从而使邮件的表达能力更强,内容更丰富。

④ 电子邮件应用程序。它是邮件系统的客户端软件,主要功能是:创建和发送邮件,接收、阅读和管理邮件,此外还有一些附加功能,如通讯簿管理、收件箱助理及账号管理等。专用的邮件系统客户端程序有微软开发的 Outlook Express 和我国开发的 Fox mail 等,此外利用 WWW 服务,使用浏览器登录到每个邮件服务器的 Web 页面也可以收发邮件。

2) 协议和工作方式

发送电子邮件采用的协议有:简单邮件传输协议SMTP(Simple Mail Transfer Protocol);接收电子邮件采用的协议有:邮局协议POP3(Post Office Protocol 3)和互联网信息访问协议IMAP。

发信人写好邮件后,运行电子邮件应用程序,先与发信人邮箱所在的邮件服务器建立连接,按照 SMTP 协议将邮件传送到服务器中的发送队列。然后,发信人邮件服务器与收信人邮件服务器继续通信,如果收信人邮箱确实存在,才将邮件传送给收信人邮件服务器,并由后者放入收信人的邮箱,否则退回信件并通知发信人。

收信人任何时间在任一台连接因特网的计算机上都可以检查并接收邮件。接收邮件时,收信人计算机上运行的电子邮件客户端程序会按照 POP3 协议(或 IMAP 协议)向收信的邮件服务器提出收信请求,只要用户输入的身份信息(如用户名和密码)正确,就可以从自己的邮箱内读出邮件或下载邮件。图 A-3-10 给出了电子邮件系统的工作过程。

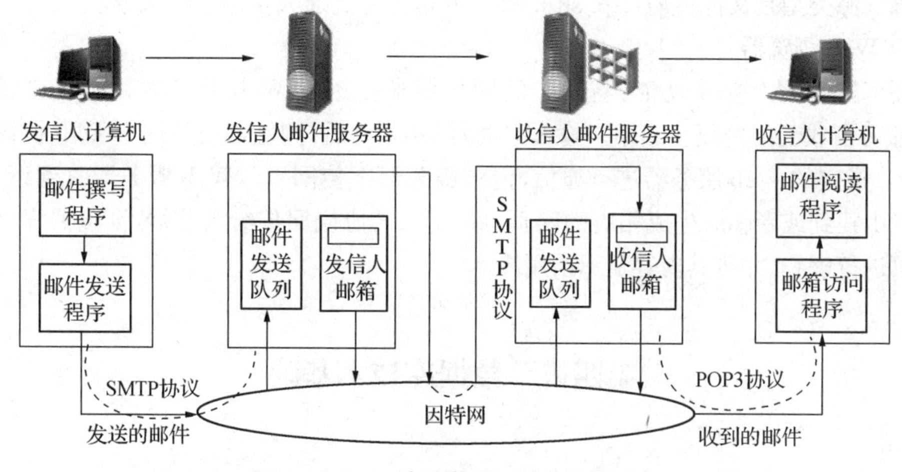

图 A-3-10　电子邮件系统的工作过程

11. 什么是 WWW？它的组成要素有哪些？

WWW 是环球信息网的缩写(英文全称为“World Wide Web”亦作“Web”“W3”)，中文名字为“万维网”“环球网”等，常简称为 Web。WWW 由被称为 Web 服务器的计算机和安装了 Web 浏览器软件的客户计算机组成。它的组成要素有网页、统一资源定位器 URL 和 Web 浏览器。

1) 网页

万维网由数以亿计的 Web 页(网页)组成。Web 服务器以网页的形式发布信息资源，网页是一种超文本文档，它最重要的特性是借助超链接把网页相互连接起来。多数网页是一种采用HTML 超文本标记语言描述的超文本文档(HTML 文档)，其文件后缀为.html或.htm。超链接的链源可以是网页中的字、词或语句，也可以是图像；链宿可以是同一个或另一个 Web 服务器中的某个网页，也可以是本网页中的某段文字或某个图片。

网站中的起始页称为主页(Homepage)。

2) 统一资源定位器 URL

用 IP 地址可以唯一地确定网络中的一台计算机，而用 URL 可以唯一地确定一台计算机上的一个文件。统一资源定位器 URL 用来标识 Web 网中每个信息资源(网页)的位置。

URL 由三部分组成：协议、欲访问机器的 IP 地址或域名、在该机器下的目录及文件名，表示形式为：

协议名://主机域名或 IP 地址[:端口号]/文件路径/文件名

访问不同的资源，需采用不同的协议。当用浏览器访问网络上的 Web 服务器时，采用的协议是 HTTP 协议，即超文本传输协议。例如，http://www.tsinghua.edu.cn/top.html，其中 http 表示该资源类型是超文本信息，www.tsinghua.edu.cn 是清华大学的主机域名，top.html 为资源文件名。

用浏览器不仅可以访问网络上的 Web 服务器，还可以访问 FTP 服务器，从而实现文件传输。访问 FTP 服务器时，采用的是 FTP 协议。例如，ftp://ftp.sjtu.edu.cn，中 ftp

表示该资源类型是文件传输,ftp. sjtu. edu. cn 是上海交通大学的主机域名。

3) Web 浏览器

浏览器有两个基本功能:将用户的网页请求传送给 Web 服务器和向用户展示从 Web 服务器收到的网页。当用户输入网页的 URL 之后,浏览器便使用 HTTP 协议开始与 URL 指定的 Web 服务器进行通信,请求服务器下传网页。Web 服务器收到请求后,从硬盘中找到或者临时生成相应的网页,用 HTTP 协议回传给浏览器,浏览器程序便对该网页进行解释,并将其内容显示给用户。

第四讲 数据库技术基础

1. 数据管理经历了哪几个阶段?各阶段有什么特点?

数据处理的中心问题是对数据的管理,即用计算机对数据进行组织、存储、检索和维护等数据管理工作。随着信息技术的发展,数据管理也经历了人工管理、文件管理和数据库管理三个阶段。

1) 人工管理阶段(20 世纪 50 年代中期以前)

这一阶段是计算机管理的初级阶段,对数据的管理是程序员个人来考虑和安排的,程序员在编制程序时还要考虑数据的存储结构、存储方式、存储地址和输入/输出格式等。当数据的存储位置或输入/输出格式等发生变化时,相应的程序也要随之改变,人们在使用系统进行数据处理时,每次都要准备数据。这个阶段的特点是:数据和程序紧密地结合为一个整体,一组数据对应一个程序,数据不具有独立性。

2) 文件系统阶段(20 世纪 50 年代后期至 60 年代中期)

在这一阶段软件有了较大的进展,出现了操作系统。一个专门管理数据的软件—文件系统包含在操作系统中,该软件将数据按一定规则组织成为一个有效的数据集合,称为数据文件或文件。在这个阶段数据可以以文件形式长期存放在外存设备上,并且数据的存取等操作都由文件系统自动进行管理。文件管理系统成为应用程序和数据文件之间的接口。

3) 数据库管理系统阶段(20 世纪 60 年代后期开始)

这一阶段,计算机越来越多地应用于管理领域,且规模也越来越大。数据库系统克服了文件系统的缺陷,提供了对数据更高级、更有效的管理。这个阶段的程序和数据的联系通过数据库管理系统来实现(DBMS)。

数据库系统阶段的数据管理具有以下特点:

① 数据结构化。在描述数据的时候,不仅要描述数据本身,还要描述数据之间的联系,这样把相互关联的数据集成了起来。

② 数据共享。数据不再面向特定的某个或多个应用,而是面向整个应用系统。

③ 大大降低数据冗余。

④ 有较高的数据独立性。数据独立性是指存储在数据库中的数据与应用程序之间不存在依赖关系,而是相互独立的。可分为逻辑独立性和物理独立性两部分。逻辑独立性是指当数据的逻辑结构发生变化(如增加一列或减少一列)而不影响应用程序的特性。

物理独立性是指当存储数据的物理结构发生变化时(如由顺序存储变为链式存储)而不影响应用程序的特性。

⑤ 保证了安全可靠性和正确性。通过对数据的完整性控制、安全性控制、并发控制和数据的备份与恢复策略,使存储在数据库中的数据有了更大的保障。

此外,数据库系统为用户提供了方便的用户接口。用户可以使用查询语言或终端命令操作数据库,也可以用程序方式(如用C一类高级语言和数据库语言联合编制的程序)操作数据库。

2. 数据库系统由哪几部分组成?各部分的作用是什么?

数据库系统(DataBase System,DBS)是由硬件系统、数据库管理系统(DBMS)、数据库(DB)、应用程序、数据库系统相关人员等构成的人一机系统,具体组成如图A-4-1所示。

1) 数据库(DataBase,DB)是存放在外存上的、有结构的、可共享的数据集合。

2) 数据库管理系统(DataBase Management System,DBMS)是对数据库进行管理的软件系统,是数据库系统的核心组成部分。数据库系统的一切操作,包括数据库的定义、查询、更新及各种控制都是通过DBMS进行的。DBMS至少应该具有以下功能:

① 数据库定义功能。数据库定义就是定义数据库中数据表的名称、标题(内含的属性名称及对该属性的值的要求)等。DBMS提供一套数据定义语言(DDL:Data Definition Language)给用户,用户使用DDL描述其要建立的表的格式,DBMS依照用户的定义,创建数据库及其中的表。

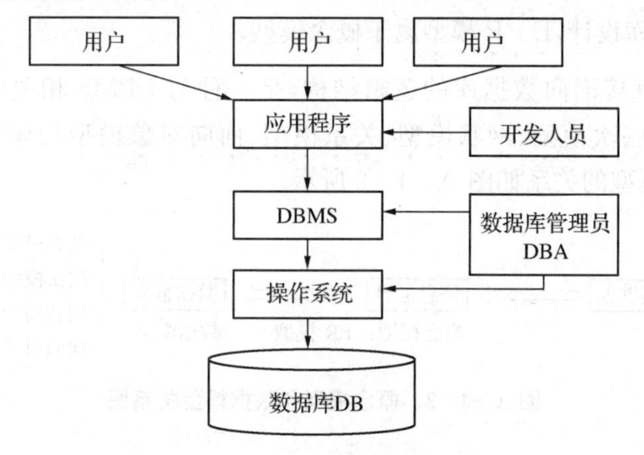

图A-4-1　数据库系统DBS组成

② 数据库操纵功能。数据库操纵就是向数据库的表中增加/删除/更新数据及对数据进行查询、检索、统计等。DBMS提供一套数据操纵语言(DML:Data Manipulation Language)给用户,用户使用DML描述其所要进行的增、删、改、查等操作,DBMS依照用户的操作描述,实际执行这些操作。

③ 数据库控制功能。数据库控制就是控制数据库中数据的使用,哪些用户可以访问数据,哪些用户不能访问数据。DBMS提供一套数据控制语言(DCL:Data Control Language)给用户,用户使用DCL描述其对数据库所要实施的控制,DBMS依照用户的描述,实际进行控制。

④ 数据库的建立和维护功能。数据库的维护包括数据库初始数据的装入和转换功能,数据库的存储和恢复功能,数据库的重新组织功能和性能监视与分析功能。DBMS 提供一系列程序(实用程序/例行程序)给用户,在这些程序中提供了对数据库维护的各种功能,用户使用这些程序进行各种数据库维护操作。数据库维护的实用程序,一般都是由数据库管理员(DBA)来使用和掌握的。

目前,常见的 DBMS 有桌面型数据库MS Access 和网络数据库SQL Server、MySql、Oracle、DB2 等。

3) 应用程序:利用各种开发工具开发的、满足特定应用环境的数据库应用程序。一般情况下,用户通过应用程序使用数据库,而应用程序访问数据库又是通过 DBMS 实现的。DBMS 支持多个应用程序同时对同一个数据库进行操作。

4) 数据库系统相关人员:包括数据库管理员(DBA)、应用程序开发人员和最终用户。DBA 是对数据库的规划、设计、协调、控制和维护进行统一管理的专职人员。

3. 什么是概念模型和数据模型? 它们之间有什么关系?

对数据库来讲,通常要进行一些抽象,要从现实世界中把它抽象到信息世界,然后再转换成计算机能够处理的数据世界(即计算机世界)。将现实世界进行抽象,得到信息世界的模型即概念模型,再将概念模型进一步地转换成数据模型,形成便于计算机处理的数据表现形式。

概念模型是一种面向客观世界、面向用户的模型,完全不涉及信息在计算机中的表示,主要用于数据库设计,E-R 模型属于概念模型。

数据模型是直接面向数据库的逻辑结构,是一种与 DBMS 相关的模型,主要用于 DBMS 的实现,如层次模型、网状模型、关系模型、面向对象模型均属于这类数据模型。概念模型和数据模型的关系如图 A-4-2 所示。

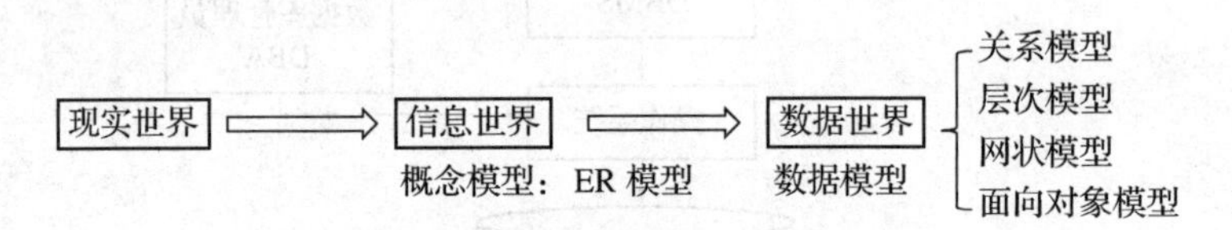

图 A-4-2 概念模型和数据模型关系图

1) 概念模型

概念模型属于信息世界的建模,概念模型要能够方便、准确地表示客观世界中常用的概念。概念模型的表示方法最常用的是 P. P. Chen 于 1976 年提出的“实体-联系图方法(Entity-Relationship Approach),简称 E-R 模型”。E-R 实体联系图是直观表示概念模型的工具,其中包含了实体、联系、属性三个成分。

(1) 实体。客观世界存在的,可以区别的事物称为实体,实体可以是具体的人、事、物,也可以是抽象的概念或联系,如职工、学生、教师、课程等都是实体。在 E-R 图中,实体用“矩形”表示。

(2) 属性。实体有很多特性,每个特性称为实体的一个属性,每个属性有一个类型。如学生实体的属性有:学号、姓名、性别、年龄、班级和成绩等,其中学号、姓名、班级的类型为字符型,性别的类型为逻辑型,年龄的类型为整型。在 E-R 图中,属性用“椭圆形”表示。

(3) 联系。客观世界中的事物彼此间往往是有联系的。例如,教师与课程间存在“教”这种联系,而学生与课程间则存在“学”这种联系。联系可分为以下 3 种类型:

① 一对一联系(1∶1)。如,一个部门有一个经理,而每个经理只在一个部门任职,则部门与经理的联系是一对一的。

② 一对多联系(1∶N)。如,某校教师与课程之间存在一对多的联系“教”,即每位教师可以教多门课程,但是每门课程只能由一位教师来教。

③ 多对多联系(M∶N)。例,学生与课程间的联系“学”是多对多的,即一个学生可以学多门课程,而每门课程可以有多个学生来学。

联系也可能有属性。例如,学生“学”某门课程所取得的成绩,既不是学生的属性也不是课程的属性。由于“成绩”既依赖于某名特定的学生又依赖于某门特定的课程,所以它是学生与课程之间的联系“学”的属性。

在 E-R 图中,联系用“菱形”表示,图 A-4-3 是学生-课程实体的 E-R 图。

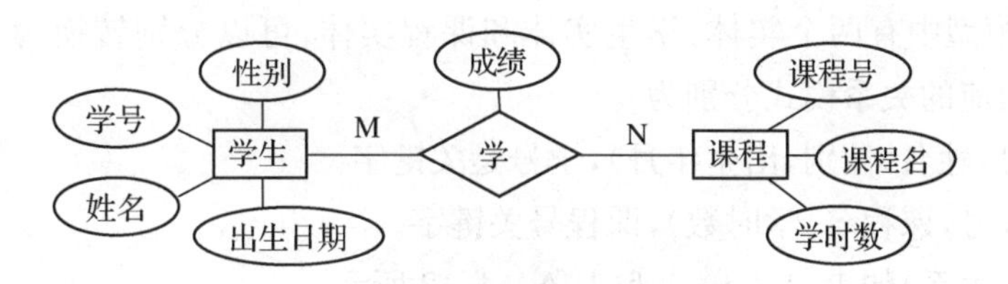

图 A-4-3 学生-课程实体联系图

2) 数据模型

目前,成熟地应用在数据库系统中的数据模型有:层次模型、网状模型和关系模型。它们之间的根本区别在于数据之间联系的表示方式不同。层次模型以“树结构”表示数据之间的联系;网状模型是以“图结构”来表示数据之间的联系;关系模型是用“二维表”(或称为关系)来表示数据之间的联系的。

(1) 层次模型

层次模型是数据库系统最早使用的一种模型,它的数据结构是一棵“有向树”。根结点在最上端,层次最高,子结点在下,逐层排列。层次模型的特征是:

① 有且仅有一个结点没有父结点,它就是根结点;

② 其他结点有且仅有一个父结点。

图 A-4-4 是一个教务管理的层次数据模型。

最有影响的层次模型的 DBS 是 20 世纪 60 年代末,IBM 公司推出的 IMS 层次模型数据库系统。

系
专业
教师
学生
课程

图 A-4-4 教务管理层次模型

(2) 网状模型

网状模型以网状结构表示实体与实体之间的联系。网中的每一个结点代表一个记录类型,联系用链接指针来实现。网状模型可以方便地表示各种类型的联系,但结构复杂,实现的算法难以规范化。其特征是:

① 允许结点有多于一个父结点;

② 可以有一个以上的结点没有父结点。

图A-4-5是一个教务管理的网状数据模型。

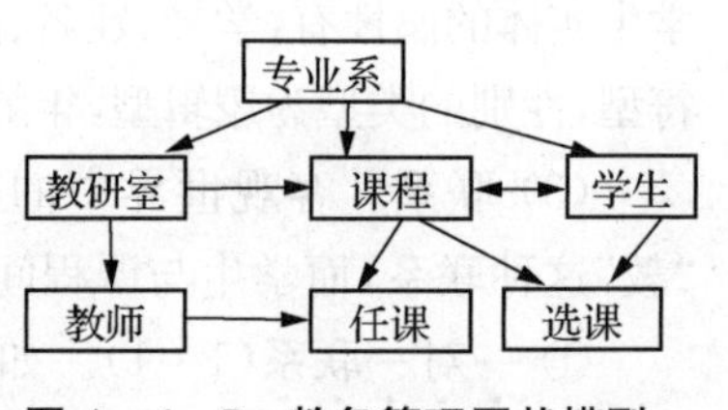

图A-4-5 教务管理网状模型

(3) 关系模型

关系模型以二维表结构来表示实体与实体之间的联系,每个二维表又可称为关系。在关系模型中,操作的对象和结果都是二维表。关系模型是目前最流行的数据库模型,Access、DB2、SQL Server、MySql、Oracle都属于关系模型。

表A-4-1和表A-4-2所示的学生表和课程表分别是学生关系和课程关系。

3) E-R图向关系数据模型的转换

遵循一定的规则后,可以将E-R模型图转换成关系模型。E-R模型图中的主要成分是实体及实体之间的联系,它们的转换方法如下:

(1) 将一个实体转换成一个关系模型

实体的属性为关系模型的属性,实体的标识符为关系模型的关键字。如图A-4-3所示的E-R模型中有两个实体:学生实体和课程实体,可以分别转换为"学生"关系和"课程"关系,对应的关系模式分别为:

学生(学号,姓名,性别,出生年月),学号是关键字。

课程(课程号,课程名,学时数),课程号关键字。

相应的表(关系)如表A-4-1和表A-4-2所示。

表A-4-1 学生表(关系)

学号	姓名	性别	年龄
001	张强	男	16
002	李艳	女	17
003	王笑	男	18
……	……	……	……

表A-4-2 课程表(关系)

课程号	课程名	学时数
A001	数学	80
A002	语文	80
B001	外语	60
……	……	……

(2) 联系转换为关系模型

联系转换成关系模型时,要根据联系方式的不同采用不同的转换方式:

① 若联系的方式是一对一的(1∶1),可以在两个实体的关系模型中的任意一个关系模型中加入另一个关系模型的关键字和联系的属性。

② 若联系方式是一对多的(1∶N),则在N端(为多的一端)实体的关系模型中加入1端实体的关键字和联系的属性。

③ 若联系方式是多对多的(M∶N),则将联系也转换成关系模型,其属性是互为联系的两个实体的关键字和联系的属性。

如图A-4-3所示的E-R模式中的学生实体和课程实体,它们之间的"学"联系(M:N类型)可以转换为"选课"关系,对应的关系模式是:

选课(学号,课程号,成绩),学号和课程号合在一起是关键字。

相应的表(关系)如表 A-4-3 所示。

表 A-4-3 选课表(关系)

学号	课程号	成绩
001	A001	54
001	A002	66
002	B001	78
002	A002	88
003	A001	65
……	……	……

选课关系是将学生实体的关键字“学号”和课程实体的关键字“课程号”以及这两个实体之间“选课”关系的属性“成绩”合在一起构成的一个关系。

4. 关系模型的基本数据结构是什么?关系的基本操作有哪些?

关系模型由3部分组成:关系的数据结构、关系操作和关系完整性。

1) 关系的数据结构

一个关系模型的逻辑结构是一张二维表,它由行和列组成。

表的结构被称为关系模式,主要由表名和列名构成,如表 A-4-1 学生表的关系模式是:学生(学号,姓名,性别,年龄)。

表的每行对应一个记录(又称为元组),行的次序可以互换,一般不能出现完全相同的两行。

表的每列对应一个属性(又称为字段),每一列中的数据类型必须相同;不同的列可以是同一数据类型,但要使用不同的列名(属性名);列的次序可以互换。

码也称为键,是表中某个属性或某些属性的组合,它们的值能唯一地将表中的每一个元组区分开来。如在学生表中,学号就是码;在课程表中,课程号就是码;在选课表中“学号+课程号”两个属性的组合就是码。如果一个关系中有多个码,则可以选择其中的一个作为主码。

关系模型要求关系必须是规范化的,这些规范条件中最基本的一条就是,关系的每一个分量必须是一个不可分的数据项,也就是说,不允许表中还有表。

2) 关系操作

关系是一个数学上的概念,是一类集合(以同类型元组为元素的结合),因此:关系代数是以集合代数为基础发展起来的,关系是可以进行操作的。如同数字操作的对象和结构都是数字、集合操作的对象和结果都是集合一样,关系操作的对象和结果都是关系。关系操作可以分为两类:传统的集合操作和专门的关系操作。

(1) 传统的集合操作

这类操作从关系是集合的定义出发,把关系看成集合,则集合的所有操作对关系也是有效的。这类操作有:并、交、差、笛卡尔积。

① 并操作

并操作就是针对两张具有相同属性的表,将两者表合并起来,遇到重复的行仅保留一项。

学生1表

学号	姓名	性别	年龄
001	张强	男	16
002	李艳	女	17
003	王笑	男	18

学生2表

学号	姓名	性别	年龄
001	张强	男	16
004	赵凯	男	19

学生1表∪学生2表

学号	姓名	性别	年龄
001	张强	男	16
002	李艳	女	17
003	王笑	男	18
004	赵凯	男	19

② 差操作

差操作就是针对两张具有相同属性的表,从第一个表中去除两个表都有的行。

学生1表

学号	姓名	性别	年龄
001	张强	男	16
002	李艳	女	17
003	王笑	男	18

学生2表

学号	姓名	性别	年龄
001	张强	男	16
004	赵凯	男	19

学生1表－学生2表

学号	姓名	性别	年龄
002	李艳	女	17
003	王笑	男	18

③ 交操作

交操作就是针对两张具有相同属性的表,求出两个表相同的行。

学生1表

学号	姓名	性别	年龄
001	张强	男	16
002	李艳	女	17
003	王笑	男	18

学生2表

学号	姓名	性别	年龄
001	张强	男	16
004	赵凯	男	19

学生1表∩学生2表

学号	姓名	性别	年龄
001	张强	男	16

④ 笛卡尔积操作

两个关系的笛卡尔积操作是将两个关系拼接起来的一种操作,它由一个关系的元组和另一个关系的元组拼接成一个新元组,由所有这样的新元组组成的关系便是笛卡尔积操作的结果。

学生表

学号	姓名	性别	年龄
001	张强	男	16
002	李艳	女	17
003	王笑	男	18

选课表

学号	课程号	成绩
001	A001	54
001	A002	66
003	A001	65

学生表×选课表

学号	姓名	性别	年龄	学号	课程号	成绩
001	张强	男	16	001	A001	54
001	张强	男	16	001	A002	66
001	张强	男	16	003	A001	65
002	李艳	女	17	001	A001	54
002	李艳	女	17	001	A002	66
002	李艳	女	17	003	A001	65
003	王笑	男	18	001	A001	54
003	王笑	男	18	001	A002	66
003	王笑	男	18	003	A001	65

(2) 专门的关系操作

这类操作是用来进行数据库的查询操作。这些操作可以把二维表进行任意的分割和组装，随机地由已有的二维表构造出各式各样用户所需要的二维表。这类操作有：投影、选择、连接、除。

① 选择操作

选择操作是从某个关系中选取出满足某些条件的“行”的子集。如果要在学生表中查找满足年龄小于等于 17 的记录，其代数表达式为：$R=\delta_{年龄\leqslant 17}$(学生)，操作的结果为：

学号	姓名	性别	年龄
001	张强	男	16
002	李艳	女	17

② 投影操作

投影操作实际上就是生成一个关系的“列”的子集，它从给定的关系中保留指定的属性子集而删除其余属性。如果要在学生表中只保留“学号”和“姓名”列中的记录，其代数表达式为：$R=\Pi_{学号,姓名}$(学生)，操作的结果为：

学号	姓名
001	张强
002	李艳
003	王笑

③ 连接操作

连接操作也是对两个关系进行的拼接操作，但是不同于笛卡尔积操作(笛卡尔积是两个关系的所有元组的所有组合)。连接操作是将两个关系中满足一定条件的元组拼接成一个新元组，这个条件便是所谓的连接条件。日常使用中，连接操作通常指“自然连接”操作，即要求两个关系同名属性的值相同的情况下,才能将两个关系的元组拼接成一个新元组,并且在结果中把重复的属性列去掉。

学生表

学号	姓名	性别	年龄
001	张强	男	16
002	李艳	女	17
003	王笑	男	18

选课表

学号	课程号	成绩
001	A001	54
001	A002	66
003	A001	65

学生表和选课表"自然连接"的结果

学号	姓名	性别	年龄	课程号	成绩
001	张强	男	16	A001	54
001	张强	男	16	A002	66
003	王笑	男	18	A001	65

3) 关系完整性

关系模型中的各种操作必须满足特定的完整性约束条件才能进行。关系的完整性约束包括3类:实体完整性、参照完整性和用户定义完整性。

① 实体完整性:是指关系中必须定义主键,以唯一地确定一个元组。主键由一个或多个属性构成,其取值唯一且不能为空(NULL)。

② 参照完整性:在关系模型中,通过外键来表示表之间的关系。参照完整性是指一个表中的外键的取值必须是参照表中主键存在的值或为空(NULL)。例如,选课表中"学号"属性可以设为学生表中"学号"属性的外键,选课表中"学号"属性的值必须是学生表中"学号"属性的某一个值或者为空。

③ 用户定义完整性:是指用户根据特定应用情况设定一些约束,反映某一具体应用所涉及的数据必须满足的语义要求。例如,"性别"属性的域为"男""女"。

5. 什么是SQL?

SQL是英文Structured Query Language的缩写,意思为结构化查询语言。SQL语言是数据库系统的标准语言,它可以定义数据库、操纵数据库和进行数据库控制。

SQL语言主要由以下9个单词引导的操作语句来构成,但每一种语句都能表达复杂的操作请求。

数据定义(DDL)语句的引导词有:Create(建立)、Alter(修改)、Drop(撤消);主要功能是:定义Database(数据库)、Table(表格)、View(视图)和Index(索引)等。

数据操纵(DML)语句的引导词有:Insert(插入)、Update(更新)、Delete(删除)、Select(查询);主要作用是:① 各种方式的更新与检索操作;② 各种条件的查询操作,如连接查找、模糊查找、分组查找、嵌套查找等;③ 各种聚集操作,求平均、求和、分组聚集、分组过滤等。

数据控制(DCL)语句的引导词有:Grant(授权),Revoke(收回权限);主要功能是:通过授权和撤消授权实现安全性控制。

下面举出一些利用 SQL 进行数据库内容的插入、修改、删除和查询的例子。

1) 插入数据

向学生表中插入一条记录

Insert Into 学生 Values('010','曲静','女',16)

2) 更新数据

将学生表中“王笑”的年龄减 1 岁

Update 学生 Set 年龄＝年龄－1 Where 姓名＝'王笑'

3) 删除数据

从课程表中将课程号为 'B001' 的课程删除

Delete From 课程 Where 课程号＝'B001'

4) 查询数据

① 在学生表中查找满足年龄小于等于 17 的记录

Select 学号,姓名,性别,年龄

From 学生

Where 年龄＜＝17

或者,当选择所有字段时,可以用 * 代替。

Select *

From 学生

Where 年龄＜＝17

② 列出选修了 'A001' 号课程,且成绩大于 90 分或小于 60 分的学生学号及其成绩

Select 学号,成绩

From 选课

Where 课程号＝'A001' And (成绩＞90 Or 成绩＜60)

③ 查询所有选修了课程的学生的基本信息及选课情况

Select 学号,姓名,性别,年龄,课程号,成绩

From 学生,选课

Where 学生.学号＝选课.学号

④ 统计男生的人数

Select Count(*)

From 学生

Where 性别＜＝'男'

附录二　习题汇编

练习一　计算机发展

1. 下列关于世界上第一台电子计算机 ENIAC 的叙述中，错误的是（　　）。
   (A) 它是 1946 年在美国诞生的
   (B) 它主要采用电子管和继电器
   (C) 它是首次采用存储程序控制使计算机自动工作
   (D) 它主要用于弹道计算
2. ENIAC 问世后，冯·诺依曼（Von Neumann）在研制 EDVAC 计算机时，提出两个重要的改进，它们是（　　）。
   (A) 引入 CPU 和内存储器的概念
   (B) 采用机器语言和十六进制
   (C) 采用二进制和存储程序控制的概念
   (D) 采用 ASCⅡ编码系统
3. 计算机之所以能按人们的意图自动进行工作，最直接的原因是因为采用了（　　）。
   (A) 二进制　　(B) 高速电子元件
   (C) 程序设计语言　　(D) 存储程序控制
4. 下面哪一项不是计算机采用二进制的主要原因（　　）。
   (A) 二进制只有 0 和 1 两个状态，技术上容易实现
   (B) 二进制运算规则简单
   (C) 二进制数的 0 和 1 与逻辑代数的“真”和“假”相吻合，适合计算机进行逻辑运算
   (D) 二进制可与十进制直接进行算术运算
5. 一般按照（　　），将计算机的发展划分为四代。
   (A) 体积的大小　　(B) 速度的快慢
   (C) 价格的高低　　(D) 使用元器件的不同
6. 第二代电子计算机所采用的电子元件是（　　）。
   (A) 继电器　　(B) 晶体管　　(C) 电子管　　(D) 集成电路
7. 目前，普遍使用的微型计算机所采用的电子元件是（　　）。
   (A) 电子管　　(B) 大规模和超大规模集成电路
   (C) 晶体管　　(D) 中小规模集成电路
8. 根据（　　）定律，单块集成电路的集成度平均每 18～24 个月翻一番。
   (A) 牛顿　　(B) 冯·诺依曼

(C) 戈登・摩尔　　(D) 比尔・盖茨

9. 电子计算机最早的应用领域是(　　)。

(A) 数据处理　　(B) 数值计算　　(C) 工业控制　　(D) 文字处理

10. 化工厂中用计算机系统控制物料配比、温度调节、阀门开关的应用属于(　　)。

(A) 过程控制　　(B) 数据处理

(C) 科学计算　　(D) CAD/CAM

11. 下列不属于计算机 AI 的应用是(　　)。

(A) 计算机语音识别和语音输入系统　　(B) 计算机手写识别和手写输入系统

(C) 计算机自动英汉文章翻译系统　　(D) 决策支持系统

12. 1959 年 IBM 公司的塞缪尔(A. M. Samuel)编制了一个具有自学能力的跳棋程序,这属于计算机在(　　)方面的应用。

(A) 过程控制　　(B) 数据处理

(C) 计算机科学计算　　(D) 人工智能

13. 当前气象预报已广泛采用数值预报方法,这主要涉及计算机应用中的(　　)。

(A) 科学计算和数据处理　　(B) 科学计算与辅助设计

(C) 科学计算和过程　　(D) 数据处理和辅助设计

14. 计算机中的常用术语 CAI 是指(　　)。

(A) 计算机辅助设计　　(B) 计算机辅助制造

(C) 计算机辅助教学　　(D) 计算机辅助测试

15. 在计算机应用中,"计算机辅助制造"的英文缩写为(　　)。

(A) CAD　　(B)CAM　　(C) CAE　　(D)CAT

【微信扫码】
参考答案

练习二 计算机组成

1. 一个完整计算机系统的组成部分应该是(　　)。
   (A) 主机、键盘和显示器　　(B) 系统软件和应用软件
   (C) 主机和它的外部设备　　(D) 硬件系统和软件系统
2. 软件和硬件之间的关系是(　)。
   (A) 没有软件就没有硬件　　(B) 没有软件,硬件也能发挥作用
   (C) 硬件只能通过软件起作用　　(D)没有硬件,软件也能起作用
3. 通常所说的"裸机"是指计算机仅有(　　)。
   (A) 硬件系统　　(B) 软件　　(C) 指令系统　　(D) CPU
4. 按照冯·诺依曼的观点,计算机由五大部分组成,它们是(　　)。
   (A) CPU、运算器、存储器、输入/输出设备
   (B) 控制器、运算器、存储器、输入/输出设备
   (C) CPU、控制器、存储器、输入/输出设备
   (D) CPU、存储器、输入/输出设备、外围设备
5. 计算机系统结构的五大基本组成部件一般通过(　　)加以连接。
   (A) 适配器　　(B)电缆　　(C) 中继器　　(D)总线
6. 固定在计算机主机箱体上,联结计算机各种部件,起桥梁作用的是(　　)。
   (A) CPU　　(B)主板　　(C) 外存　　(D)内存
7. 微型计算机主机的组成部分是(　　)。
   (A) 运算器和控制器　　(B) 中央处理器和主存储器
   (C) 运算器和外设　　(D) 运算器和存储器
8. 在微型计算机中,微处理器芯片上集成的是(　　)。
   (A) 控制器和运算器
   (B) 通用寄存器和控制器
   (C) 累加器和算术逻辑运算部件(ALU)
   (D) 运算器和I/O接口
9. 下列有关CPU的叙述,错误的是(　　)。
   (A) CPU的主要组成部分有运算器、控制器和寄存器组
   (B) CPU的主要功能是执行指令,不同类型CPU的指令系统通常有所不同
   (C) 为了加快运算速度,CPU中可包含多个算术逻辑运算部件(ALU)
   (D) 目前PC机所用的CPU芯片均为Intel公司的产品
10. 用来控制、指挥和协调计算机各部件工作的是(　　)。
    (A) 运算器　　(B) 鼠标器　　(C) 控制器　　(D) 存储器
11. 运算器的主要功能是(　　)。
    (A) 分析指令并进行译码

(B) 保存各种指令信息供系统其他部件使用

(C) 实现算术运算和逻辑运算

(D) 按主频指标规定发出时钟脉冲

12. 计算机存储器采用多层次塔状结构的目的是(　　)。

(A) 方便保存大量数据

(B) 减少主机箱的体积

(C) 解决容量、价格和速度三者之间的矛盾

(D) 操作方便

13. 下列各类存储器中，在断电后其中的信息不会丢失的是(　　)。

(A) 寄存器　　(B) Cache

(C) Flash ROM　　(D) DDR SDRAM

14. 静态 RAM 的特点是(　　)。

(A) 在不断电的条件下，其中的信息保持不变，因而不必定期刷新

(B) 在不断电的条件下，其中的信息不能长时间保持，故必须定期刷新才不致丢失信息

(C) 其中的信息只能读不能写

(D) 其中的信息断电后也不会丢失

15. 动态 RAM 的特点是(　　)。

(A) 在不断电的条件下，其中的信息保持不变，因而不必定期刷新

(B) 在不断电的条件下，其中的信息不能长时间保持，故必须定期刷新才不致丢失信息

(C) 其中的信息只能读不能写

(D) 其中的信息断电后也不会丢失

16. Cache 的中文译名是(　　)。

(A) 缓冲器　　(B) 高速缓冲存储器

(C) 只读存储器　　(D) 可编程只读存储器

17. 微机系统与外部交换信息主要是通过(　　)。

(A) 输入/输出设备　　(B) 键盘

(C) 光盘　　(D) 内存

18. RAM 的特点是(　　)。

(A) 海量存储器

(B) 存储在其中的信息可以永久保存

(C) 一旦断电，存储在其上的信息将全部消失，且无法恢复

(D) 只用来存储中间数据

19. ROM 中的信息是(　　)。

(A) 由生产厂家预先写入的

(B) 在安装系统时写入的

(C) 根据用户需求不同，由用户随时写入的

(D) 由程序临时存入的

20. 用来存储当前正在运行的应用程序及相应数据的存储器是(　　)。

(A) ROM　(B) 硬盘　(C) RAM　(D) CD-ROM

21. 配置高速缓冲存储器(Cache)是为了解决(　　)。

(A) 内存与辅助存储器之间速度不匹配问题

(B) CPU与辅助存储器之间速度不匹配问题

(C) CPU与内存储器之间速度不匹配问题

(D) 主机与外设之间速度不匹配问题

22. 下列有关外存储器的描述,不正确的是(　　)。

(A) 外存储器不能被CPU直接访问,必须通过内存才能被CPU使用

(B) 外存储器既是输入设备,又是输出设备

(C) 外存储器中所存储的信息,断电后信息也会随之丢失

(D) 扇区是磁盘存储信息的最小物理单位

23. 下列存储器按存取速度由快至慢排列,正确的是(　　)。

(A) 主存>硬盘>Cache　(B) Cache>主存>硬盘

(C) Cache>硬盘>主存　(D) 主存>Cachc>硬盘

24. 把内存中数据传送到计算机的硬盘上去的操作称为(　　)。

(A) 显示　(B)写盘

(C) 输入　(D)读盘

25. 在CD光盘上标记有"CD-RW"字样,此标记表明这光盘是(　　)。

(A) 只能写入一次,可以反复读出的一次性写入光盘

(B) 可多次擦除型光盘

(C) 只能读出,不能写入的只读光盘

(D) RW是Read and Write的缩写

26. 从数据传输方式来看,I/O接口可分为(　　)。

(A) 并行和串行　(B) 低速和高速

(C) 总线式和独占式　(D) 标准接口和专用接口

27. USB接口是由Compag、IBM、Intel、Microsoft和NEC等公司共同开发的一种I/O接口。在下列有关USB接口的叙述中,错误的是(　　)。

(A) USB接口是一种串行接口,USB对应的中文为"通用串行总线"

(B) USB2.0的数据传输速度比USB1.1快很多

(C) 利用"USB集线器",一个USB接口最多只能连接63个设备

(D) USB既可以连接硬盘、闪存等快速设备,也可以连接鼠标、打印机等慢速设备

28. 下面关于通用串行总线USB的描述,不正确的是(　　)。

(A) USB接口为外设提供电源

(B) USB设备可以起集线器作用

(C) 可同时连接127台输入/输出设备

(D) 通用串行总线不需要软件控制就能正常工作

29. 下列计算机接口中，可以直接进行"插拔"操作的是(　　)。
(A) COM　(B) LPT　(C) PCI　(D) USB
30. I/O接口指的是计算机中用于连接I/O设备的各种插头/插座，以及相应的通信规程和电气特性。在目前的PC机中，IDE、SATA接口主要用于(　　)与主机的连接。
(A) 键盘　(B) 显示器　(C) 硬盘　(D) 打印机
31. 一台PC机上有多种不同的I/O接口，如串行口、并行口、USB接口等。在下列I/O接口中，不能作为扫描仪和主机接口的是(　　)。
(A) PS/2接口　(B) USB
(C) 1394(FireWire)　(D) 并行口
32. 目前广泛使用的打印机主要有针式打印机、激光打印机和喷墨打印机。下列关于打印机的叙述中，错误的是(　　)。
(A) 9针的针式打印机是指打印头由9根钢针组成
(B) 激光打印机的主要消耗材料之一是炭粉/硒鼓
(C) 喷墨打印机与激光打印机的打印速度均用每分钟打印的页数来衡量
(D) 目前激光打印机均为黑白打印机，而喷墨打印机均为彩色打印机
33. LED指的是(　　)。
(A) 阴极射线管显示器　(B) 液晶显示器
(C) 等离子显示器　(D) 以上说法都不对
34. 在微机的硬件设备中，有一种设备在程序设计中既可以当作输出设备，又可以当作输入设备，这种设备是(　　)。
(A) 绘图仪　(B) 扫描仪　(C) 手写笔　(D) 磁盘驱动器
35. 下列设备组中，完全属于输入设备的一组是(　　)。
(A) CD-ROM驱动器、键盘、显示器　(B) 绘图仪、键盘、鼠标器
(C) 键盘、鼠标器、扫描仪　(D) 打印机、硬盘、条码阅读器
36. 输入设备用于向计算机输入命令和数据，它们是计算机系统必不可少的重要组成部分。在下列有关常见输入设备的叙述中，错误的是(　　)。
(A) 目前数码相机的成像芯片仅有一种，即CCD成像芯片
(B) 扫描仪的主要性能指标包括分辨率、色彩位数和扫描幅面等
(C) 目前台式PC机普遍采用的键盘可直接产生一百多个按键编码
(D) 鼠标器一般通过PS/2接口或USB接口与PC机相连
37. 在下列关于BIOS及CMOS存储器的叙述中，错误的是(　　)。
(A) BIOS是PC机软件最基础的部分，包含POST程序、CMOS设置程序、系统自举程序等
(B) BIOS存放在ROM存储器中，通常称为BIOS芯片，该存储器是非易失性的
(C) CMOS中存放着基本输入输出设备的驱动程序和一些硬件参数，如硬盘的数目、类型等
(D) CMOS存储器是易失性的，在关机时由主板上的电池供电
38. PC机在加电启动过程中会运行POST程序、引导程序、系统自举程序等。若在启动

过程中用户按某一热键(通常是Del键)则可以启动CMOS设置程序。这些程序运行的顺序是(　　)。

(A) POST程序—CMOS设置程序—系统自举程序—引导程序

(B) POST程序—引导程序—系统自举程序—CMOS设置程序

(C) CMOS设置程序—系统自举程序—引导程序—POST程序

(D) POST程序—CMOS设置程序—引导程序—系统自举程序

39. 微机的技术性能指标主要是指(　　)。

(A) 主机和显示器的档次

(B) 显示器和打印机的档次

(C) 字长、运算速度、内/外存储容量和CPU主频

(D) 硬盘和内存容量

40. 在衡量计算机的主要性能指标中,字长是(　　)。

(A) 计算机运算部件一次能够处理的二进制数据位数

(B) 8位二进制长度

(C) 计算机的总线数

(D) 存储系统的容量

41. 通常所说128位声卡中,“128”的含义是(　　)。

(A) 声卡的字长　　(B) 计算机的字长

(C) 声卡的采样精度　　(D) 计算机运算的二进制位数指标

42. 显示卡中的(　　)用于存储显示屏上所有像素的颜色信息。

(A) 显示控制电路　　(B) 显示存储器

(C) 接口电路　　(D) 寄存器

43. 成像芯片的像素数目是数码相机的重要性能指标,它与可拍摄的图像分辨率直接相关。SONY DSC-P71数码相机的像素约为320万,它所拍摄的图像最高分辨率为(　　)。

(A) 1280×960　　(B) 1600×1200

(C) 2048×1536　　(D) 2560×1920

44. 下列术语中,属于显示器性能指标的是(　　)。

(A) 速度　　(B) 分辨率　　(C) 可靠性　　(D) 精度

45. 硬盘工作时,应特别注意避免(　　)。

(A) 光线直射　　(B) 强烈震动

(C) 环境卫生不好　　(D) 噪声

46. 在微机的性能指标中,内存储器容量指的是(　　)。

(A) ROM容量　　(B) RAM容量

(C) ROM和RAM容量总和　　(D) CD-ROM容量

47. 一台PC机中允许安装的内存最大容量,首先与主板上的能否支持(　　)有关。

(A) CPU(或插槽)　　(B) BIOS中的自检程序

(C) CMOS中保存的内存参数　　(D) 芯片组

48. 在计算机领域中通常用主频来描述(　　)。

(A) 计算机的运算速度　　(B) 计算机的可靠性

(C) 计算机的可运行性　　(D) 计算机的可扩充性

49. 在微机的配置中常看到“酷睿 i5 2.4 GHz”字样，其中数字“2.4 G”表示(　　)。

(A) 处理器的时钟频率是 2.4 GHz

(B) 处理器的运算速度是 2.4 GIPS

(C) 处理器是酷睿第 2.4 代

(D) 处理器与内存间的数据交换速率是 2.4GB/S

50. 用于描述内存性能优劣的两个重要指标是(　　)。

(A) 存储容量和平均无故障工作时间　　(B) 存储容量和平均修复时间

(C) 平均无故障工作时间和内存的字长　　(D) 存储容量和存取时间

【微信扫码】
参考答案

练习三　计算机软件

1. 计算机软件系统包括(　　)。
(A) 程序、数据和相应的文档　　(B) 系统软件和应用软件
(C) 数据库管理系统和数据库　　(D) 编译系统和办公软件
2. 下列关于系统软件的叙述中,正确的是(　　)。
(A) 系统软件与具体应用领域无关
(B) 系统软件与具体硬件逻辑功能无关
(C) 系统软件是在应用软件基础上开发的
(D) 系统软件并不具体提供人机界面
3. CPU 每执行(　　)就完成一步基本的运算或判断。
(A) 一个软件　　(B) 一条指令
(C) 一个硬件　　(D) 一条语句
4. 下列关于指令和指令系统的叙述中,错误的是(　　)。
(A) 指令是构成程序的基本单元,它用来规定计算机执行什么操作
(B) 指令由操作码和操作数组成,操作数的个数由操作码决定
(C) Intel 公司 Pentium 系列的各种微处理器,其指令完全不同
(D) Pentium 处理器的指令系统包含数以百计的不同指令
5. 下列各组软件中,全部属于应用软件的是(　　)。
(A) 程序语言处理程序、操作系统、数据库管理系统
(B) 文字处理程序、编辑程序、UNIX 操作系统
(C) 财务处理软件、金融软件、WPS、Office 2010
(D) Word 2010、Photoshop、Windows7
6. 操作系统主要功能是(　　)。
(A) 实现软、硬件的转换
(B) 管理系统所有的软、硬件
(C) 把源程序转换为目标程序
(D) 进行数据处理
7. 下列关于 Windows 操作系统的多任务处理功能的叙述中,正确的是(　　)。
(A) 在多任务处理过程中,前台任务与后台任务都能得到 CPU 的响应(处理)
(B) 由于 CPU 具有并行执行指令的功能,所以操作系统才能进行多个任务的处理
(C) 由于用户只启动一个应用程序,那么该程序就可以自始至终地独占 CPU
(D) Windows 操作系统采用协作方式支持多个任务的处理
8. 在 Windows 环境下将某一个应用程序窗口最小化,正确的理解是(　　)。
(A) 结束该应用程序的执行　　(B) 关闭了该应用程序
(C) 该应用程序仍在运行　　(D) 该应用程序将从桌面上消失

9. Windows 目录的文件结构是(　　)。
   (A) 网状结构　　(B) 环型结构
   (C) 矩形结构　　(D) 树型结构
10. 在 Windows 中,对文件的存取方式是(　　)。
   (A) 按文件目录存取　　(B) 按文件夹的内容存取
   (C) 按文件名进行存取　　(D) 按文件大小进行存取
11. Windows 文件夹命名时,不能包括的字符是(　　)。
   (A) 字母　　(B) 数字
   (C) 下划线　　(D) 斜杠
12. 下列关于 Windows 文件命名的规定,错误的是(　　)。
   (A) 用户指定文件名时可以用字母的大小写格式,但不能用大小写区别文件名
   (B) 搜索文件名时,可以使用通配符"?"和"*"
   (C) 文件名可用字母、允许的字符、数字和汉字命名
   (D) 由于文件名可以使用间隔符".",因此可能出现无法确定文件的扩展名
13. 下列关于 Windows 文件名的说法,正确的是(　　)。
   (A) 允许同一目录的文件同名,不允许不同目录的文件同名
   (B) 允许同一目录的文件同名 ,也允许不同目录的文件同名
   (C) 不允许同一目录或不同目录的文件同名
   (D) 不允许同一目录的文件同名,允许不同目录的文件同名
14. 下列叙述中,错误的是(　　)。
   (A) 高级语言编制的程序的可移植性最差
   (B) 不同型号的计算机具有不同的机器语言
   (C) 机器语言是由一串二进制数 0、1 组成的
   (D) 用机器语言编写的程序执行效率最高
15. 下列叙述中,正确的是(　　)。
   (A) 用高级程序语言编写的程序称为源程序
   (B) 计算机能直接识别并执行用汇编语言编写的程序
   (C) 机器语言编写的程序必须经过编译和链接后才能执行
   (D) 机器语言编写的程序具有良好的可移植性
16. 用高级程序设计语言编写的程序(　　)。
   (A) 计算机能直接执行
   (B) 具有良好的可读性和可移植性
   (C) 执行效率高但可读性差
   (D) 依赖于具体机器,可移植性差
17. 将用高级程序编写的源程序翻译成目标程序的程序称(　　)。
   (A) 连接程序　　(B) 编辑程序
   (C) 编译程序　　(D) 诊断维护程序

18. 汇编语言是一种(　　)。
    (A) 依赖于计算机的低级程序设计语言
    (B) 计算机能直接执行的程序设计语言
    (C) 独立于计算机的高级程序设计语言
    (D) 面向问题的程序设计语言
19. 计算机能直接识别和执行的语言是(　　)。
    (A) 机器语言　　(B) 高级语言
    (C) 汇编语言　　(D) 算法语言
20. 下列程序设计语言中,不属于高级语言的是(　　)。
    (A) Visual Basic　　(B) Fortan 语言
    (C) Pascal 语言　　(D) 汇编语言

【微信扫码】
参考答案

练习四 数制和信息编码

1. 在计算机中,信息的最小单位是(　　)。

(A) 字节　(B) 位　(C) 字　(D) KB

2. 在计算机领域中,通常用英文单词"BYTE"来表示(　　)。

(A) 字　(B)字长　(C) 二进制位　(D)字节

3. 在计算机领域中,通常用英文单词"bit"来表示(　　)。

(A) 字　(B) 字长　(C) 二进制位　(D) 字节

4. 任何进位计数制都包含三个基本要素,即数位、(　　)和位权。

(A) 操作数　(B) 基数　(C) 阶码　(D) 尾数

5. 下列关于数制转换的叙述,正确的是(　　)。

(A) 相同的十进制整数(>1),其转换结果的位数的变化趋势随着基数 R 的增大而减少

(B) 相同的十进制整数(>1),其转换结果的位数的变化趋势随着基数 R 的增大而增加

(C) 不同数制的数字符是各不相同的,没有一个数字符是一样的

(D) 对于同一个整数值的二进制数表示的位数一定大于十进制数字的位数

6. 下列四组数依次为二进制、八进制和十六进制,符合要求的是(　　)。

(A) 11, 78, 19　(B) 12, 77, 10

(C) 12, 80, 10　(D) 11, 77, 19

7. 1 位十六进制数能够表示的不同状态有(　　)种。

(A) 9　(B) 15　(C) 10　(D) 16

8. 为了避免混淆,十六进制数在书写时常在后面加上字母(　　)。

(A) H　(B) O　(C) D　(D) B

9. 在一个非零无符号二进制整数之后添加一个 0,则此数的值为原数的(　　)。

(A) 4 倍　(B) 2 倍　(C) 1/2 倍　(D) 1/4 倍

10. R 进制数,若小数点左移一位,则该数(　　),若小数点右移一位,则该数(　　)。

(A) 缩小 R 倍,扩大 R 倍　(B) 扩大 R 倍,缩小 R 倍

(C) 缩小 R 倍,缩小 R 倍　(D) 扩大 R 倍,扩大 R 倍

11. 一个字长为 8 的无符号二进制整数能表示的十进制数值范围是(　　)。

(A) 0～256　(B) 0～255　(C) 1～256　(D) 1～255

12. 无符号二进制整数 101001 转换成十进制整数等于(　　)。

(A) 41　(B)43　(C) 45　(D) 39

13. 十进制数 101 转换成二进制数等于(　　)。

(A) 1101011　(B) 1100101

(C) 1000101　(D) 1110001

14. 二进制数101110转换成等值的十六进制数是(　　)。
(A) 2C　　(B) 2D　　(C) 2E　　(D) 2F
15. 与十六进制数CDH等值的十进制数是(　　)。
(A) 204　　(B) 205　　(C) 206　　(D) 203
16. 有一个数是37,它与八进制数67相等,那么该数值是(　　)。
(A) 二进制数　　(B) 十六进制数　　(C) 三进制数　　(D) 五进制数
17. 下列一组数据中最大的数是(　　)。
(A) $(227)_8$　　(B) $(1FF)_{16}$　　(C) $(101000)_2$　　(D) $(789)_{10}$
18. 执行下列二进制算术加运算11001001+00100111,其运算结果是(　　)。
(A) 11101111　　(B) 11110000　　(C) 00000001　　(D) 01100010
19. 执行下列二进制算术减运算10101−01011,其运算结果是(　　)。
(A) 01010　　(B) 01011　　(C) 00101　　(D) 11010
20. 二进制数运算1110×1101的结果是(　　)。
(A) 10110110　　(B) 00110110　　(C) 01111110　　(D) 10011010
21. 执行下列二进制逻辑乘运算(即逻辑与运算)01011001∧10100111,其运算结果是(　　)。
(A) 00000000　　(B) 11111111　　(C) 00000001　　(D) 11111110
22. 逻辑表达式1010∨1011的结果是(　　)。
(A) 1010　　(B) 1011　　(C) 1100　　(D) 1110
23. 二进制数$(1010)_2$与十六进制数$(B2)_{16}$相加,结果为(　　)。
(A) $(273)_8$　　(B) $(274)_8$　　(C) $(314)_8$　　(D) $(313)_8$
24. 在计算机中,数值为负的整数一般不采用“原码”表示,而是采用“补码”方式表示。若某带符号整数的8位补码表示为1000 0001,则该整数为(　　)。
(A) 129　　(B) −1　　(C) −127　　(D) 127
25. 计算机中,一个浮点数由两部分组成,它们是(　　)。
(A) 阶码和尾数　　(B) 基数和尾数
(C) 阶码和基数　　(D) 整数和小数
26. 1KB的准确数值是(　　)。
(A) 1024 Bytes　　(B) 1000 Bytes　　(C) 1024 bits　　(D) 1000 bits
27. 在32位微型机中,1Word=(　　)Bytes=(　　)bits。
(A) 1,8　　(B) 2,16　　(C) 2,16　　(D) 4,32
28. 假设某台式计算机的内存储器容量为256MB,硬盘容量为20GB。硬盘的容量是内存容量的(　　)。
(A) 40倍　　(B) 60倍　　(C) 80倍　　(D) 100倍
29. 在内存中,每个基本单位都被赋予一个唯一的序号,这个序号称为(　　)。
(A) 地址　　(B) 字节　　(C) 编号　　(D) 容量
30. 假设某台式计算机内存储器的容量为1KB,其最后一个字节的地址是(　　)。
(A) 1023H　　(B) 1024H　　(C) 0400H　　(D) 03FFH

31. 某微型机的 CPU 中假设含有 28 条地址线、32 位数据线及若干条控制信号线。对内存按字节寻址,其最大空间是(　　);数据缓冲寄存器至少应是(　　)。

(A) 64KB,16 位　　(B) 64MB,32 位

(C) 128MB,16 位　　(D) 256MB,32 位

32. 在计算机中数据编码的最小单位是(　　)。

(A) 字节　　(B) 位　　(C) 字　　(D) 字长

33. 7 位二进制编码的 ASCII 码可表示的字符个数为(　　)。

(A) 128　　(B) 130　　(C) 127　　(D) 64

34. 已知英文字母 m 的 ASCII 码值为 109,那英文字母 p 的 ASCII 码值为(　　)。

(A) 111　　(B) 112　　(C) 113　　(D) 114

35. 在标准 ASCII 编码表中,数字码、小写英文字母和大写英文字母的前后次序是(　　)。

(A) 数字、小写英文字母和大写英文字母

(B) 小写英文字母、大写英文字母、数字

(C) 数字、大写英文字母和小写英文字母

(D) 大写英文字母、小写英文字母、数字

36. 下列字符中,ASCII 码值最小的是(　　)。

(A) A　　(B) a　　(C) Z　　(D) x

37. 汉字在计算机内的表示方法一定是(　　)。

(A) 国标码　　(B) 机内码

(C) 最左位置为 1 的 2 字节代码　　(D) ASCII 码

38. 目前 PC 机使用的字符集及其编码标准有多种,20 多年来我国也颁布了多个汉字编码标准。在下列汉字编码标准中,不支持简体汉字的是(　　)。

(A) GB2312　　(B) GBK

(C) BIG5　　(D) GB18030

39. 字符编码标准规定了字种及其编码。在下列有关汉字编码标准的叙述中,错误的是(　　)。

(A) 我国颁布的第一个汉字编码标准是 GB2312－1980,它包含常用汉字 6000 多个

(B) GB2312－1980 和 GBK 标准均采用双字节编码

(C) GB18030－2000 标准使用 3 字节和 4 字节编码,与 GB2312－80 和 GBK 兼容

(D) UCS－2 是双字节编码,它包含拉丁字母文字、音节文字和常用汉字等

40. 一般情况下,1KB 内存最多能存储(　　)个 ASCII 码字符,或(　　)个汉字内码。

(A) 1024,1024　　(B) 1024,512

(C) 512,512　　(D) 512,1024

41. 设有一段文本由基本 ASCII 字符和 GB2312 字符集中的汉字组成,其代码为 B0 A1 57 69 6E D6 DO CE C4 B0 E6,则在这段文本中含有(　　)。

(A) 1 个汉字和 9 个西文字符　　(B) 3 个汉字和 5 个西文字符

(C) 2 个汉字和 7 个西文字符　　(D) 4 个汉字和 3 个西文字符

42. 在汉字的输入编码中，没有重码的编码是(　　)。
 (A) 字形编码　　(B) 区位码
 (C) 字音编码　　(D) 智能全拼

43. 汉字输入码可分为有重码和无重码两类，下列属于无重码类的是(　　)。
 (A) 全拼码　　(B) 自然码　　(C) 区位码　　(D) 简拼码

44. 存放16个16×16点阵的汉字字模，需占存储空间为(　　)。
 (A) 64B　　(B) 128B　　(C) 320B　　(D) 512B

45. 若已知彩色显示器的分辨率为1024×768，如果它能同时显示16色，则显示存储器容量至少应为(　　)。
 (A) 192KB　　(B) 192MB　　(C) 384KB　　(D) 384MB

【微信扫码】
参考答案

练习五 计算机网络与因特网

1. 通常把计算机网络定义为(　　)。
(A) 以共享资源为目标的计算机系统,称为计算机网络
(B) 能按网络协议实现通信的计算机系统,称为计算机网络
(C) 把分布在不同地点的多台计算机互联起来构成的计算机系统,称为计算机网络
(D) 把分布在不同地点的多台计算机在物理上实现互联,按照网络协议实现相互间的通信,共享硬件、软件和数据资源为目标的计算机系统,称为计算机网络
2. 计算机网络技术包含的两个主要技术是计算机技术和(　　)。
(A) 微电子技术　　(B) 通信技术
(C) 数据处理技术　　(D) 自动化技术
3. 计算机网络中,可以共享的资源是(　　)。
(A) 硬件和软件　　(B) 软件和数据
(C) 外设和数据　　(D) 硬件、软件和数据
4. 计算机网络的目标是实现(　　)。
(A) 数据处理　　(B) 文献检索
(C) 资源共享和信息传输　　(D) 信息传输
5. 计算机网络的主要功能包括(　　)。
(A) 日常数据收集、数据加工处理、数据可靠性、分布式处理
(B) 数据通信、资源共享、数据管理与信息处理
(C) 图片视频等多媒体信息传递和处理、分布式计算
(D) 数据通信、资源共享、提高可靠性、分布式处理
6. 计算机网络中广泛使用的交换技术是(　　)。
(A) 信源交换　　(B) 报文交换
(C) 分组交换　　(D) 线路交换
7. 网络分为总线网、环形网、星形网、树形网和网状网是根据(　　)分的。
(A) 网络拓扑结构　　(B) 信息交换方式
(C) 通信介质　　(D) 网络操作系统
8. 所有站点均连接到公共传输媒体上的网络结构是(　　)。
(A) 总线型　　(B) 环型　　(C) 树型　　(D) 混合型
9. 广域网和局域网是按照(　　)来分的。
(A) 网络使用者　　(B) 信息交换方式
(C) 网络作用范围　　(D) 传输控制协议
10. 目前实际存在与使用的广域网基本都采用(　　)。
(A) 总线拓扑　　(B) 环形拓扑
(C) 网状拓扑　　(D) 星形拓扑

11. 局部地区通信网络简称局域网,英文缩写为(　　)。
(A) WAN　(B) LAN　(C) SAN　(D) MAN
12. 一个网吧将其所有的计算机连成网络,这网络是属于(　　)。
(A) 广域网　(B) 城域网　(C) 局域网　(D) 吧网
13. 下列关于局域网特点的叙述,错误的是(　　)。
(A) 局域网的覆盖范围有限
(B) 误码率高
(C) 有较高的传输速率
(D) 相对于广域网易于建立、管理、维护和扩展
14. 在计算机通信中,数据传输速率的基本单位是(　　)。
(A) Baud　(B) b/s　(C) Byte　(D) MIPS
15. 网络的传输速率是 10Mb/s,其含义是(　　)。
(A) 每秒传输 10M 字节　(B) 每秒传输 10M 二进制位
(C) 每秒可以传输 10M 个字符　(D) 每秒传输 10000000 二进制位
16. 为网络提供共享资源并对这些资源进行管理的计算机称之为(　　)。
(A) 网卡　(B) 服务器　(C) 工作站　(D) 网桥
17. 连到局域网上的节点计算机必须要安装(　　)硬件。
(A) 调制解调器　(B) 交换机
(C) 集线器　(D) 网络适配卡
18. 下列传输介质中,性能最好的是(　　)。
(A) 同轴电缆　(B) 双绞线　(C) 光纤　(D) 电话线
19. 下列不属于网络操作系统的软件是(　　)。
(A) Netware　(B) WWW　(C) Linux　(D) Unix
20. 调制解调器的主要作用是实现(　　)。
(A) 图形与图像之间的转换　(B)广播信号与电视信号的转换
(C) 音频信号与视频信号的转换　(D)模拟信号与数字信号的转换
21. 下列关于调制解调器的叙述,错误的是(　　)。
(A) 调制解调器是计算机通信的一种重要工具,采用"拨号上网"的方式,必须有一个调制解调器
(B) 调制解调器通常可分为内置式和外置式两种
(C) "解调"是将计算机的数字信号转换成电话网可以传输的模拟信号
(D) 数据传输率是调制解调器最重要的性能指标
22. 企业 Intranet 要与 Internet 互联,必需的互联设备是(　　)。
(A) 中继器　(B) 调制解调器　(C) 交换器　(D) 路由器
23. 有 10 台计算机都连接到一个 10Mbit/s 以太网集线器上,则每个站能得到的带宽为(　　)。
(A) 10 个站共享 10Mbit/s　(B) 10 个站共享 100Mbit/s
(C) 每个站独占 10Mbit/s　(D) 每个站独占 100Mbit/s

24. 有 10 台计算机都连接到一个 10Mbit/s 以太网交换机上，则每个站能得到的带宽为(　　)。

(A) 10 个站共享 10Mbit/s　(B) 10 个站共享 100Mbit/s

(C) 每个站独占 10Mbit/s　(D) 每个站独占 100Mbit/s

25. ISO/OS 是(　　)。

(A) 开放系统互连参考模型　(B) TCP/IP 协议

(C) 网络软件　(D) 网络操作系统

26. OSI(开放系统互联)参考模型的最低层是(　　)。

(A) 传输层　(B) 网络层　(C) 物理层　(D) 应用层

27. TCP/IP 协议的含义是(　　)。

(A) 局域网传输协议　(B) 拨号入网传输协议

(C) 传输控制协议和网际协议　(D) 网际协议

28. TCP/IP 参考模型中的网络接口层对应于 OSI 中的(　　)。

(A) 网络层　(B) 物理层

(C) 数据链路层　(D) 物理层与数据链路层

29. 下面哪个网络是 Internet 的最早雏形(　　)。

(A) NSFNET　(B) CERNET　(C) ARPANET　(D) CSTNET

30. Internet 的核心协议是(　　)。

(A) X. 25　(B) TCP/IP　(C) ICMP　(D) UDP

31. 因特网上每台计算机有一个规定的“地址”，这个地址被称为(　　)地址。

(A) TCP　(B) IP　(C) Web　(D) HTML

32. IPv4 地址有(　　)位二进制数组成。

(A) 16　(B) 32　(C) 64　(D) 128

33. IPv6 地址的编址长度是(　　)字节。

(A) 32　(B) 16　(C) 8　(D) 4

34. IP 地址 192. 1. 1. 2 属于(　　)，其默认的子网掩码为(　　)。

(A) B 类，255. 255. 0. 0　(B) A 类，255. 0. 0. 0

(C) C 类，255. 255. 0. 0　(D) C 类，255. 255. 255. 0

35. 下面有效的 IP 地址是(　　)。

(A) 202. 280. 130. 45　(B) 130. 192. 33. 45

(C) 192. 256. 130. 45　(D) 280. 192. 33. 456

36. 计算机用户有了可以上网的计算机系统后，一般需找(　　)注册入网。

(A) 软件公司　(B) 系统集成商

(C) ISP　(D) 电信局

37. 万维网 WWW 以(　　)方式提供世界范围的多媒体信息服务。

(A) 文本　(B) 信息　(C) 超文本　(D) 声音

38. 互联网上的服务都基于一种协议，WWW 服务基于(　　)协议。

(A) POP3　(B) SMTP　(C) HTTP　(D) TELNET

39. 下列对万维网相关概念的叙述中,错误的是(　　)。
(A) 超链接可以看作是包含在网页中,并指向其他网页的“指针”
(B) HTML语言的特点是统一性、国际化和易于使用
(C) URL是统一资源定位器的英文缩写,是Web页的地址
(D) 主页就是用户最常访问的网页
40. FTP是一个协议,它可以用来下载和传送计算机中的(　　)。
(A) 文件传输　　(B) 网站传输
(C) 文件压缩　　(D) 文件解压
41. IP地址是一串难以记忆的数字,人们用域名来代替它,完成IP地址和域名之间转换工作的是(　　)服务器。
(A) DNS　　(B) URL　　(C) UNIX　　(D) ISDN
42. 在Internet上用于收发电子邮件的协议是(　　)。
(A) TCP/IP　　(B) IPX/SPX
(C) POP3/SMTP　　(D) NetBEUI
43. 域名服务器上存放着Internet主机的是(　　)。
(A) 域名　　(B) IP地址
(C) 电子邮件地址　　(D) 域名和IP地址的对照表
44. 对于主机域名for. zj. edu. cn来说,其中(　　)表示主机名。
(A) zj　　(B) for　　(C) edu　　(D) cn
45. 远程登录是使用下面(　　)协议。
(A) SMTP　　(B) FTP　　(C) UDP　　(D) TELNET
46. Internet中URL的含义是(　　)。
(A) 统一资源定位器　　(B) Internet协议
(C) 简单邮件传输协议　　(D) 传输控制协议
47. 下面是某单位的主页的Web地址URL,其中符合URL格式的是(　　)。
(A) http//www. jnu. edu. cn　　(B) http:www. jnu. edu. cn
(C) http://www. jnu. edu. cn　　(D) http:/www. jnu. edu. cn
48. 计算机病毒具有破坏性、(　　)、潜伏性和传染性等特点。
(A) 必然性　　(B) 再生性　　(C) 隐蔽性　　(D) 易读性
49. 计算机黑客是指(　　)。
(A) 能自动产生计算机病毒的一种设备
(B) 专门盗窃计算机及计算机网络系统设备的人
(C) 非法编制的、专门用于破坏网络系统的计算机病毒
(D) 非法窃取计算机网络系统密码,从而进入计算机网络的人
50. 下列关于计算机病毒的说法中,正确的是(　　)。
(A) 计算机病毒是一种有损计算机操作人员身体健康的生物病毒
(B) 计算机病毒发作后,将造成计算机硬件永久性的物理损坏
(C) 计算机病毒是一种通过自我复制进行传染的,破坏计算机程序和数据的小程序

(D) 计算机病毒是一种有逻辑错误的程序

51. 下面是关于计算机病毒的四条叙述,正确的是(　　)。
    (A) 严禁在计算机上玩游戏是预防计算机病毒侵入的唯一措施
    (B) 计算机病毒是一种人为编制的特殊程序,会使计算机系统不能正常运转
    (C) 计算机病毒只能破坏磁盘上的程序和数据
    (D) 计算机病毒只破坏内存中的程序和数据

52. 下面哪个迹象最不可能像感染了计算机病毒(　　)。
    (A) 开机后微型计算机系统内存空间明显变小
    (B) 开机后微型计算机电源指示灯不亮
    (C) 文件的日期时间值被修改成新近的日期或时间(用户自己并没有修改)
    (D) 显示器出现一些莫名其妙的信息和异常现象

53. 下列关于防范病毒有效手段的叙述,错误的是(　　)。
    (A) 不要将U盘随便借给他人使用,以免感染病毒
    (B) 对执行重要工作的计算机要专机专用,专人专用
    (C) 经常对系统的重要文件进行备份,以备在系统遭受病毒侵害、造成破坏时能从备份中恢复
    (D) 只要安装微型计算机的病毒防范卡,或病毒防火墙,就可对所有的病毒进行防范

54. 目前最好的防病毒软件的作用是(　　)。
    (A) 检查计算机是否染有病毒,消除已感染的任何病毒
    (B) 杜绝病毒对计算机的感染
    (C) 查出计算机已感染的任何病毒,消除其中的一部分
    (D) 检查计算机是否染有病毒,消除已感染的部分病毒

55. 关于防火墙控制的叙述不正确的是(　　)。
    (A) 防火墙是近期发展起来的一种保护计算机网络安全的技术性措施
    (B) 防火墙是一个用以阻止网络中的黑客访问某个机构网络的屏障
    (C) 防火墙主要用于防止病毒
    (D) 防火墙也可称之为控制进/出两个方向通信的门槛

【微信扫码】
参考答案

练习六　数据库基础知识

1. 下列软件(　　)不是数据库管理系统。
   (A) VB　　(B) Access　　(C) Sybase　　(D) Oracle
2. 存储在计算机内有结构的相关数据的集合是(　　)。
   (A) 数据库　　(B) 数据库系统
   (C) 数据库管理系统　　(D) 数据结构
3. 数据库系统的核心组成部分是(　　)。
   (A) 数据库　　(B) 数据库系统
   (C) 数据库管理系统　　(D) 数据库技术
4. 组成数据库系统的是(　　)。
   (A) 数据库、相应的硬件、软件系统和各类相关人员
   (B) 数据库和相应的硬件、软件系统
   (C) 数据库和相应的软件系统
   (D) 数据库和相应的硬件系统
5. 在DBS中,DBMS和OS(操作系统)之间的关系是(　　)。
   (A) 并发运行　　(B) 相互调用
   (C) OS调用DBMS　　(D) DBMS调用OS
6. (　　)是位于用户和操作系统之间的一层数据管理软件。数据库在建立、使用和维护时由其统一管理、统一控制。
   (A) DB　　(B) DBMS
   (C) DBS　　(D) DBA
7. 下列关于数据库的叙述,错误的是(　　)。
   (A) 数据库避免了一切数据的重复　　(B) 数据库中的数据可以共享
   (C) 数据库减少了数据冗余　　(D) 数据库具有较高的数据独立性
8. 数据库系统与文件系统的主要区别是(　　)。
   (A) 文件系统不能解决数据冗余和数据独立性问题,而数据库系统可以解决该问题
   (B) 文件系统只能管理少量数据,而数据库系统可以管理大量数据
   (C) 文件系统只能管理程序文件,而数据库系统可以管理各种类型文件
   (D) 文件系统简单,而数据库系统复杂
9. 数据库管理系统能实现对数据库中数据的查询、插入、修改和删除等操作的数据库语言称为(　　)。
   (A) 数据定义语言(DDL)　　(B) 数据管理语言
   (C) 数据操纵语言(DML)　　(D) 数据控制语言
10. 客观存在可以区分的事物称为(　　)。
   (A) 实体集　　(B) 实体　　(C) 属性　　(D) 联系

11. 下列可以直接用于表示概念模型的是( )。
(A) 网状模型 (B) 关系模型
(C) 层次模型 (D) 实体-联系(E-R)模型
12. 用二维表结构来表示实体和实体之间联系的数据模型是( )。
(A) 表格模型 (B) 层次模型 (C) 网状模型 (D) 关系模型
13. 在有关数据库的概念中,若干个记录的集合称为( )。
(A) 字段名 (B) 文件 (C) 数据项 (D) 数据表
14. 下列不属于数据库系统特点的是( )。
(A) 数据结构化 (B) 数据由 DBMS 统一管理和控制
(C) 数据冗余度大 (D) 数据独立性高
15. 数据的物理独立性是指( )。
(A) 数据库与数据库管理系统相互独立
(B) 用户程序与数据库管理系统相互独立
(C) 用户的应用程序与存储在磁盘上数据库中的数据是相互独立的
(D) 应用程序与数据库中数据的逻辑结构是相互独立的
16. 关系数据模型的基本数据结构是( )。
(A) 树 (B) 图 (C) 索引 (D) 关系
17. 使用关系运算对系统进行操作,得到的结果是( )。
(A) 元组 (B) 属性 (C) 关系 (D) 域
18. 数据库管理系统的 3 种基本关系运算中不包括( )。
(A) 比较 (B) 选择 (C) 投影 (D) 连接
19. 取出关系中的某些列,并消去重复的元组的关系运算称为( )。
(A) 取列运算 (B) 投影运算 (C) 连接运算 (D) 选择运算
20. 下列关系运算中,( )运算不属于专门的关系运算。
(A) 选择 (B) 连接 (C) 广义笛卡尔积 (D) 投影
21. 将关系看成一张二维表,则下列叙述中正确的是( )。
(A) 表中允许出现相同行 (B) 表中允许出现相同列
(C) 表中行的次序不可以交换 (D) 表中行的次序可以交换
22. 在连接运算中,按照字段值对应相等为条件进行的连接造作称为( )。
(A) 连接 (B) 等值连接 (C) 自然连接 (D) 关系连接
23. 关系数据模型( )。
(A) 只能表示实体间 1∶1 联系 (B) 只能表示实体间 1∶n 联系
(C) 只能表示实体间 m∶n 联系 (D) 可以表示实体间的上述 3 种联系
24. 下列属于一对一联系的是( )。
(A) 班级对学生的联系 (B) 父亲对孩子的联系
(C) 省对省会的联系 (D) 商店对顾客的联系
25. 公司中有多个部门和多名职员,每个职员只能属于一个部门,一个部门可以有多名职员,从职员到部门的联系类型是( )。

(A) 多对多　　(B) 一对一　　(C) 多对一　　(D) 一对多

26. 有一名为"列车运营"实体，含有：车次、日期、实际发车时间、实际抵达 时间、情况摘要等属性，该实体主码是(　)。

(A) 车次　　(B) 日期

(C) 车次+日期　　(D) 车次+情况摘要

27. 关系表：学生(宿舍编号，宿舍地址，学号，姓名，性别，专业，出生日期)的主码是(　)。

(A) 宿舍编号　　(B) 学号

(C) 宿舍地址+姓名　　(D) 宿舍编号+学号

28. SQL语言具有(　)的功能。

(A) 关系规范化、数据操纵、数据控制　　(B) 数据定义、数据操纵、数据控制

(C) 数据定义、关系规范化、数据控制　　(D) 数据定义、关系规范化、数据操纵

29. 从E-R模型关系向关系模型转换时，一个M∶N联系转换为关系模式时，该关系模式的关键字是(　)。

(A) M端实体的关键字

(B) N端实体的关键字

(C) M端实体关键字与N端实体关键字组合

(D) 重新选取其他属性

【微信扫码】
参考答案